實用會計學概要

周容如・蘇淑惠　編著

Practical Accounting

全華圖書股份有限公司

作者序

會計是企業的語言，其重要性不言而喻，對所有管理學院的學生而言，會計學不但是共同必修課程，也是瞭解企業商業活動的門檻或工具。如何能讓初學會計的學子順利跨入門檻、體認會計意涵，對教授會計學的老師而言，實在是一項具挑戰性的任務。因此；在教學中所使用的教科書，便扮演著引導學生循序漸進學習的重要推手。

作者撰寫時採使用者爲導向，秉持多年的實務與教學經驗，以深入淺出的方式，輔以簡單易懂的釋例，帶領讀者從組織與會計之關係揭開序幕，再介紹會計循環與交易處理至最後編製財務報表，並介紹買賣業會計處理，及設專章介紹採用ＩＦＲＳ後上市公司之財務報表，最後引導學生建立正確職業道德觀念並明瞭其應負之社會責任，並引入違反相關法規時應負的法律責任，以爲警惕。

爲配合國內外經濟情勢發展及因應兩岸經貿交流頻繁，本書內容涵蓋國際會計準則ＩＦＲＳ及兩岸的財務會計準則公報，並納入各種會計法規知識，以淺顯易懂的文字闡述說明，使理論能與實務結合，提昇學習興趣。爲了能感受企業實際運作情形，以便樂於學習，各章節充分輔以實例，建立學子會計學之基礎觀念與架構，作爲未來深入會計領域之基礎。不但適合大學單學期會計用書，亦適合初學會計者自學之用。

本書得以順利付梓出版，首先感謝全華書局積極配合，尤其是編輯部的同仁，在此一併致謝。雖然我們竭盡所能力求本書盡善盡美，但難免有疏漏或不盡周延之處，尚祈先進不吝賜教，不勝感激。

周容如

蘇淑惠

2015年7月1日

PREFACE

目錄

錄

第6章　會計專業倫理與職業道德

組織與會計

一般未學過會計學的人也都能夠以簡單的收支概念，利用現成的單式簿記來記載個人或家庭的現金收支，掌握自己的財務狀況。那為什麼還要費神去學習會計學呢？主要是因為在面對龐大的企業組織，甚或跨國投資的國際企業時，其間之帳務往來，錯綜複雜，只作現金收支記載已無法滿足企業財務管理決策之用，故企業需使用會計學中的複式簿記來處理帳務。

本章將介紹複式簿記原理、各種組織型態，及會計學基本概念包括：會計的分類及其應遵行的法令規章、各種組織的會計人員資格，會計方程式及財務報表及編製財務報表時所依據的會計基本假設等。

本章大綱

1-1 單式簿記與複式簿記

1-2 各種組織型態

1-3 會計的分類

1-4 各種組織的會計人員資格

1-5 會計應遵守之法規與會計準則發布機構

1-6 會計方程式

1-7 財務報表

1-8 編製財務報表的會計基本假設

1-1 單式簿記與複式簿記

個人或家庭收入來源大抵爲薪資所得，支出爲食、衣、住、行、育、樂等。一般可拿「表1-1個人或家庭式記帳簿」作簡易的收支記帳，經整理後也能了解自身的收支情況，作爲財務運作之參考。此種只記載單方面現金收支，對於交易對方的相關資料不予記錄的記帳方式稱爲單式簿記。

表 1-1　個人或家庭式記帳簿

2014 年 10 月份	1	週三	2	週四	3	週五	4	週六	5	週日	6	週一	7	週二
收入														
分類項目	品名	金額	品名	金額	品名	金額	品名	金額	品名	金額	品名	金額	品名	金額
食材 (蔬菜、肉類) (五穀雜糧) (調味料) (奶粉、鮮奶)														
點心 (零食、飲料)														
其他														
伙食費合計		$0		$0		$0		$0		$0		$0		$0
日用雜貨 (廚房用品) (衛生用品) (保養用品) (家電用品)														
教育費 (註冊、學雜費) (文具、課本)														
治裝費 (美髮、服飾、配件)														
醫療費 (掛號、藥品)														
交通費 (加油、過路費) (停車、悠遊儲值)														
娛樂費 (旅遊、收藏、玩具)														
喜慶・交際費														
其他無法分類														
支出合計		$0		$0		$0		$0		$0		$0		$0
每日餘額		$0		$0		$0		$0		$0		$0		$0

上述記帳方式可以知道現金餘額變化的情形，而現金以外的項目便無法得知。只適用於交易單純的個人或家庭。不適合於交易複雜且多變的大型企業。現代大型企業都採複式簿記記帳，所謂複式簿記是對交易事項的資金來源及供給雙方都同時予以記載。

爲了說明單式簿記與複式簿記之差異，試舉一例。例如：企業收到現金＄10,000，單式簿記只會在現金收支簿上記載收入現金＄10,000。至於現金增加的原因並未予記錄，到底是因爲銷貨收入、或向銀行舉借、或是現金增資發行股票呢？再如企業減少現金＄10,000用來購買商品時，單式簿記只會記載支出現金＄10,000，至於現金減少的原因也不會記錄。而複式簿記除了記載現金減少＄10,000，還會記載增加一批＄10,000的商品，甚至明細帳還會記錄是向那一家廠商購入，方便日後追蹤考查。

兩者相比，複式簿記有下列的優點：

1. **複式簿記比單式簿記更完整地反映了經濟業務的全貌。**
2. **詳實記錄各交易項目的增減變化。**
3. **複式簿記是對每一交易以相等的金額，記錄來龍與去脈的因果關係。**在交易的往返間形成了一種金額上的平衡關係，防止帳務處理錯誤。

至於複式簿記的缺點則有：記帳作業複雜且具專業性。

而單式簿記優缺點恰巧與複式簿記相反。其優點爲記帳作業簡單，缺點爲無法全面的反映企業交易的全貌，不便於檢查賬戶記錄的準確性。因此對企業來說是一種不完整的記賬方法，已不被企業界使用。至於複式簿記的記帳方式詳見 1-6 節的說明。

立即挑戰

(　　) 1. 複式簿記　(A) 僅記錄交易事項發生之原因或結果之一者的記帳方式　(B) 無法表達交易事實的全貌爲缺點，簡單、易懂爲其優點　(C) 無法展現交易事實的全貌　(D) 爲建立均衡性的表達，對每一交易事項發生所涉及的各科目，均詳加記錄其因果關係的記帳方式。

解答 1.(D)

1-2 各種組織型態

不同的組織其會計帳務處理不同，所以學習會計之前必需先瞭解組織的差別。一般組織大致可分爲：政府部門組織、企業組織、非營利組織等。

1-2-1 政府部門組織

根據政府會計觀念公報第一號「稱政府者，包括具有公法人地位之國家及地方自治團體兩類，並以其執行機關名義統稱爲中央政府及各級地方政府。中央政府及各級地方政府爲遂行其施政目的，得依法令設置有不同型態之執行組織，其範圍通常包括公務機關、公營事業機構及作業組織、公立學校，以及其他組織（如行政法人）等」。

1-2-2 企業組織

企業組織類型分為獨資、合夥、公司：

一、獨資：

係一人以營利為目的，依商業登記法向各地縣（市）政府辦理商業登記者。在法律上獨資係由一個自然人投資，不具備法人之資格，一切活動以業主名義而非商店名義進行。企業由業主一人擁有，資金來自一人，管理通常是由業主負全責，經營損益也由業主一人承擔。獨資企業之業主需對企業債務負無限清償責任。通常小規模之企業多採獨資型態。如雜貨店、餐飲店、花店、藝品店等小型商店，或攝影、音樂、舞蹈等個人工作室，或專門性職業如：獨資會計師、律師事務所、個人診所等。獨資一般只能稱做「商號」，或以「行」、「店」、「坊」、「社」等為企業名稱。

1. 獨資有下列優點：
   (1) 獨自經營全盤掌控營業活動，不會有合夥人理念不合或公司股東糾紛等問題。
   (2) 獨資因影響社會層面小，故政府的管制較少。
   (3) 獨資資金需求水準較低，較易籌設。
2. 獨資有下列缺點：
   (1) 獨資難以籌集大量資金，故事業經營規模較小。
   (2) 獨資的業主必須對企業的負債負無限清償責任。一旦經營失敗，連個人財產亦在清償責任之內，投資風險大。
   (3) 獨資為自然人而非法人，根據我國民法第 6 條規定：「自然人之權利能力，始於出生，終於死亡」。故獨資企業存續期間受限於業主的壽命，業主死亡，企業隨之結束。

※ 獨資相關法規參考條文
我國民法第 26 條規定：法人於法令限制內，有享受權利負擔義務之能力。但專屬於自然人之權利義務，不在此限。
我國商業登記法第 3 條：本法所稱商業，指以營利為目的，以獨資或合夥方式經營之事業。
大陸個人獨資企業法第 2 條：本法所稱個人獨資企業，是指依照本法在大陸境內設立，由一個自然人投資，財產為投資人個人所有，投資人以其個人財產對企業債務承擔無限責任的經營實體。

註：大陸大部分法規前都有「中華人民共和國」字樣，例如個人獨資企業法全名為「中華人民共和國個人獨資企業法」、於本書中概以「大陸」稱之，後文同。

二、合夥：

根據我國民法第 667 條第 1 項規定：「合夥係指二人以上互約出資以經營共同事業之契約。」合夥同獨資一樣也是以營利為目的，依商業登記法向各地縣（市）政府辦理商業登記。在法律上，合夥為二個以上自然人投資，亦不具備法人之資格，一切活動以合夥人名義進行。合夥企業受合夥人多數票決控制，合夥人間互為代理，合夥財產公同共有，各合夥人對合夥債務共負連帶無限清償之責任，屬於集體責任制。合夥組織與獨資一樣，均盛行於小規模商店如：餐飲店、花店，或專門性職業如：聯合會計師或律師事務所。

※ 合夥相關法令規定
我國民法第 273 條：連帶債務之債權人，得對於合夥債務人中之一人或數人或其全體，同時或先後請求全部或一部之給付。連帶債務未全部履行前，全體債務人仍負連帶責任。 **我國民法**第 281 條：連帶債務人中之一人，因清償、代物清償、提存、抵銷或混同，致他債務人同免責任者，得向他債務人請求償還各自分擔之部分，並自免責時起之利息。 **我國民法**第 681 條：合夥財產不足清償合夥之債務時，各合夥人對於不足之額，連帶負其責任。
大陸合夥企業法第 14 條：設立合夥企業，需有二個以上合夥人。合夥人為自然人的，應當具有完全民事行為能力。 **大陸合夥企業法**第 38 條：合夥企業對其債務，應先以其全部財產進行清償。 **大陸合夥企業法**第 39 條：合夥企業不能清償到期債務的，合夥人承擔無限連帶責任。

1. 合夥有下列優點：
   (1) 合夥企業往往集合不同專業合夥人的才智及經驗，有利於企業經營。
   (2) 合夥共同出資的資金較獨資多，規模比獨資大。
   (3) 合夥因影響社會層面小，故政府對其管制亦少。
2. 合夥有下列缺點：
   (1) 合夥企業採共同責任制、互為代理，容易發生意見分歧，造成管理上的困擾。
   (2) 合夥人對企業的負債需負無限清償責任，一旦經營失敗，個人財產亦在清償責任之內，投資風險大。
   (3) 合夥企業的合夥人退出，非經全體合夥人同意不得中途退出或轉讓，轉讓不易。
   (4) 合夥人間負連帶無限清償之責任，屬於集體責任制。合夥人之一有債信不良問題時會影響整個合夥企業。
   (5) 合夥為自然人非法人，故合夥企業存續期間也受限於合夥人的壽命，業主死亡合夥商店隨之結束。

釋例 1-1

張三、李四、王五各出資 70 萬、20 萬、10 萬合夥開設餐飲店，其後因經營不善，積欠廠商丁貨款 200 萬元。此 200 萬元債務先以餐飲店之財產清償後，還有 100 萬元無力還清。丁發現三個合夥人中，張三最富財力，可否集中向張三請求清償合夥事業所欠 100 萬元之債務？

解 ▷▷ 依民法第 273、281 及 681 條之規定：因餐飲店還剩 100 萬元無法還清，此時丁可要求合夥人張三、李四、王五之任何一人或數人或全部，清償一部分或全部之債務。若丁發現三人中，張三最富財力，丁可請求張三獨自清償餐飲店所欠 100 萬元之債務。惟張三於清償 100 萬元完畢之後，在合夥人內部關係中可按照出資比例（原爲 7：2：1）請求李四分擔 20 萬元，王五分擔 10 萬元。

三、公司：

根據公司法第 1 條規定：「本法所稱公司，謂以營利爲目的，依照本法組織、登記、成立之社團法人。」公司在法律上具有獨立之法人人格，爲一法律個體，可以公司名義而非股東名義進行置產、簽約、訴訟、對外舉債或投資等。公司非在中央主管機關登記後，不得成立。

公司法第 2 條將公司組織分爲無限公司、兩合公司、有限公司與股份有限公司四大類。公司法上所定公司雖有四種，但因無限公司與兩合公司無限責任之股東須對公司債務負無限連帶清償責任，此二種公司中的無限責任股東極重視個人條件與信用，加上股東身分移轉須獲全體股東同意，移轉相當不易，影響股東財務流通性。因此實務上已鮮有無限公司與兩合公司之設立（根據經濟部統計截至 2015 年 4 月止：本國無限公司登記有 22 家、兩合公司登記有 11 家、有限公司登記有 481,447 家、股份有限公司登記有 158,170 家）。在公司法之修正草案中，已規劃要將無限公司與兩合公司刪除。所以本書僅就有限公司及股份有限公司進行討論。大陸只有有限責任公司和股份有限公司兩種。

※ 公司種類之相關法令規定

我國公司法第 2 條規定公司分爲下列四種：

一、無限公司：指二人以上股東所組織，對公司債務負連帶無限清償責任之公司。

二、有限公司：由一人以上股東所組織，就其出資額爲限，對公司負其責任之公司。

三、兩合公司：指一人以上無限責任股東，與一人以上有限責任股東所組織，其無限責任股東對公司債務負連帶無限清償責任；有限責任股東就其出資額爲限，對公司負其責任之公司。

四、股份有限公司：指二人以上股東或政府、法人股東一人所組織，全部資本分爲股份；股東就其所認股份，對公司負其責任之公司。

※ 公司種類之相關法令規定

大陸公司法第 2 條：本法所稱公司是指依照本法在大陸境內設立的有限責任公司和股份有限公司。

大陸公司法第 3 條：公司是企業法人，有獨立的法人財產，享有法人財產權。公司以其全部財產對公司的債務承擔責任。

有限責任公司的股東以其認繳的出資額爲限對公司承擔責任；股份有限公司的股東以其認購的股份爲限對公司承擔責任。

(1) 有限公司：由一人以上股東所組織，以其出資額爲限，對公司負其責任之公司。但負責人違法執行業務致他人受有損害時，應與公司負連帶賠償之責。有限公司的資本並不必分爲等額股份，股東的出資證明爲股單非股票，且股東非得其他全體股東過半數之同意，不得將其出資之全部或一部，轉讓於他人。公司不能用公開募股來籌集資金，由於股權不能隨意轉讓，故在市場上不流通不能上市交易。因此公司的財務會計等資料就無須向社會公開。

與股份有限公司相比，有限公司的股東人數較少，許多國家公司法對有限公司的股東人數都有嚴格規定。截至目前爲止中國大陸的公司法第 24 條仍規定：有限責任公司由五十個以下股東出資設立。但我國於民國 2001 年修改公司法後，定有限公司爲一人以上，無上限人數規定，故目前出現有一人有限公司的情形**（2001 年新修正公司法將設立公司組織人數降低之理由參見下方說明）**。一人有限公司與獨資最主要差異在於：一人有限公司具有獨立的法人人格，使其個人的財產與企業的財產相分離。有限公司股東負有限責任，而獨資業主負無限責任。對一人有限公司之股東而言，其負有限責任會比獨資業主負無限責任輕；但對企業外的債權人之保障程度相對降低。

(2) 股份有限公司：現代企業之經營，常需龐大的資金，其資金來源難由少數個人供應，故理想之途徑莫過於籌集社會大眾之資金，將其導入企業。股份有限公司便是應此情況而產生，根據公司法規定：股份有限公司是指二人以上股東或政府、法人股東一人所組織，全部資本分爲股份；股東就其所認股份，對公司負其責任之公司。但負責人違法執行業務致他人受有損害時，應與公司負連帶賠償之責。股份有限公司將資本劃分爲金額相等之股份，並發行股票以爲股權之憑證。由於股份有限公司具有易籌集資金、股份可以自由轉讓、股權流動性高、投資者負有限責任、及永久存續等優點，適合公司持續成長、擴大規模。若能符合我國證券交易所關於股份有限公司有價證券上市審查準則第 4 條的規定，只要符合設立年限、資本額、獲利能力、股東人數等條件，即可上市或上櫃。股份有限公司是由許多股東共同出資共同所有，股東只承擔自己所認股份的責任，稱之爲有限責任。換言之，股份制股東投資風險是有限的、可控制的，不會受其他股東的牽連。而合夥雖然也是多人出資，但合夥人卻負連帶無限清償之責任，屬於集體責任制。對股份有限公司之股東而言，僅負有限責任會比合夥企業主負的無限責任輕；但對企業以外的債權人而言保障程度也因此降低。

表 1-2　有限公司與股份有限公司之區別

	有限公司	股份有限公司
股東人數	**公司法** 2 條：由一人以上股東所組織。	**公司法** 2 條：指二人以上股東或政府、法人股東一人所組織
籌資方式	**公司法** 100 條：公司資本總額，應由各股東全部繳足，不得分期繳款或向外招募。 （資本由股東全部募足，不得對外公開募集）	**公司法** 131 條：發起人認足第一次應發行之股份時…。 **公司法** 132 條：發起人不認足第一次發行之股份時，應募足之。 （可對外公開募集、也可分次發行）
出資證明	**公司法** 104 條：公司設立登記後，應發給股單	**公司法** 156 條：股份有限公司之資本，應分爲股份，每股金額應歸一律
股東責任	**公司法** 99 條：股東對於公司之責任，以其出資額爲限	**公司法** 2 條：股東就其所認股份，對公司負其責任之公司。
表決權	**公司法** 102 條：每一股東不問出資多寡，均有一表決權。但得以章程訂定按出資多寡比例分配表決權。	**公司法** 179 條：公司各股東，除有第 157 條第三款情形外，每股有一表決權。
股權轉讓	**公司法** 111 條：股東非得其他全體股東過半數之同意，不得以其出資之全部或一部，轉讓於他人。	**公司法** 163 條：公司股份之轉讓，不得以章程禁止或限制之。但非於公司設立登記後，不得轉讓。

※ 民國 2001 年新修正公司法將設立公司組織人數降低之理由

舊公司法規定，股份有限公司股東最少 7 人，而有限公司股東人數爲 5 人以上至 21 人以下，這項規定，主要是強調公司爲「複數股東」的法人組織，但也因爲此項規定導致我國中小企業公司充斥著「人頭」、「名義」股東，實質上多爲一人公司或家族公司。爲了正本清源，民國 2001 年新修正公司法將有限公司股東人數改爲 1 人以上，而股份有限公司股東人數改爲 2 人以上或政府、法人股東 1 人所組成。

※ 各種營利事業組織之責任比較

獨資及合夥係根據民法成立之事業組織，不具備有獨立的法人資格，因此該事業產生之債務，業主負其連帶責任。也就是說，企業任何交易以業主名義進行，萬一該事業財產不足清償其債務時，業主不論出資多寡，只要名下有其他財產，均需負連帶清償責任。故於選擇營利事業組織型態時不可因爲獨資合夥資本額少容易籌設而貿然設立。

有限公司及股份有限公司之股東僅就其出資額或所認股份對公司負其責任。換句話說，企業任何交易以公司名義進行，公司有任何負債均由公司自行承擔，股東責任以其投入的資本額為限。除非股東有對公司貸款提供保證或擔任負責人，否則不會如獨資合夥之業主一樣負無限清償責任。**公司組織的股東的人格與事業體的人格是分離的，各有獨立地位，除非有特別理由，否則公司股東較獨資、合夥業主責任較輕。**

※ 我國自然人與法人之區別

我國民法總則將法律上的「人」分為「自然人」及「法人」兩個概念。法人是由法律所創設，得為權利及義務主體的團體。法人為獨立的主體，與各社員財產分離，具有獨立的法人格，可以獨立為法律行為。

民法創設法人制度之目的，主要的理由是賦予社會團體予人格，方便組織從事法律交易而不受個別個人之支配或影響，也可避免股東個人的財產受到法人事業的影響。

公司為社團法人，具有獨立人格可以公司名義置產、簽約、訴訟、對外舉債及投資等，獨資及合夥為自然人不具法人人格，一切活動需以業主或合夥人名義行之。

根據**我國內政部函**：「按獨資或合夥之商號非法人為自然人，不得為權利義務之主體，其承購工業區土地，得以其負責人或合夥人名義辦理所有權移轉登記。」

※ 大陸自然人與法人參考條文

大陸民法通則 9 條：公民從出生時起到死亡時止，具有民事權利能力，依法享有民事權利，承擔民事義務。

大陸民法通則 36 條：法人是具有民事權利能力和民事行為能力，依法獨立享有民事權利和承擔民事義務的組織。

法人的民事權利能力和民事行為能力，從法人成立時產生，到法人終止時消滅。

立即挑戰

( ) 1. 合夥企業的特徵**不包括**下列那一項？ (A) 非法律個體 (B) 合夥人互為代理 (C) 合夥財產共有 (D) 發行股票，對企業債務負有限清償責任。

( ) 2. 企業組織有獨資、合夥及公司三種型態，下列敘述何者**有誤**？ (A) 在法律上，合夥企業的合夥人一旦變動，即視為解散 (B) 在法律上，獨資企業主負無限責任 (C) 有限公司須有兩個或兩個以上股東才可成立 (D) 股份有限公司之資本，應分為股份，每股金額應歸一律。

( ) 3. 合夥人與股份有限公司的股東，最大的風險差異在於： (A) 企業獲利與否 (B) 企業債務多寡 (C) 投資人責任範圍 (D) 企業資本高低。

( ) 4. 股份有限公司的優點不包括下列哪一項？ (A) 獨立法人個體 (B) 股票可以自由轉讓 (C) 股東責任有限 (D) 投資人無限責任。

(　　) 5. 法律賦予法人資格的企業組織爲： (A) 合夥企業 (B) 公司 (C) 獨資企業 (D) 以上均是。

(　　) 6. 企業組織通常可分爲： (A) 獨資、合夥及公司 (B) 股份有限公司及兩合公司 (C) 股份有限公司、兩合公司及有限公司 (D) 股份有限公司、兩合公司、有限公司及無限公司。

(　　) 7. 華南銀行係屬哪一種類型的企業： (A) 獨資 (B) 合夥 (C) 有限公司 (D) 股份有限公司。

※銀行法 52 條：銀行爲法人，其組織除法律另有規定或本法修正施行前經專案核准者外，以股份有限公司爲限。

解答 ▷▷ 1.(D) 2.(C) 3.(C) 4.(D) 5.(B) 6.(A) 7.(D)

1-2-3 非營利組織

廣義的非營利組織包括政府組織及民間的非營利組織。政府成立之目的爲施政及服務，不具有營利性，自爲非營利組織。但狹義的非營利組織指的是「不以營利爲目的且具民間、非官方特質之組織」。此種非營利非政府組織主要的功能在於彌補政府機關或是民間企業所無法或尚未提供的服務，有效彌補政府對社會福利不足之處。因此非營利組織有時亦稱爲第三部門，與政府部門（公部門→第一部門）和企業界（私部門→第二部門），形成第三種影響社會的主要力量。其所涉及的領域非常廣泛，從藝術、慈善、教育、政治、公共政策、宗教、學術、環保等。一般常以非營利社團法人、財團法人、基金會等型式出現。

非營利組織的資金來源，部分來自政府補助，部分爲營利組織的捐款。因此，非營利組織可謂是政府部門與私人企業交織而成的產物。在先進國家中，非營利事業的社會產值，已接近政府與商業部門，成爲社會經濟發展與提供就業機會的第三大部門。由於非營利組織日益擴大，目前國內大學院校相繼成立研究所培養人才，如：南華大學非營利事業管理學系碩士班、輔仁大學非營利組織管理碩士在職專班、台北大學合作經濟學系碩士班非營利事業組、政治大學的 EMBA 非營利事業管理組等。

※ 大陸由於政治體制等方面的原因，目前尚沒有典型西方意義上的非政府或非營利組織。一般民眾所熟知的青聯、婦聯、殘聯、中國貿促會和對外友協等組織，實際上都是有政府背景的半官方社會組織。這些組織從僱員到資金來源都有很深的官方背景。

※ 非營利組織相關法規規定
我國教育文化公益慈善機關或團體免納所得稅適用標準第 2 條規定：（最新修訂日期 2013 年 2 月 6 日，摘錄部分修文） 教育、文化、公益、慈善機關或團體符合下列規定者，其本身之所得及其附屬作業組織之所得，除銷售貨物或勞務之所得外，免納所得稅： 一、合於民法總則公益社團及財團之組織，或依其他關係法令，經向主管機關登記或立案。 二、不以任何方式對捐贈人或與捐贈人有關係之人給予變相盈餘分配。 三、其章程中明定該機關或團體於解散後，其賸餘財產應歸屬該機關或團體所在地之地方自治團體。 四、其無經營與其創設目的無關之業務。 -- 九、其財務收支應給與、取得及保存合法之憑證，有完備之會計紀錄，並經主管稽徵機關查核屬實。 財產總額或當年度收入總額達新臺幣一億元以上之教育、文化、公益、慈善機關或團體，其本身之所得及其附屬作業組織之所得免納所得稅，除應符合前項各款規定外，並應委託經財政部核准為稅務代理人之會計師查核簽證申報。 ※ 根據上列條文規定可知非營利組織必須向主管機關申請立案、必須無營利行為、不得分配盈餘、必須有完備之會計紀錄、清算解散後其賸餘財產歸公。 ※ 大陸的非營利組織相關法規有：中國財政部與國家稅務總局聯合制定的《關於非營利組織免稅資格認定管理有關問題的通知》和「非營利會計制度」等。

1-2-4 營利組織與非營利組織之區別

民法創設法人制度之目的，主要是賦予社會團體擬人之資格，便利組織從事法律交易。但法人又可分為社團法人與財團法人兩種：

1. 社團法人：是由社員（股東）集合而成之社員團體，為「人合」的法人組織。依其目的可再分為營利社團及非營利社團。
   (1) 營利社團法人：以營利為目的依公司法組織成立之公司，例如一般的公司皆是。
   (2) 非營利社團法人：例如扶輪社、同鄉會、宗親會、學生家長會、國際獅子會等。
2. 財團法人：係財產的集合體為「財合」的法人組織。財團法人是以「捐助財產作公益」為目的，經相關主管機關核准設立。例如私立大學、私立醫院、基金會等。

綜上所述，營利組織為營利社團法人；非營利組織包括非營利社團法人及財團法人。

近年來因全球景氣低迷，非營利組織捐助收入減少，不得不自籌財源。再加上下列因素使得**非營利組織與營利組織經營界線漸趨模糊**：

1. 企業爲建立社會形象，紛紛成立基金會，現身公益事務，進行社會投資策略。
2. 非營利部門爲自籌財源，常以商業經營的方式與企業競爭以賺取收入。
3. 企業或非營利部門接受政府部門以契約外包的方式，代爲執行公共服務。

根據學者最近對一些國家的調查發現：非營利部門的收入中，營運收入的比率已高達 49%，其次才是政府的補助約 40%，來自私人的慈善捐款僅約爲 11%。足見非營利組織的企業化與商業化已然成型。

釋例 1-2

1. 義大皇家酒店與旗津天后宮香客大樓在組織及課稅問題上有何區別？
2. 全錄補習班與義守大學在組織及課稅問題上有何區別？
3. 私人診所與義大醫院在組織及課稅問題上有何區別？
4. 同鄉會、宗親會組織有何報稅問題？
5. 公、私立學校，及各種基金會有何課稅問題？而公、私立學校之教育及行政人員及各種基金會工作人員薪資所得是否應列個人綜合所得稅？

解 ▷▷

1. 據加值型及非加值型營業稅法第 3 條第 2 項規定「……提供勞務予他人，或提供貨物與他人使用、收益，以取得代價者，爲銷售勞務。……」；寺廟是經目的事業主管機關核准設立的**非營利財團法人**。若將其場所提供予信眾住宿後，其取得之住宿或清潔費用係信徒隨喜布施（自由給付）者，得免辦營業登記、免徵營業稅。若住宿或清潔費用係按每人或每次住宿收取一定標準者，則屬前開營業稅法第 3 條第 2 項所稱之銷售勞務範疇，應依法辦理營業登記課徵營業稅。故台灣十大寺廟「香客大樓」爲了免稅，紛紛打出「住宿費用隨喜，全看心意」之作法。

   義大皇家酒店是依據公司法設立登記的**營利社團法人**。營業稅法第 3 條第 2 項：所稱之銷售勞務範疇，應依法辦理營業登記課徵營業稅及營利事業所得稅。
2. 補習班可選擇獨資、合夥與公司組織設立。依法規定，私人經營之各種補習班，原則上以申請立業登記之設立人爲所得人，如爲合夥經營，分別按其分配比例歸戶課徵綜合所得稅。而義守大學是經目的事業主管機關核准設立的**非營利財團法人**，自無納稅問題。
3. 診所的醫師是屬於所得稅法第 11 條第 1 項所規定的執行業務者，依法繳納綜合所得稅。而義大醫院是經目的事業主管機關核准設立的**非營利財團法人**，自無納稅問題。
4. 一般公益社團協會如**未附設營利事業，無任何營業行為或作業組織收入**，僅有會費、捐贈或基金存款利息者，因非營業稅課徵之範疇，故不須申報營業稅，可免所得稅結算申報。

5. 公立學校屬公法人無需納稅，私立學校或基金會若符合教育文化公益慈善機關或團體可免納營利事業所得稅。但非營利組織員工薪資是屬於個人綜合所得稅，根據所得稅法第 14 條第 1 項第 3 類薪資所得的定義為：凡公、教、軍、警、公私事業職工薪資及提供勞務者之所得，自然應納個人綜合所得稅。

※ 上述的非營利組織必須符合上述我國教育文化公益慈善機關或團體免納所得稅適用標準第 2 條規定才能免稅，否則容易造成「假借非營利事業組織之名行營利事實的租稅詐欺」。

釋例 1-3

1. 營利事業為何不統一由民間舉辦，而有公營事業的存在？
2. 公益事業為何不統一由政府舉辦，而有民間慈善事業的存在？

解 ▷▷

1. 公營事業存在的範圍在於：規模大、民間無力投資設立，抑或與民生相關重大事業不宜由民間舉辦者，例如：水電、鐵路或公路交通、郵政、電信等，因而有公營事業的存在。
2. 政府有了財政稅收後，部分會用來做公益事業；但這些工作由政府來舉辦未必比民間更有效率，如今許多公立醫院都採公辦民營的方式就表示民營效率較佳，且制度較具彈性。故各國政府均給予財團法人很大的租稅優惠或經費補助，利用其效率與彈性來發展公益事業。台灣目前規模稍大的醫院幾乎都申請設立為財團法人。

1-3 會計的分類

■ 1-3-1 依會計資訊的使用者分類——管理會計與財務會計

1. 供**內部使用**者稱為**管理會計**：

管理會計之目的在於提供管理決策所需之數據資料。管理會計所提供之資料，主要係供企業內部管理人士通常為董事長、總經理、各部門經理人或主管所用。故資料之搜集不限於帳簿上所記載者，且資料的產生亦無一定的規則，各項資料只要對管理決策有所幫助即可提供，而報表之編製不必嚴格遵守一般公認會計原則，故其所編製之報表較具彈性與前瞻性，強調預測未來。

2. 供**外部使用**者稱爲**財務會計**：

財務會計是提供給企業外部利害關係人的會計資訊。與企業經營有關的外部利害關係人包括：有直接利益關係的現有和潛在投資人與債權人、有間接利益關係的政府主管機關、稅捐稽徵機關、財務分析師、員工與消費大眾等。由於是提供給企業以外的人士，用來瞭解企業的財務狀況及經營成果之資料，因此必須遵照一定的會計原則來編製，始能取信於外部利害關係人，且不同企業間財務報表也可相互比較，如此才有助於其投資與授信決策。此種大眾所公認的會計規則即稱爲一般公認會計原則（GAAP），詳見 1-5 節說明。

企業外部資訊使用者眾，且其所需資料各異，財務會計無法爲各種不同資訊使用者編製專用之報表，僅能提供「一般目的的財務報表」，根據國際會計準則第 1 號對一般目的的財務報表所下的定義：一般目的的財務報表（簡稱財務報表）係指意圖滿足那些無法要求企業針對其特定資訊需求編製報告之使用者所編之報表。

表 1-3　財務會計與管理會計的比較

種　類	使用者	強制性規範	會計資訊使用者	會計功能
財務會計	外部使用者	適用一般公認會計原則	投資人	提供投資獲利資訊
			債權人	提供償債能力資訊
			政府機關	提供納稅查核資訊
			企業員工及工會	提供制定合理薪資資訊
管理會計	內部使用者	不適用一般公認會計原則	經理	提供成本資訊供作售價決策
			領班	根據工時評估作業員績效
			操作員	根據損壞品作品質管制

※ 本書只介紹財務會計，不包括管理會計。

立即挑戰

(　　) 1. 下列何項會計，其目的在提供投資人與債權人等外部使用者所需之資訊？
(A) 管理會計　(B) 財務會計　(C) 責任會計　(D) 現金基礎會計。

(　　) 2. 財務會計的主要目的是提供：(A) 會計師查帳所需之資料　(B) 內部決策人（如本公司經理人員）決策　(C) 外部決策人（如公司股東、債權人）決策　(D) 政府稅捐機關核定全年課稅所得額。

(　　) 3. 管理會計主要目的提供何者做決策？　(A) 企業管理當局　(B) 投資人、債權人　(C) 稅捐機關　(D) 以上皆非。

(　　) 4. 下列那一財務報表使用者被稱爲會計資訊之內部使用者？　(A) 企業股東　(B) 企業員工及工會　(C) 企業債權人　(D) 企業經理人員。

(　　) 5. 財務會計應遵循下列何者來記帳？　(A) 業主指示　(B) 稅法規定　(C) 一般公認會計原則　(D) 管理理念。

(　　) 6. 下列哪一個人是台機電股份有限公司會計資訊的內部使用者？　(A) 借錢給台機電股份有限公司的彰化銀行　(B) 台機電股份有限公司的股東　(C) 台機電股份有限公司的總經理　(D) 國稅局。

(　　) 7. 稅務機關是：　(A) 內部使用者　(B) 外部使用者　(C) 直接使用者　(D) 以上皆非。

解答 1.(B)　2.(C)　3.(A)　4.(D)　5.(C)　6.(C)　7.(B)

1-3-2 依營利性質分類——政府會計、營利會計及非營利會計

1. **政府會計**：係專爲適應政府機構之業務所設計之會計紀錄與報告。其目的在尋求公共行政方面有用之會計資料，以控制公共支出。通常係以預算制度爲手段，達到控制政府機關各項收入與支出爲目的。其主要遵循法規有政府會計法、預算法及由行政院主計處於 2003 年 12 月 30 日開始陸續發布的政府會計觀念公報及政府會計準則公報（至 2014 年 12 月截稿時共發布政府會計觀念公報至第 3 號、政府會計準則公報至第 11 號）。

2. **營利會計**：係指一般營利事業所採用之會計。平時對企業收入、支出及一般財務交易事項加以記載，並定期結算損益，以瞭解經營狀況爲淨利或淨損。如商業會計（財務會計）、成本會計、銀行會計、管理會計、公用事業會計、特殊行業會計。

   公營事業機構雖負有政策責任，但因其運作係採商業經營型態，故除法令另有規定外，得援用民營事業適用的一般公認會計原則辦理。根據商業會計法第 1 條規定：「公營事業會計事務之處理，除其他法律另有規定者外，適用本法之規定。」公營事業會計如：中油、台電屬營利會計。

3. **非營利會計**：非以營利爲目的，既無資本事項，且不計算損益，僅著重收支記錄。平時對收入及支出加以記載外，並沒有定期計算損益，通常只編製收支結餘表。一

般非營利會計又稱爲收支會計，常於教育、文化、慈善、教育、宗教、學術等機構使用。非營利組織在我國並無統一遵循的會計法規，而是分散於各該事業、組織、團體之主管機關法令規定。而大陸會計法第 2 條規定：「國家機關、社會團體、公司、企業、事業單位和其他組織（以下統稱單位）必須依照本法辦理會計事務」，顯示大陸營利及非營利組織均遵照會計法的相關規定。另外，美國財務會計準則委員會（FASB）已針對非營利事業組織制定了 93、116、117、124、136 號公報，提供了非營利組織之折舊認列、收受捐贈、財務報表、投資等會計處理原則。

※ 本書只介紹營利會計，不包括政府會計與非營利會計。

■ 1-3-3 依企業組織區分——獨資會計、合夥會計、公司會計

我國的獨資、合夥會計及公司會計處理一般根據商業會計法，但小規模之合夥或獨資商業得不適用；大陸的會計處理一般根據會計法，但個體工商戶得不適用。

※ 獨資、合夥、公司會計處理的差異
我國商業會計法 82 條：小規模之合夥或獨資商業，得不適用本法之規定。 前項小規模之合夥或獨資商業之認定標準，由中央主管機關斟酌各直轄市、縣（市）區內經濟情形定之。
大陸會計法第 51 條：個體工商戶會計管理的具體辦法，由國務院財政部門根據本法的原則另行規定。

■ 1-3-4 依功能區分——財務會計、管理會計、政府會計、稅務會計、特殊行業會計

財務會計、管理會計、政府會計如前所述。以下討論稅務會計、特殊行業會計：

1. **稅務會計**：政府稅捐機關以增加稅收爲目的，故稅法中收益及費損的認定與一般財務會計不同，尤其是費損的認列大都有限額之規定，避免企業以不正當手法虛增費用逃漏租稅，其應遵循法規爲各項稅法規定，尤其是營利事業所得稅。
2. **特殊行業會計**：依行業之不同屬性特性其會計處理也不同。如：
   (1) 公用事業會計：指與一般人民生活有關之事業，如水、電公司等。
   (2) 銀行、保險會計：如金融、保險業。
   (3) 交通會計：如鐵路、公路、航運、海運。
   (4) 餐飲會計：飯店業、餐飲業、旅行社。

立即挑戰

( ) 1. 下列何者不是營利事業機構？ (A) 慈濟功德會 (B) 圓山大飯店 (C) 遠東百貨公司 (D) 統一企業。

( ) 2. 中油事業的會計屬於何種會計？ (A) 非營利會計 (B) 營利會計 (C) 收支會計 (D) 稅務會計。

( ) 3. 下列何者採用商業會計？ (A) 慈濟功德會 (B) 富邦文教基金會 (C) 台大醫院 (D) 台北捷運公司。

( ) 4. 下列敘述何者爲眞？ (A) 營利會計是指平時記載交易事項，並定期結算損益 (B) 營利會計對會計交易事項均加以記載，但並未定期結算損益或無須結算損 (C) 營利會計不包含國營事業 (D) 政府機關亦使用營利會計。

( ) 5. 計算損益是： (A) 營利會計 (B) 收支會計 (C) 政府會計 (D) 家庭會計的特色。

解答 1.(A) 2.(B) 3.(D) 4.(A) 5.(A)

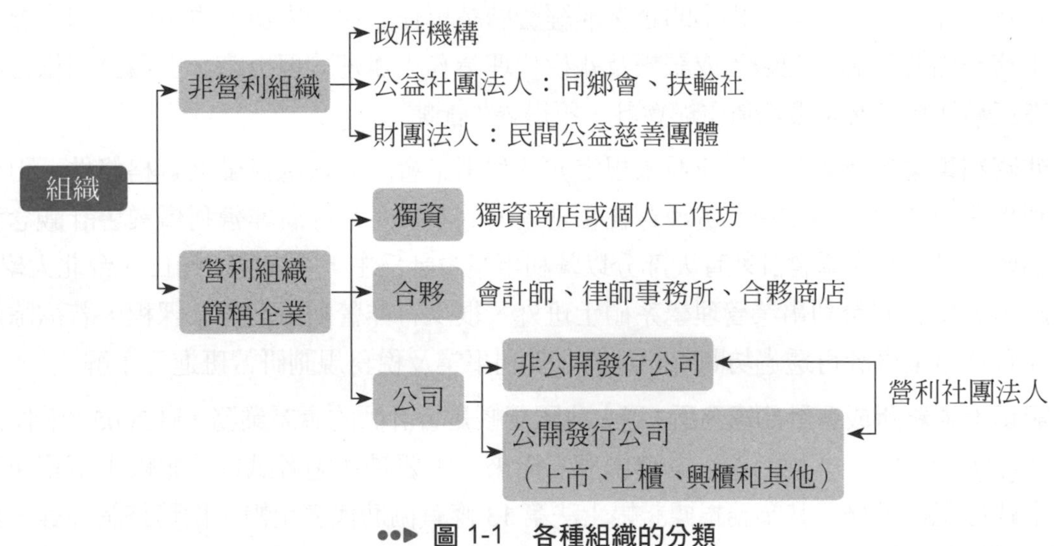

圖 1-1 各種組織的分類

1-4 各種組織的會計人員資格

將各種組織的會計人員資格分成四類敘述：

1. **政府會計人員：**經過公務人員全國性高普考或區域性地方特考之「會計審計人員」考試取得晉用資格。在我國稱為主計人員。其工作性質通常包括為政府機關處理帳務及編製預算、決算報表等。
2. **企業會計人員：**依商業會計法第 5 條規定：「商業會計事務之處理，應置會計人員辦理之。公司組織之商業，其主辦會計人員之任免，在股份有限公司，應由董事會以董事過半數之出席，及出席董事過半數之同意；在有限公司，應有全體股東過半數之同意」，第 5 條對公司組織會計人員的任免雖有規定，但並未規定會計人員應具備之資格條件。一般具備丙級或乙級會計事務技術士證照、或記帳士或會計師專門職業及技術人員資格，將更易進入企業界擔任會計人員。中國大陸對於業界會計人員任用無規定，但根據大陸**會計法**第 38 條（參閱下方條文），會計人員應具備之資格條件卻有限制。另外，企業會計人員多半從事財務會計、成本與管理會計、稅務及預算等工作。若規模小的企業無經費聘請專任之會計人員，也可將公司之會計事務委由會計師、記帳士或記帳及報稅代理業務人辦理。但上市、上櫃公司根據證券交易法規定必須要設置主辦會計、不得委外記帳。
3. **非營利事業會計人員：**目前並未規定非營利事業會計人員應具備之資格條件。但營利事業與非營利事業會計處理存在相當程度的差異，最好有非營利事業會計觀念者為佳。目前的大學會計教育大部分以營利事業會計為主，除南華、輔仁、台北大學、政治大學有非營利事業管理學系碩士班外，很少有非營利事業會計課程，若欲瞭解非營利事業會計可透過坊間所開設的非營利事業及稅務規劃研習班進行了解。
4. **記帳士事務所或會計師事務所：**過去我國記帳是會計師的專屬業務，自 2005 年開始，「記帳士」才從「會計師」業務中獨立出來，主要是透過考試以「記帳士事務所」來執行記帳業務。其業務根據記帳士法第 13 條有協助代客記帳、稅務諮詢等等，但不能作各種簽證。會計師事務所最主要業務根據會計師法第 39 條有審計、代客記帳、稅務服務、管理諮詢服務等，但最主要業務為審計。

根據憲法規定通過記帳士或會計師專門職業及技術人員考試是一種執業資格，依商業會計法第 5 條第 5 項規定：「商業會計事務，得委由會計師或依法取得代他人處理會計事務資格之人處理之。」所以公司得委託外部人員代為記帳，合法業者有會計師、記帳士、記帳及報稅代理業務人。開設事務所雖有資格限制，但各事務所內的其他從業人員並未被要求取得記帳士或會計師資格。但取得記帳士及會計師資格若未自行開業，也可選擇至企業界服務。

※ 會計師事務所的業務項目較多，敘述如下：

1. 審計

審計工作是會計師最主要的業務，審計又稱「簽證」，是對企業所編製的財務報表是否適當表達出企業的財務狀況、營業績效等，提出專業的意見。簽證可分為：

(1) 工商設立登記之資本額查核簽證：公司法第 7 條「公司申請設立、變更登記之資本額，應先經會計師查核簽證；其辦法，由中央主管機關定之。」

(2) 銀行之融資簽證：依中華民國銀行公會會員徵信準則第三項規定：「最近一年內新設立之授信戶總授信金額達三千萬元以上者，得以會計師驗資簽證及以附聲明書之自編財務報表替代」（最近修正日期 2012 年 8 月 20 日）

(3) 公開發行公司簽證：依證券交易法第 36、37 條及會計師辦理公開發行公司財務報告查核簽證核准準則等有關法令規定，公開發行、上櫃上市公司之財務報表簽證須由已於會計師公會登記並由主管機關核准之聯合會計師事務所二位會計師查核簽證（簡稱雙簽）。

(4) 其他財務簽證：其他依各該事業、組織、團體之主管機關法令規定財務報表須經會計師查核簽證者均屬財務簽證範圍。茲舉其中二個法規供參考：

①私立學校財務簽證：私立學校法第 53 條規定「學校法人及所設私立學校應於會計年度終了後四個月內完成決算，連同其年度財務報表，自行委請符合法人主管機關規定之會計師查核簽證後，分別報主管機關備查、」（截至 2014/6/18）

教育部審查教育事務財團法人設立許可及監督要點第 15 條規定「經法院登記財產總額達新臺幣一億元或當年度收入總額達新臺幣一千萬元以上之教育法人，應將財務報表委請會計師進行財務報告查核簽證。」（截至 2013/5/17）

前項委請之會計師，不得於接受委託查核年度之前三年度內曾受懲戒並公告確定。

②政治獻金簽證：政治獻金法第 21 條規定「會計報告書，政黨及政治團體由負責人或代表人簽名或蓋章，並應委託會計師查核簽證；擬參選人由其本人簽名或蓋章，收受金額達新臺幣一千萬元者，並應於投票日後七十日內委託會計師查核簽證政黨及政治團體會計報告書應委託會計師查核簽證。」（截至 2015/1/7）

2. 稅務服務

會計師的稅務服務包括應納稅額的計算與申報，並對企業的重要業務計畫從事稅務規劃工作，協助企業達到合法節稅的目的。

3. 管理諮詢服務

許多企業或者因為規模較小，或者缺乏專業的管理人才，或基於成本效益的考量，都會尋求會計師提供管理服務，包括設立制度、簡化作業流程、選用設備等。

※ 取得各種會計人員資格的相關法規

我國憲法 86 條：左列資格，應經考試院依法考選銓定之：
一、公務人員任用資格。
二、專門職業及技術人員執業資格。

我國記帳士法第 2 條：
中華民國國民經記帳士考試及格，並依本法領有記帳士證書者，得充任記帳士。
依本法第三十五條規定領有記帳及報稅代理業務人登錄執業證明書者，得換領記帳士證書，並充任記帳士。

我國會計師法第 5 條：中華民國人民，經會計師考試及格，領有會計師證書、取得會計師資格者，得充任會計師。

大陸公務員法第 21 條：錄用擔任主任科員以下及其他相當職務層次的非領導職務公務員，採取公開考試、嚴格考察、平等競爭、擇優錄取的辦法。

大陸註冊會計師法第 9 條：參加註冊會計師全國統一考試成績合格，並從事審計業務工作二年以上的，可以向省、自治區、直轄市註冊會計師協會申請註冊。

大陸會計法第 38 條：從事會計工作的人員，必須取得會計從業資格證書。擔任單位會計機構負責人（會計主管人員）的，除取得會計從業資格證書外，還應當具備會計師以上專業技術職務資格或者從事會計工作三年以上經歷。會計人員從業資格管理辦法由國務院財政部門規定。

大陸會計基礎工作規範第 8 條：沒有設置會計機構和配備會計人員的單位，應當根據《代理記帳管理暫行辦法》委託會計師事務所或者持有代理記帳許可證書的其他代理記帳機構進行代理記帳。

※ 中國目前無記帳士考試，但代客記帳會計人員必須取得會計法第 38 條會計從業資格證書（類似台灣的記帳士）或會計師。

1-5 會計應遵守之法規與會計準則發布機構

1-5-1 會計應遵守之法規

本書以下各單元介紹之會計法規以營利事業中之財務會計爲主。但財務會計應遵守之法規，除了商業會計法、商業會計處理準則，還有公開發行公司的證券交易法、證券發行人財務報告編製準則、及跨國企業的國際財務會計準則。若這些法律、行政命令、或會計原則產生競合時，其適用順序爲：法律優先於行政命令、行政命令又優先於會計原則。

憲法＞法律＞命令＞會計原則

※ 法律及行政命令形成
我國法律及行政命令形成： 法律一般由行政院或立法委員提案，經立法院三讀通過、總統公布後生效。 行政命令由行政院研擬發布即可生效，不需經立法院三讀、總統公布。
大陸法律及行政法規形成： 法律由全國人民代表大會提案，經三次常務委員會會議審議，國家主席簽署主席令予以公布後生效。 行政法規由國務院起草，直接由總理簽署國務院令公布，不需經全國人民代表大會通過。

1. **特別法優於普通法原則**

   證券交易法及公司法為商業會計法之特別法，而其中證券交易法又為公司法之特別法，故三者適用順序為：證券交易法＞公司法＞商業會計法。

2. **命令不得牴觸法律原則**

   商業會計處理準則第 2 條：「商業會計事務之處理，應依本法、本準則及有關法令辦理；其未規定者，依照一般公認會計原則辦理。」

   商業會計法第 48 條第二項之規定應較證券發行人財務報告編制準則優先適用，而經濟部同意此見解。

※ 法律優先行政命令參考條文：法律位階
我國憲法第 170 條：本憲法所稱之法律，謂經立法院通過，總統公布之法律。 **我國憲法**第 171 條：法律與憲法牴觸者無效。法律與憲法有無牴觸發生疑義時，由司法院解釋之。 **我國憲法**第 172 條：命令與憲法或法律牴觸者無效。 **我國中央法規標準法**第 2 條：法律得定名為法、律、條例或通則。 **我國中央法規標準法**第 3 條：各機關發布之命令，得依其性質，稱規程、規則、細則、辦法、綱要、標準或準則。 **我國中央法規標準法**第 6 條：法規對其他法規所規定之同一事項而為特別之規定者，應優先適用之。其他法規修正後，仍應優先適用。 **我國中央法規標準法**第 11 條：法律不得牴觸憲法，命令不得牴觸憲法或法律，下級機關訂定之命令不得牴觸上級機關之命令。 **我國商業會計法**第 13 條：會計憑證、會計項目、會計帳簿及財務報表，其名稱、格式及財務報表編製方法等有關規定之商業會計處理準則，由中央主管機關定之。

大陸立法法第 23 條：全國人民代表大會通過的法律由國家主席簽署主席令予以公布。

大陸立法法第 57 條：行政法規由國務院組織起草。國務院有關部門認為需要制定行政法規的，應當向國務院報請立項。

大陸立法法第 61 條：行政法規由總理簽署國務院令公布。

※ 中國的國家主席相當於我國總統；國務院相當於行政院；全國人民代表大會相當於立法院。

3. **商業會計法優於一般公認會計原則**

商業在選擇適用的會計原則時，應先適用商業會計法；再遵循商業會計處理準則及其所指明的財務會計準則公報相關規定。

我國為成文法國家，許多法令，如商業會計法、所得稅法及公司法等，對於會計處理都有詳細規定，而且這些法律及其子法的位階都高於國際會計準則，在適用上應優先於國際會計準則的規定。

4. **我國一般公認會計原則與國際會計準則適用順序**

我國曾由「財團法人中華民國會計研究發展基金會」下設之財務會計準則委員會，發布財務會計準則公報及財務會計準則公報解釋。但為因應國際會計準則全球化的潮流，我國金融監督管理委員會已經宣布上市櫃公司自 2013 年度起財務報表的編製全面採用國際會計準則，同時停止發布國內財務會計準則公報。

雖然我國已宣布改採國際會計準則，但需注意的是：各國會計準則常因經濟、政治、法律、文化與體制的差異而存在分歧，故國際會計準則委員會所制定之公報主要是以原則為基礎，需要會計人員專業判斷的空間比較大，而比較詳細的規範則由各國自行訂定。

根據經濟部商業司【商業會計 100 問】的內容提出優先適用順序為：

(1) 財團法人中華民國會計研究發展基金會財務會計準則委員會所發布之各號財務會計準則公報及其解釋。
(2) 國際會計準則。
(3) 會計學理及權威機構發布之會計文獻等。

※ 法令適用優先順序

企業不論規模大小，其適用法令及會計原則之優先順序均相同。但有些法令在規模小之企業不適用，茲將其適用優先順序舉例如下：

1. 證券交易法（僅公開發行公司適用）
2. 公司法（僅行號不適用）
3. 商業會計法
4. 證券發行人財務報告編製準則（僅公開發行公司適用）
5. 商業會計處理準則
6. 財務會計準則公報
7. 財務會計準則公報之解釋
8. 國際財務會計準則公報及解釋
9. 會計學理
10. 權威團體發布之會計文獻

※ 1-5 項是由政府機構發布，而 6 項以後是由民間團體發布，法律位階的先後適用順序不言而喻。

資料來源：經濟部商業司　【商業會計 100 問】

1-5-2 會計準則發布機構

會計準則是會計人員從事會計工作的規則和指南。因此會計準則的研擬與發布單位需具備研究力及公正性。本書擇要介紹下列三種：

1. **財團法人中華民國會計研究發展基金會**——一般公認會計原則

   「一般公認會計原則」係指經廣泛支持與認定之會計方法、實務或慣例。目前是由民間團體——財團法人中華民國會計研究發展基金會制定會計原則，自 1984 年 10 月起，這個委員會接辦原會計師公會財務會計委員會的工作，發布「財務會計準則公報」及解釋公報，成爲我國一般公認會計原則的主要來源。截至 2009 年 4 月止，共頒布財務會計準則公報 41 號，之後爲求與國際會計準則一致就未再公布新準則。且自 2008 年起爲了與國際會計準則可以順利接軌，成立了國際會計準則翻譯覆審專案委員會，以提供更精確的國際會計準則。至 2013 年，已完成「國際會計準則中文翻譯 2013 版」供免費下載。

2. **國際會計準則委員會**——國際會計準則

   國際會計準則由國際會計準則委員會研擬發布，通用於世界各國。**我國為因應全球化、會計語言統一化、增進我國企業財務報告與國際之比較性、降低企業海外籌資成本**，我國金管會於 2009 年 5 月宣布：上市櫃公司自 2013 年度起財務報表的編製全面採用國際會計準則；非上市、上櫃及興櫃之公開發行公司，則自 2015 年起依國際會計準則編製財務報告。

而對於中小型企業會計而言，目前各國的趨勢是另外進行分流處理。由國際會計準則委員會於 2009 年 7 月 9 日發布簡化的中小企業國際會計準則「小 IFRS」（IFRS for SMEs），其主要精神是簡化財報當中有關資產、負債、收益與損失認列及衡量的原則。截至 2009 年已採用或將採用小 IFRS 者，包括中國、南韓、香港、新加坡、南非…等已超過 68 個國家。然而小 IFRS 對於我國的中小企業（佔總企業家數約 98%）來說，在準則內容與導入成本上仍有適用的困難。台北市會計師公會理事長李燕松提議：所謂小 IFRS 的中小企業國際會計準則，其細節仍應就我國的產業特性加以調整，調整的方向首重內容簡化，及降低會計成本，讓中小企業有意願採用。會計師公會與經濟部已於 2014 年 11 月 19 日全面修改商業會計處理準則，以取代 IFRS for SMEs。大陸從 2013 年起已全面推行《小企業會計準則》。

3. **金管會證券暨期貨管理局（證期局）**——證券發行人財務報告編製準則

我國原由行政院金融監督管理委員會針對上市、上櫃公司發布「證券發行人財務報告編製準則」。近年爲與國際接軌，曾於 2014 年 8 月 13 日依國際財務報導準則精神將上述準則內容加以修正，以因應國際化。

下表彙總我國營利事業組織會計相關法規的法律位階：

表 1-4 營利事業組織會計相關法規的法律位階

營利事業體	適用法律	適用會計函令	適用會計原則
非公開發行（公司、獨資、合夥、其他）	商業會計法（最新修訂日期 2014/6/18）	商業會計處理準則（最新修訂日期 2014/11/19）	(說明)
公開發行公司	證券交易法、商業會計法	證券發行人財務報告編製準則	IFRS
金融業	金控法、銀行法、保險法等	金控（銀行業、保險業）財務報告編製準則	IFRS

(說明)我國採不直接參採 IFRS for SMEs，逕修商業會計法及商業會計處理準則，並參採一般公認會計原則

立即挑戰

(　　) 1. 我國目前一般公認會計原則的主要來源爲：(A) 會計研究發展基金會 (B) 財政部 (C) 行政院金融監督管理委員會證券期貨局 (D) 經濟部。

(　　) 2. 何者成立的宗旨是促進國際會計的調和與統一？(A) 聯合國 (B) 美國財務會計準則委員會 (C) 國際會計準則委員會 (D) 中華民國會計研究發展基金會。

(　　) 3. 下列何者非發布財務會計準則公報的單位？ (A) 美國財務會計準則委員會 (B) 中華民國會計教育學會 (C) 財團法人中華民國會計研究發展基金會 (D) 國際會計準則委員會。

(　　) 4. 關於一般公認會計原則，下列敘述何者正確？ (A) 係指依所得稅法及相關準則所規定之損益認列原則 (B) 係指經由所有財務報表使用者投票決定之會計準則 (C) 係指經廣泛支持與認定之會計方法、實務或慣例 (D) 係指經過立法院三讀通過之會計處理準則。

(　　) 5. IFRS 爲何種傾向的準則？ (A) 細則導向 (B) 原則導向 (C) 現金導向 (D) 以上皆是。

解答▷▷ 1.(A)　2.(C)　3.(B)　4.(C)　5.(B)

1-6 會計方程式

1-6-1 複式簿記與會計方程式

複式簿記是從單式簿記法發展而來的一種比較完善的記帳方法。與單式簿記相比，其主要特點是：對每項經濟事項都以相等的金額在兩個或兩個以上的相互聯繫的帳戶中進行記錄。如前所述，企業現金增加＄10,000，單式簿記只會在現金簿上記載收入現金＄10,000，至於爲何現金會增加的原因未予記錄。又如企業現金減少＄10,000，單式簿記只會在現金簿上記載支出現金＄10,000，至於爲何現金會減少的原因亦未予記錄。

複式簿記是指對每一交易事項均詳加記錄其因果關係的記帳方式，爲現代會計理論的基礎。除了呈現交易事實的全貌，對現代企業財務狀況及經營成果亦能有效表達。

其特點有二：

1. 可以了解每一項經濟業務的來龍去脈，全面了解經濟活動的過程和結果。
2. 各帳戶之間存在對應關係，對帳戶記錄的結果可以進行試算平衡，以檢查帳戶記錄的準確性。

複式簿記的精神可用下列會計方程式來說明：

資產 = 權益　　公式 1-1

上述會計方程式的概念就如同經濟學上的供需法則。例如供應商提供企業商品，企業就必需付出現金。營利事業爲獲得經營上利潤，就必需投入可供企業經營的資產設備，例如：現金、商品、土地、建築物、機器設備、運輸設備。這些資產設備是屬於企業的經濟資源，相當於會計方程式的左方。而投入可供企業經營的資產設備必有其資金來源，企業資金來源不外乎業主投資或向債權人借款，所以債權人及業主對企業資產具請求權，在會計學上的專有名詞就稱作「權益」，相當於會計方程式的右方。會計方程式的左方永遠等於右方，每一筆會計交易事項無論如何變化，此方程式永遠相等，故又稱為會計恆等式，若二方不等表示帳務處理錯誤。

另外，一般個人對負債的定義，直覺上債權人就是銀行，而會計學上的負債定義是債權人對企業的資產具請求權，企業債權人包括銀行（借款）、供應商（貨款）或員工（薪資）及政府（稅款）、甚或預收顧客訂金但尚未提供商品或服務者。這些都是會計學上所稱之負債。至於業主在獨資企業為資本主、在合夥企業為合夥資本主、在公司組織則稱股東，這些業主對企業的資產都有請求權，統稱為權益。

根據上述說明後，將上述公式 (1) 的複式簿記概念擴大，可以下列基本會計方程式反映的資金平衡關係：

資產 = 負債 + 權益　　公式 1-2

資產	=	負債	+	權益
（企業的經濟資源）		（債權人對企業資產請求權）		（業主對企業資產請求權）
資產可細分為：		債權人可細分為：		業主權益可細分為：
現金		銀行：銀行借款		永久性資本：原始投入資本
應收帳款		供應商：應付帳款		暫時性資本：各項收入
存貨		員工：應付薪資		減去：各項費用
預付費用		政府：應付稅捐		減去：各項提取
土地		顧客：預收款項		
房屋		其他：其他應付款		
運輸設備				

複式簿記也可以左右報表之方式呈現如下圖 1-2：

資金用途	資金來源
資　產	負債 （外來資本）
	權益 （自有資本）

圖 1-2　資金來源與資金用途的報表

圖左邊即方程式的資產，圖右邊即方程式的負債與業主權益，右方報表的上方為負債，報表的下方為業主權益。

■ 1-6-2 會計要素與會計項目

會計要素是指財務報表的基本構成要素，它是按照交易或事項的經濟特徵所作的基本分類。依據國際會計準則（簡稱IFRS）的標準，五大會計要素分別是資產、負債、權益、收益、費損。**會計項目**是將會計要素再細分，用以彙集同類會計事項之金額，是每一個帳戶的特定名稱，以記錄有關某資產、負債、權益、收益、費損，每一細項之增減變化情形。以下先簡要說明常用會計項目，更細的分類與分項，留待本書第五章再詳細說明。

1. **資產：**是指企業所能控制的資源，該資源由過去之交易所產生，且預期未來可產生經濟效益的流入。

   資產範圍從實體存在且不易變現的土地、房屋及建築物至不具實體存在但可在短期內變現的應收帳款等等。範圍之大只要能以貨幣衡量並在未來提供企業經濟效益者，均可列為資產。因此可知企業資產種類繁多，故在財務報表中有必要詳細分類，以便報表使用者易於了解企業的財務狀況。本單元先介紹獨資、合夥等小規模企業資產常用的會計項目如下：

   (1) 流動資產：指商業預期於正常營業週期中實現、意圖出售或消耗之資產，主要為交易目的而持有之資產、預期於資產負債表日後十二個月內實現之資產、現金或約當現金。流動資產包括下列會計項目：

   ①現金及約當現金：指庫存現金、銀行存款、週轉金、零用金、及隨時可轉換成定額現金且具高度流動性之投資。

   ②應收帳款：指商業因出售商品或勞務等而發生之債權。

   ③應收票據：指商業因出售商品或勞務等而發生尚未到期之票據。

   ④其他應收款：指非因出售商品或勞務等而發生之債權。

   ⑤存貨：指準備供正常營業出售之商品。

   ⑥預付款項：簡單說就是已支付而尚未消耗之支出。因其可節省企業未來的營業支出，對企業將產生未來經濟效益，故列為資產。預付費用以未過期或未耗用之成本列帳。商業會計法第53條：「預付費用應為有益於未來，確應由以後期間負擔之費用，其衡量應以其有效期間未經過部分為準。」

   (2) 非流動資產：不屬於上列流動資產，先介紹不動產、廠房設備，包括下列項目：（其他項目留待第五章再予以介紹）

   ①土地：指營業上使用之自有土地及具有永久性之土地改良。

   ②建築物：指營業上使用之自有房屋建築及其他附屬設備。

③機器設備：指自有之直接或間接提供生產之機械設備及零備件均屬之。

④運輸設備：供營業上使用之自有車輛屬之。

⑤辦公設備：凡供辦公場所使用之自有設備，例如：辦公桌椅、櫥櫃、影印機等。

⑥累計折舊：指土地以外之不動產、廠房及設備，因營業上使用或耗用而使得其價值減少的部分，通常列作不動產、廠房及設備之減項。

2. **負債**：是指企業現有義務，該義務由過去之交易所產生，且預期未來清償時將產生經濟資源的流出。企業的負債範圍比一般個人的負債範圍廣泛，個人的負債大多是向銀行借款且未來需以現金清償；而企業的負債除了銀行外尚有其他債權人且不限定以現金償付，可用現金以外的資產或提供勞務償付。例如向供應商購入商品的欠款，會計上稱應付帳款，通常以現金償還；買賣業向顧客預收貨款的訂金，會計上稱預收貨款，將來以商品交付清償；飯店業者預收住房的訂金，將以提供房屋使用權及服務勞務償還。企業甚至還有目前雖不是負債，但有可能因某些因素的演變而成爲負債的「或有負債」，例如：爲其他企業做保證。本單元先介紹獨資、合夥小規模企業負債常用的會計項目：

(1) 流動負債：指商業預期於正常營業週期中清償之負債；主要爲交易目的而持有之負債；預期於資產負債表日後十二個月內到期清償之負債，流動負債包括下列項目：

①短期借款：指向金融機構或他人借入及透支之款項，其償還期限在一年以內者。

②應付票據：商業應付的各種票據，包括營業及非營業而發生者。

③應付帳款：凡因主要營業活動賒購商品或勞務所積欠供應商之債務。

④應付稅捐：營業過程中應付未付政府的各種租稅。

⑤應付費用：凡已發生而尚未支付之各項費用。例如：應付薪資、應付利息、應付租金。

⑥預收收入：指預爲收納之各種款項，應按主要類別分別列示。例如：預收禮券款、預收租金等。

(2) 非流動負債：指不能歸屬於流動負債之各類負債，下列只介紹長期借款，其餘留待第五章再予以介紹

①長期借款：凡向金融機構或他人借入之款項，其償還期限爲一年或一個營業週期以上者。

3. **權益：**是指企業之資產扣除所有負債後剩餘的價值。**以獨資為例包含：**(1) 業主資本：業主原始投資；(2) 業主臨時性提取；(3) 經營利潤。

(1) 業主資本：爲永久性資本。我國企業之登記設立，獨資、合夥者根據商業登記法；公司組織者根據公司法向政府登記資本額，登記資本額以業主資本或股本科目入帳，未來增資、減資都必須透過法定程序辦理變更登記，否則不得變動。根據我國商業登記法第 9 條規定，商業開業前應將資本額向所在地主管機關登記；又第 15 條規定，若所登記事項有變時，應自事實發生日起 15 日內，申請變更登記。既是向主管機關登記爲法定資本不得任意更動。

(2) 業主提取：業主與企業間臨時往來之事項。例如：業主自企業提取現金供私人使用，通常以此科目入帳，亦可用「業主往來或合夥人往來」科目入帳。

(3) 經營利潤：是指企業收益減去費損之後差額。收益是指在企業進行獲利活動而使權益總額增加的部分，而非爲企業投入資本；而費損是企業爲獲取收益而使企業產生經濟資源流出或經濟義務增加，費損將使企業權益總額減少。茲將收益及費損說明如下：

①收益：收益包括營業收入及營業外收益。

(a) 營業收入：指本期內因銷售商品或提供勞務等營業活動所獲得之收入

(b) 營業外收益：指本期內非因經常營業活動所發生之收益，例如：利息收入、租金收入、權利金收入、股利收入

②費損：包括營業成本、營業費用及營業外費損。

(a) 營業成本：指本期內因銷售商品或提供勞務等而應負擔之成本。

(b) 營業費用：指本期內因銷售商品或提供勞務等而應負擔之費用，包括：薪資費用、租金費用、保險費用、廣告費用、交際費用等。

※ 有些行業其營業成本及營業費用不能分別列示者，得合併爲營業費用。

(c) 營業外費損：指本期內非因經常營業活動所發生之費損，例如：利息費用、水災損失、火災損失、罷工損失等。

※ 資產與費損相關法規
我國商業會計法 48 條：支出之效益及於以後各期者，列爲資產。其效益僅及於當期或無效益者，列爲費用或損失。
大陸企業會計制度第 11 條：企業的會計核算應當合理劃分收益性支出與資本性支出 的界限。凡支出的效益僅及於本年度（或一個營業周期）的，應當作爲收益性支出；凡支出的效益及於幾個會計年度（或幾個營業周期）的，應當作爲資本性支出。

立即挑戰

(　　) 1. 為爭取收入而消耗之成本稱為：(A) 資產　(B) 負債　(C) 損失　(D) 費用。

(　　) 2. 為企業所擁有之經濟資源，並具有未來經濟效益之成本稱為：(A) 資產　(B) 負債　(C) 損失　(D) 費用。

(　　) 3. 預付費用在資產負債表當中，係屬於下列那一大項之項目？(A) 資產　(B) 負債　(C) 權益　(D) 費用。

(　　) 4. 亞歷健身中心的會員在加入時便須以現金繳交長年期會費，請問在權責基礎下，亞歷健身中心在收取會費時的會計處理，應將該會費列為：(A) 業務收入　(B) 投資收入　(C) 預收收入　(D) 雜費。

(　　) 5. 下列敘述何者正確？(A) 預付費用屬費用科目　(B) 應收收入屬收入科目　(C) 應付費用屬負債科目　(D) 預收收入屬收入科目。

(　　) 6. 下列對負債之敘述何者正確？(A) 未來會流入企業之經濟資源　(B) 應付帳款屬負債　(C) 股東提取會增加負債　(D) 股東增資會減少負債。

(　　) 7. 資本支出記錄為：(A) 費用　(B) 資產　(C) 負債　(D) 所得。

(　　) 8. 收益支出記錄為：(A) 費用　(B) 資產　(C) 負債　(D) 所得。

解答▷▷　1.(D)　2.(A)　3.(A)　4.(C)　5.(C)　6.(B)　7.(B)　8.(A)

1-6-3 交易對會計方程式影響之實例

本節以獨資企業為例，說明企業的活動如何影響會計方程式。一般企業以一年為編製報表之基礎即為年報表，**本例題為簡化起見採月報表**。

每一個交易對會計方程式的影響可分為兩大類：

1. 影響會計方程式等號兩邊會計要素等額增減。此類交易會改變企業資產總額。
2. 只影響會計方程式等號同一邊會計要素等額增減，不影響企業資產總額變動。

一、業主投資

李振洋 12 月初投資現金 300,000 元成立振洋管理顧問社，提供管理諮詢服務。

交易分析：在複式簿記原理下，**李振洋投資現金 300,000 元成立振洋管理顧問社**，此一交易使得振洋管理顧問社在等號左邊資產中的現金會增加 $300,000；而現金之來源是由業主出資，因此等號右邊權益會同時增加 $300,000，表示業主對企業資產擁有 $300,000 請求權。會計方程式變化如下：

	資產	=	負債	+	權益
	現金				業主資本
(1)	300,000	=	0	+	300,000

二、購買辦公設備部分付現

12 月 1 日購買辦公設備 150,000 元，付現 50,000 元，餘款暫欠。此設備可使用 5 年。

交易分析：辦公設備可使用 5 年表示可提供顧問社未來 5 年的經濟效益，屬於資產非費用。此一交易使顧問社資產中的辦公設備增加 150,000 元，資產中的現金減少 50,000 元，在等號左邊兩相抵銷後資產淨增加 100,000 元；而等號右邊負債增加 100,000 元，購買辦公設備的資金來源是由供應商提供，表示供應商對企業的資產有 100,000 元請求權，以其他應付款科目表示。會計方程式變化如下：

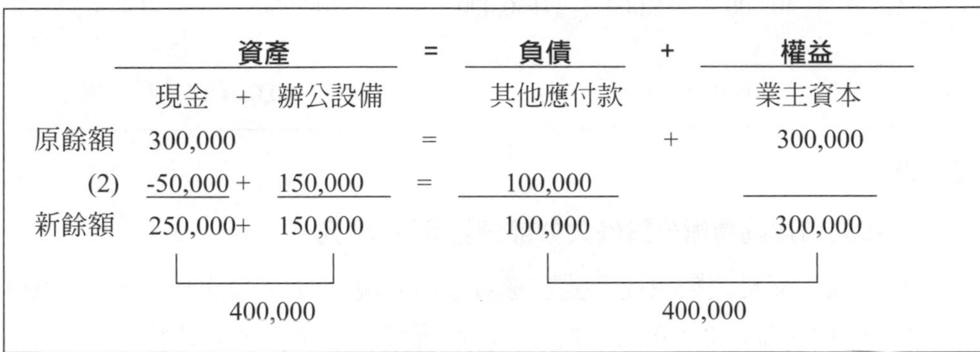

	資產			=	負債	+	權益
	現金	+	辦公設備		其他應付款		業主資本
原餘額	300,000			=		+	300,000
(2)	-50,000	+	150,000	=	100,000		
新餘額	250,000	+	150,000		100,000		300,000
	400,000				400,000		

三、預付一年店面租金

12 月 1 日預付一年店面租金 36,000 元。

交易分析：預付一年店面租金表示可提供顧問社未來 1 年的經濟效益，本例又是編製月報表，除了本月租金外未來還可爲顧問社提供 11 個月的經濟效益，故預付租金屬於資產非費用。在等號左邊資產中的預付租金增加 36,000 元，資產中的現金減少 36,000 元，兩相抵銷後資產金額不變；而等號右邊未變動。會計方程式變化如下：

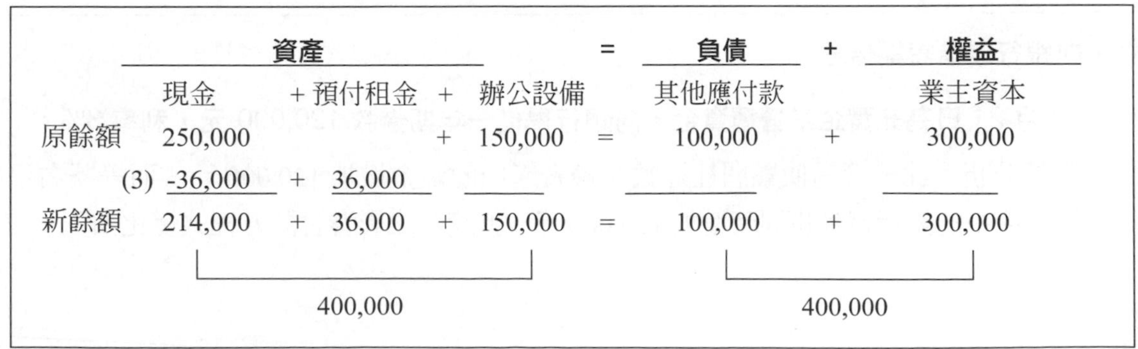

	資產					=	負債	+	權益
	現金	+	預付租金	+	辦公設備		其他應付款		業主資本
原餘額	250,000			+	150,000	=	100,000	+	300,000
(3)	-36,000	+	36,000						
新餘額	214,000	+	36,000	+	150,000	=	100,000	+	300,000
	400,000						400,000		

四、服務收入

12 月 15 日 發生管理顧問收入 100,000 元，其中收現 60,000 元，餘暫欠。

交易分析：此一交易使顧問社現金資產增加 60,000 元；另一方面使顧問社產生對顧客的未來現金請求權 40,000 元，屬於資產中的應收帳款。在等號左邊資產中的現金增加 60,000 元、應收帳款增加 40,000 元；而等號右邊權益項下的服務收入增加 100,000 元，會計方程式變化如下：

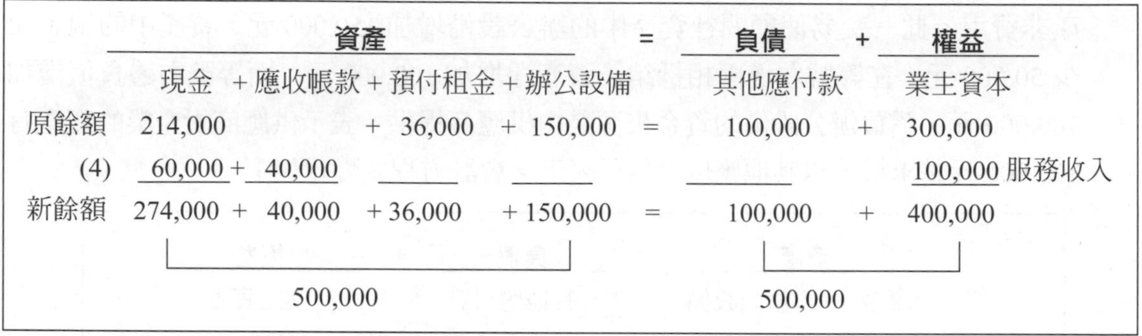

	資產				=	負債	+	權益	
	現金	+ 應收帳款	+ 預付租金	+ 辦公設備		其他應付款		業主資本	
原餘額	214,000		+ 36,000	+ 150,000	=	100,000	+	300,000	
(4)	60,000 +	40,000						100,000	服務收入
新餘額	274,000 +	40,000	+ 36,000	+ 150,000	=	100,000	+	400,000	
	500,000					500,000			

五、償還債務

12 月 18 日先償還購買辦公設備欠款部分款 50,000 元。

交易分析：此一交易使顧問社等號左邊資產中的現金減少 50,000 元，而等號右邊之其他應付款負債亦減 50,000 元。此交易之影響會計方程式變化如下：

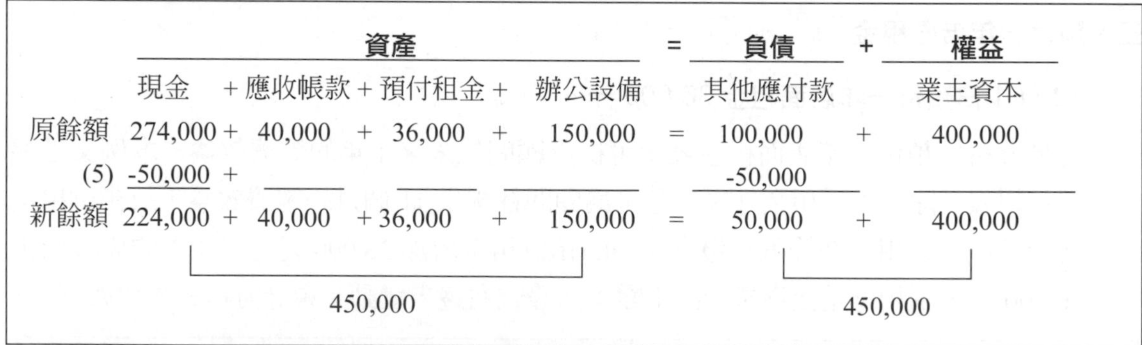

	資產				=	負債	+	權益
	現金	+ 應收帳款	+ 預付租金	+ 辦公設備		其他應付款		業主資本
原餘額	274,000 +	40,000	+ 36,000	+ 150,000	=	100,000	+	400,000
(5)	-50,000 +					-50,000		
新餘額	224,000 +	40,000	+ 36,000	+ 150,000	=	50,000	+	400,000
	450,000					450,000		

六、向銀行舉借短期借款

12 月 21 日為充實企業營運資金，向銀行舉借一年期借款 120,000 元，利率 3%。

交易分析：此一交易使顧問社等號左邊資產中的現金增加 120,000 元，而等號右邊對負債中的銀行借款也同時增加 120,000 元。此交易之影響會計方程式變化如下：

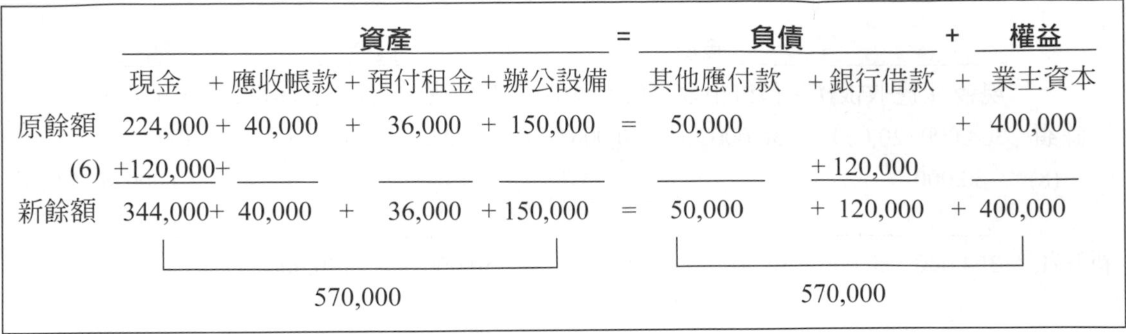

	資產				=	負債		+	權益
	現金	+應收帳款	+預付租金	+辦公設備		其他應付款	+銀行借款	+	業主資本
原餘額	224,000+	40,000	+ 36,000	+ 150,000	=	50,000		+	400,000
(6)	+120,000+						+ 120,000		
新餘額	344,000+	40,000	+ 36,000	+ 150,000	=	50,000	+ 120,000	+	400,000
	570,000					570,000			

七、收取債權

12 月 25 日 收取管理顧問收入欠款 20,000 元。

交易分析：此一交易使顧問社等號左邊資產中的現金增加 20,000 元，而應收帳款減少 20,000 元，會計方程式等號同一邊會計要素等額增減，不影響企業資產總額變動；等號右邊無影響。此交易之影響會計方程式變化如下：

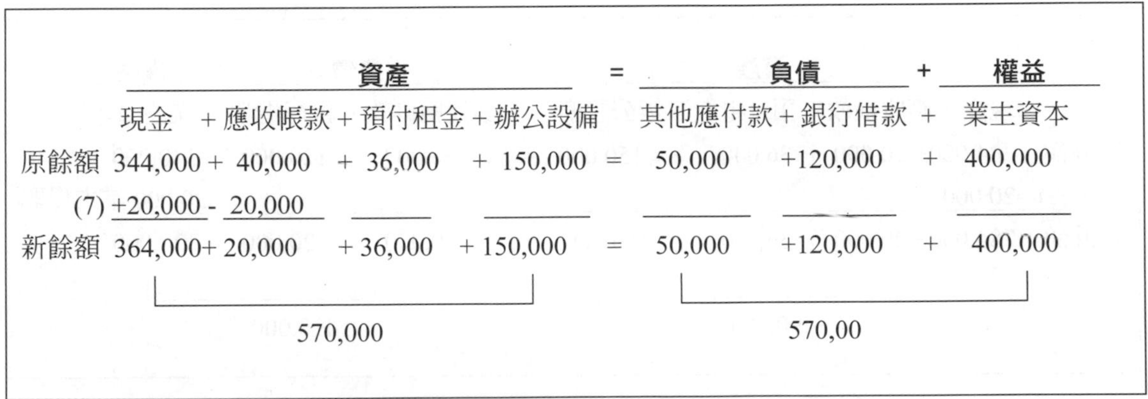

	資產				=	負債		+	權益
	現金	+應收帳款	+預付租金	+辦公設備		其他應付款	+銀行借款	+	業主資本
原餘額	344,000+	40,000	+ 36,000	+ 150,000	=	50,000	+120,000	+	400,000
(7)	+20,000 -	20,000							
新餘額	364,000+	20,000	+ 36,000	+ 150,000	=	50,000	+120,000	+	400,000
	570,000					570,00			

八、支付費用

12 月 30 日支付本月薪資 50,000 元、廣告費 10,000 元。

交易分析：上述爲了產生收入所發生之當期費用，其經濟效益只及於當期，對未來無法提供經濟效益，費用會使當期權益減少，此一交易使顧問社等號左邊資產中的現金共減少 60,000 元，而等號右邊權益分別減少 50,000 元及 10,000 元。此交易之影響會計方程式變化如下：

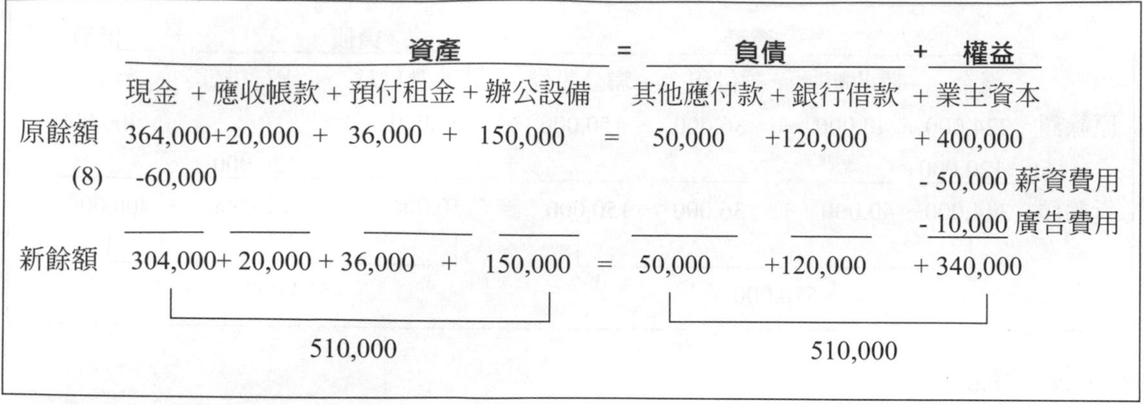

	資產				=	負債		+ 權益
	現金	+ 應收帳款	+ 預付租金	+ 辦公設備		其他應付款	+ 銀行借款	+ 業主資本
原餘額	364,000	+20,000	+ 36,000	+ 150,000	=	50,000	+120,000	+ 400,000
(8)	-60,000							- 50,000 薪資費用
								- 10,000 廣告費用
新餘額	304,000	+ 20,000	+ 36,000	+ 150,000	=	50,000	+120,000	+ 340,000
	510,000					510,000		

九、業主提取

12 月 31 日業主李振洋自顧問社提取 20,000 元自用。

交易分析：此一交易使顧問社現金資產減少 20,000 元，業主臨時性資本也減少 100,000 元。此交易之影響會計方程式變化如下：

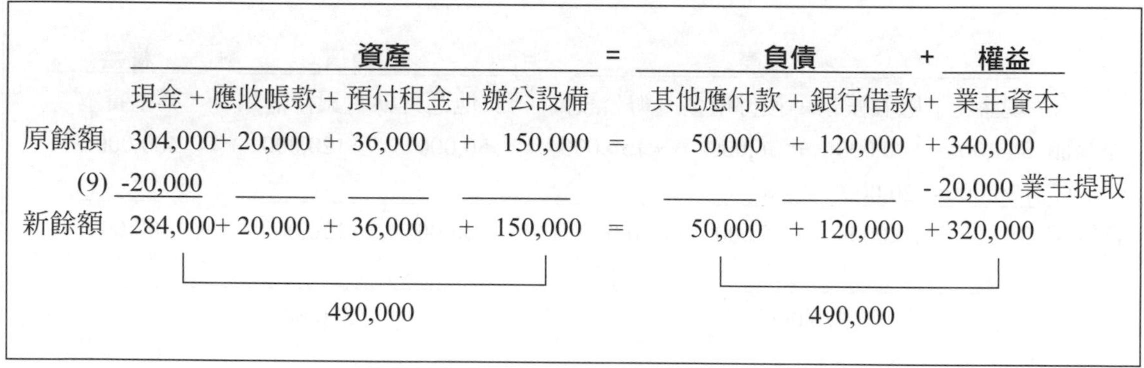

	資產				=	負債		+ 權益
	現金	+ 應收帳款	+ 預付租金	+ 辦公設備		其他應付款	+ 銀行借款	+ 業主資本
原餘額	304,000	+ 20,000	+ 36,000	+ 150,000	=	50,000	+ 120,000	+ 340,000
(9)	-20,000							- 20,000 業主提取
新餘額	284,000	+ 20,000	+ 36,000	+ 150,000	=	50,000	+ 120,000	+ 320,000
	490,000					490,000		

上述係爲方便初學者學習，故採逐一交易後重新計算新餘額。正常情況是將本期所有交易彙列成如下的「交易彙總表」。由下表得知交易發生將使資產、負債、權益發生增減變化，但不會改變會計方程式「資產 = 負債 + 權益」的恆等關係。

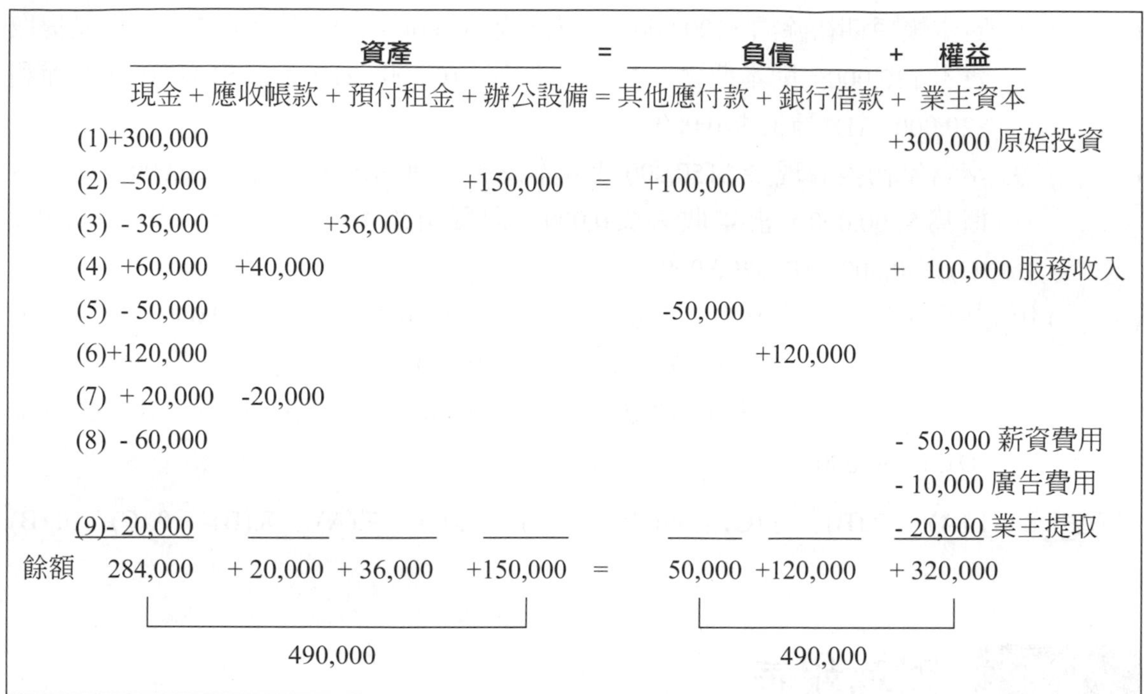

	資產				=	負債		+ 權益
	現金	+ 應收帳款	+ 預付租金	+ 辦公設備	=	其他應付款	+ 銀行借款	+ 業主資本
(1)	+300,000							+300,000 原始投資
(2)	–50,000			+150,000	=	+100,000		
(3)	- 36,000		+36,000					
(4)	+60,000	+40,000						+ 100,000 服務收入
(5)	- 50,000					-50,000		
(6)	+120,000						+120,000	
(7)	+ 20,000	-20,000						
(8)	- 60,000							- 50,000 薪資費用 - 10,000 廣告費用
(9)	- 20,000							- 20,000 業主提取
餘額	284,000	+ 20,000	+ 36,000	+150,000	=	50,000	+120,000	+ 320,000
	490,000					490,000		

立即挑戰

(   ) 1. 企業發生虧損，會計方程式： (A) 依然平衡 (B) 左方較大 (C) 右方較大 (D) 視實際狀況而定。

(   ) 2. 下列方程式何者錯誤： (A) 資產＝負債＋權益 (B) 負債－權益＝資產 (C) 資產－權益＝負債 (D) 權益＝資產－負債。

(   ) 3. 下列何者不屬於會計恆等式之會計要素？ (A) 資產 (B) 負債 (C) 所得稅 (D) 權益。

(   ) 4. 北風公司的資產爲 $100,000，資產與負債的比例爲 5：2，請問該公司的淨值（權益）是多少？ (A)$20,000 (B)$40,000 (C)$60,000 (D)$100,000。

(   ) 5. 某商店年初之資產總額爲 $350,000，年底增加至 $470,000，負債增加 $150,000，年初之業主權益爲 $250,000，則年底之業主權益： (A)$220,000 (B)$320,000 (C)$300,000 (D)$200,000。

(   ) 6. 某商店期末資產 $60,000，負債 $36,000，收入 $8,000，費用 $4,000，則期初業主權益爲： (A)$12,000 (B)$24,000 (C)$20,000 (D)$16,000。

(   ) 7. 公司期初資產 15,000 元，負債 7,000 元，期末資產 18,000 元，負債 11,000 元，本期業主未增減資或提取，當年損益爲： (A) 淨損 1,000 元 (B) 淨損 7,000 元 (C) 淨利 1,000 元 (D) 淨利 7,000 元。

( ) 8. 資本帳戶期初餘額 $100,000，期末餘額 $85,000，本期增資 $25,000，又提取資本 $30,000，則本期發生： (A) 淨利 $10,000 (B) 淨損 $10,000 (C) 淨利 $20,000 (D) 淨損 $20,000。

( ) 9. 李君年初投資現金 $150,000 成立本商店，而期末資產有 $350,000，期末負債為 $300,000，當年收入 $50,000，則費用為： (A)$50,000 (B)$100,000 (C)$150,000 (D)$200,000。

( ) 10. 某企業期初時之總資產及總負債分別為 $1,050,000 及 $600,000，假設由期初到期末，該企業總資產增加了 $350,000，而總負債增加了 $150,000，則該企業之期末權益應為： (A)$100,000 (B)$650,000 (C)$950,000 (D)$1,850,000。

解答 1.(A) 2.(B) 3.(C) 4.(C) 5.(A) 6.(C) 7.(A) 8.(B) 9.(C) 10.(B)

1-7 財務報表

業主於企業經營一段期間後，一定想了解下列狀況：

1. 企業經營一段期間（本例題假設為一個月）後，企業賺、賠為何？也就是**獲利情形**或是**經營成果**。這可由綜合損益表得知。
2. 企業經營一段期間（本例題假設為一個月）後，**業主的資本從期初至期末的變化情形**。這可由權益變動表獲得資訊。
3. 企業至期末（本例題假設為 12 月底）止，還有多少**資產餘額**、還積欠多少**債務**、**業主的資本餘額**是多少？ 這由財務狀況表（資產負債表）可得知。
4. 企業經營一段期間（本例題假設為一個月）後，自期初至期末**現金的增減變化情形**如何？這從現金流量表可得知。

上列四個問題，可從四種財務報表所提供之資訊來得到答案。茲將四種財務報表分別說明如下：

1-7-1 綜合損益表

綜合損益表主要目的是在報導企業於某一特定期間內（一年或一個月）的經營成果。表達當期綜合損益狀況，為一種動態的報表。商業會計法第 58 條：「企業在同一會計年度內所發生之全部收益，減除同期之全部成本、費用及損失後之差額，為本期綜合損益總額。」

綜合損益包括二種不同性質的損益：

1. **本期損益：**由本期收益（收入及利益）減除本期費損（費用及損失）構成，如果收益大於費損，稱之「淨利」；如果收益小於費損，則爲「淨損」。
2. **其它綜合損益：**比較複雜，本例題假設企業無其它綜合損益的會計交易事項，因此其它綜合損益爲零。

根據本例題編製而成的綜合損益表如下：

振洋管理顧問社
綜合損益表
XX 年 12 月 1 日至 12 月 31 日

服務收入		$ 100,000
費用		
薪資費用	$50,000	
廣告費用	10,000	
費用合計		60,000
本期淨利		$40,000

綜合損益表包括：表首與報表內容。

1. **表首：**包括三個項目 (1) 企業名稱：振洋管理顧問社
(2) 報表名稱：綜合損益表
(3) 所屬期間：XX 年 12 月 1 日至 12 月 31 日
2. **報表內容：**收益共爲 100,000 元，而費損共爲 60,000 元，本期淨利 40,000 元。

其公式爲：

本期收益－本期費損 = 本期淨利（本期淨損）　　公式 1-3

■ 1-7-2 權益變動表

權益變動表主要目的是在報導企業於某一特定期間內（一年或一個月），業主的資本自期初至期末的變化情形，表達當期權益變動狀況，亦爲一種動態報表。一般權益變動的原因有三種：

1. **業主的永久性增資或減資。**
2. **企業經營結果的淨利或虧損。**

3. **業主臨時自企業提取資金**，導致業主在企業的臨時性資本減少；或**業主臨時性墊借資金於企業**，導致業主在企業的臨時性資本增加。

根據本例題編製而成的權益變動表如下：

振洋管理顧問社
權益變動表
XX 年 12 月 1 日至 12 月 31 日

期初權益	$300,000
加：本期淨利	40,000
減：業主提取	(20,000)
期末權益	$320,000

權益變動表包括：表首與報表內容。

1. **表首：**包括三個項目 (1) 企業名稱：振洋管理顧問社
(2) 報表名稱：權益變動表
(3) 所屬期間：XX 年 12 月 1 日至 12 月 31 日
2. **報表內容：**期初權益 300,000 元，本期淨利 40,000 元，業主提取 20,000 元，期末權益 320,000。其公式爲：

期初權益 ± 本期增資 (減資)± 本期淨利 (淨損) − 本期業主提取 = 期末權益 公式 1-4

1-7-3 財務狀況表

財務狀況表主要目的是在報導企業於某一特定日期（年底或月底）的資產、負債、權益期末餘額等財務狀況。由財務狀況表可看出企業的償債能力，爲一種靜態報表。過去稱爲資產負債表。

振洋管理顧問社
財務狀況表
XX 年 12 月 31 日

資產		負債及權益	
現金	$284,000	其他應付款	$ 50,000
應收帳款	20,000	銀行借款	120,000
預付租金	36,000	負債總額	$170,000
辦公設備	150,000	權益	320,000
資產總計	$490,000	負債及權益總計	$490,000

財務狀況表包括：表首與報表內容

1. 表首：包括三個項目 (1) 企業名稱：振洋管理顧問社
   (2) 報表名稱：財務狀況表
   (3) 所屬日期：XX 年 12 月 31 日

2. 報表內容：截至 12 月 31 日止，企業有總資產 490,000 元，其中負債總額為 170,000 元，權益為 320,000 元。另 12 月底報表顯示，資產中的現金 284,000 元足以償還該日負債總額 170,000 元。其公式為：

期末資產 = 期末負債 + 期末權益 公式 1-5

1-7-4 現金流量表

現金流量表在顯示企業經營一段期間後現金的增減變化情形。現金流量表可提出企業現金的增減是由損益所產生的營業活動、或是經由舉借負債及業主投資的籌資活動、抑或購買各項資產的投資活動所造成。

其公式為：

期初現金 ± 本期營業活動現金增減 ± 本期投資活動現金增減 ± 本期籌資活動現金增減 = 期末現金 公式 1-6

1-7-5 財務報表間之關係

上述四種報表有密切關連性：綜合損益表中之淨利轉入權益變動表中使得業主資本增加，而權益變動表中之期末資本，即為財務狀況表中之權益，現金流量表則是三種報表以現金為基礎的綜合體。前三張報表間之關係表示如下（不含現金流量表）：

綜合損益表

收入		＄100,000
費用		
薪資費用	＄50.000	
廣告費用	10,000	60,000
本期淨利		＄40,000

權益變動表

期初業主權益	＄300,000
加：本期淨利	40,000
減：業主提取	(20,000)
期末業主權益	＄320,000

財務狀況表

資產		負債及權益	
現金	＄284,000	其他應付款	＄50,000
應收帳款	20,000	銀行借款	120,000
預付租金	36,000	負債總額	＄170,000
辦公設備	150,000	業主權益	320,000
資產總計	＄490,000	負債及權益總計	＄490,000

1-7-6 財務報表間編製順序

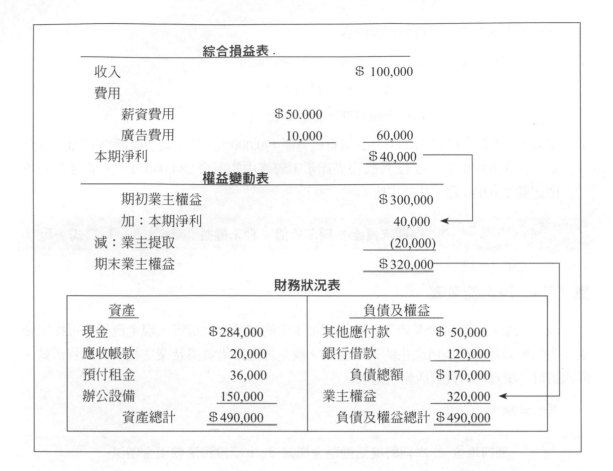

故財務報表的編製順序是綜合損益表→權益變動表→財務狀況表→現金流量表

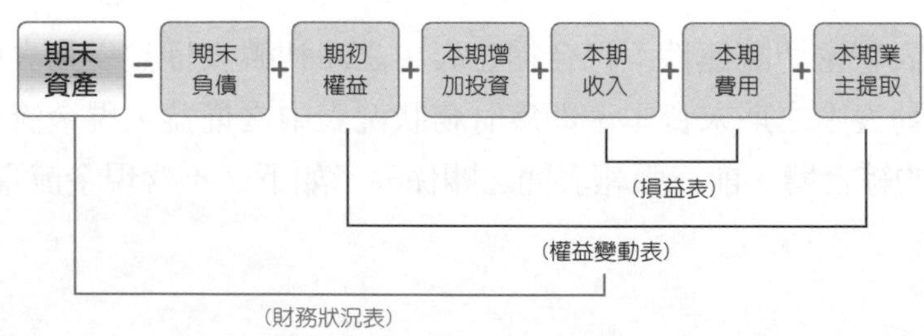

圖 1-3 財務報表的編製順序

收益及費損項目是權益的細項，是用來結算當期損益的一個暫時性過程，至期末透過權益變動表再結轉至財務狀況表。故收益及費損項目均屬於權益的**暫時性**項目，又稱虛帳戶；而資產、負債及權益項目結轉入下期繼續累積下期交易金額，具**永久性**，又稱實帳戶。根據「1-8 節會計期間假定」，每一會計期間先結（決）算編製綜合損益表以了解企業損益狀況，之後將損益結果累積至本期期末權益（資本）項下，下一會計期間再重新計算收益及費損，下期期末再結（決）算下期損益結果後又再累積至下期期末權益（資本）項下，如此周而復始。

由於收益及費損均於期末結轉至財務狀況表之權益，故綜合損益表與權益變動表中之會計項目為「虛帳戶」，而財務狀況表中之資產、負債及權益之會計項目為「實帳戶」。所謂虛帳戶並非代表消失不見，而是於期末結轉至另一會計項目為「**權益**」，故虛帳戶存在為一期（當期）；而實帳戶會累計結轉入下期。故收益及費損項目為「當期」觀念；而資產、負債及權益為「累計」概念。

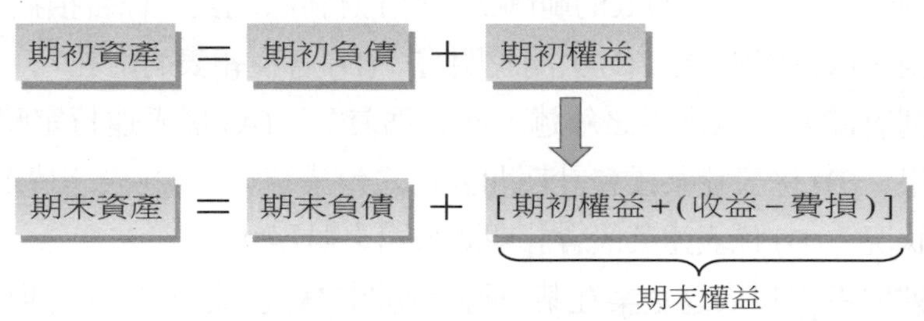

圖 1-4　會計恆等式之擴充

根據圖 1-4 得知收益及費損項目未結轉至權益項目前，會計為五大要素。在收益及費損項目結轉至權益項目後，會計要素只剩三大要素。

※ 財務報表相關法規規定
我國商業會計法第 28 條規定，財務報表包括下列各種： 一、資產負債表。 二、綜合損益表。 三、現金流量表。 四、權益變動表。 前項各款報表應予必要之附註，並視為財務報表之一部分。
大陸企業財務會計報告條例第 7 條規定，年度、半年度財務會計報告應當包括： 一、會計報表。 二、會計報表附註。 三、財務情況說明書。 會計報表應當包括資產負債表、利潤表、現金流量表以及相關附表。

立即挑戰

( ) 1. 財務報表的編製順序爲何： (A) 財務狀況表→綜合損益表→現金流量表→權益變動表 (B) 綜合損益表→權益變動表→財務狀況表→現金流量表 (C) 權益變動表→綜合損益表→現金流量表→財務狀況表 (D) 現金流量表→財務狀況表→綜合損益表→權益變動表。

( ) 2. 企業的主要財務報表，應包括哪些報表？ (A) 綜合損益表、財務狀況表及銀行調節表 (B) 帳齡分析表、財務狀況表及現金流量表 (C) 銀行調節表、綜合損益表、財務狀況表及現金流量表 (D) 綜合損益表、權益變動表、財務狀況表及現金流量表。

( ) 3. 下列何者非爲財務報表的範圍？ (A) 財務狀況表、綜合損益表 (B) 現金流量表、權益變動表 (C) 公開說明書 (D) 各種報表的附註。

( ) 4. 下列有關財務狀況表之敘述，何者爲眞？ (A) 係表達特定時點公司之營業結果 (B) 係表達某段會計期間公司之營業結果 (C) 表達特定時點公司之財務狀況 (D) 係表達某段會計期間公司之財務狀況。

( ) 5. 下列何者用以表達企業在某一特定期間之經營成果？ (A) 財務狀況表 (B) 委託書 (C) 綜合損益表 (D) 權益變動表。

( ) 6. 下列有關綜合損益表的敘述，何者不正確？ (A) 綜合損益表乃是企業經營期間收益與費用之彙總 (B) 綜合損益表的表首應清楚表明該表所涵蓋的營業期間 (C) 綜合損益表應列明本期的純益或純損 (D) 綜合損益表應列明來自營業投資及籌資所產生的現金流量 。

( ) 7. 現金流量表上的日期爲： (A) 會計期間的起止日期 (B) 會計期間的最後一日 (C) 完成該表的日期 (D) 公布該表的日期。

( ) 8. 張三上網到公開資訊觀測站查詢王牌公司後，得知該公司當年度的各項收益 8,400 萬元，各項費損 5,400 萬元，純益爲 3,000 萬元。請問：她可容易且直接地從該網站財務報告書中的何處得知這項資訊？ (A) 財務狀況表 (B) 重要會計政策彙總說明 (C) 綜合損益表 (D) 現金流量表。

( ) 9. 爲瞭解某企業本年度營業額及營業結果賺錢或賠錢，應閱讀企業下列那 一種財務報表？ (A) 現金流量表 (B) 綜合損益表 (C) 財務狀況表 (D) 業主權益變動表。

( ) 10. 業主提取爲： (A) 綜合損益表項目 (B) 權益變動表項目 (C) 財務狀況表項目 (D) 現金流量表項目。

( ) 11. 會計的三大基本要素是屬於： (A) 混合帳戶 (B) 虛帳戶 (C) 實帳戶 (D) 三者皆非。

(　　) 12. 收益及費損類項目是屬於： (A) 混合帳戶 (B) 虛帳戶 (C) 實帳戶 (D) 三者皆非。

(　　) 13. 資產、負債及權益類項目是屬於： (A) 混合帳戶 (B) 虛帳戶 (C) 實帳戶 (D) 三者皆非。

(　　) 14. 辦公設備科目是屬於： (A) 混合帳戶 (B) 虛帳戶 (C) 實帳戶 (D) 三者皆非。

(　　) 15. 辦公用品費用科目是屬於： (A) 混合帳戶 (B) 虛帳戶 (C) 實帳戶 (D) 三者皆非。

(　　) 16. 報導資產、負債和業主權益的財務報表稱爲： (A) 綜合損益表 (B) 保留盈餘表 (C) 財務狀況表 (D) 現金流量表。

(　　) 17. 企業主要財務報表包括現金流量表、綜合損益表、財務狀況表、權益變動表其中屬於動態報表者有 (A) 一種 (B) 二種 (C) 三種 (D) 四種。

解答 1.(B) 2.(D) 3.(C) 4.(C) 5.(C) 6.(D) 7.(A) 8.(C) 9.(B) 10.(B) 11(C) 12.(B) 13.(C) 14.(C) 15.(B) 16.(C) 17.(C)

1-8 編製財務報表的會計基本假設

會計基本假設乃是針對企業環境而設定的前提，主要是因爲企業環境常受經濟、文化、社會等因素的影響而有所不同。有了這些前提假設的存在，才使得目前我們所依循的會計原則與程序顯得合理。故又稱爲「基本環境假設」，簡稱基本假設或慣例。根據國際會計準則，基本假設只提到「繼續經營」及「權責發生基礎」（應計基礎）二者。但從商業會計法及相關法規，共可歸納出 5 項會計基本假設，各個基本假設都有其探討之主題，例如：

1. **企業個體假設：衡量對象為企業非業主個人。**
2. **繼續經營假設：資產負債評價基礎。**
3. **報導期間假設：企業編製報表期限。**
4. **貨幣單位假設：會計報表記帳單位。**
5. **權責發生基礎假設：資產、負債、收益、費損入帳的會計期間。**

1-8-1 企業個體假設—衡量對象為企業非業主個人

企業組織型態不論爲**獨資**、**合夥**或**公司**，在會計上均視其爲獨立之經濟個體。獨資、合夥或公司可用自己的名義擁有資產、承擔負債、簽訂契約及履行義務。而企業之業主則視爲另一個獨立個體。在此前提下企業之會計事項必須與業主的會計事項加以區分。上述振洋管理顧問社的資產必須是企業所能控制，負債必需是企業應負擔的，收入及費用必須是企業經營過程中所發生的。企業財務報表應與業主私人的資產、負債、收入及費損分開。換句話說，會計資訊是記錄企業個體的經濟活動，而非業主個人的收支情況，因此常說「私人花用不准報企業帳」。

立即挑戰

( ) 1. 會計是以何者的立場進行會計處理？ (A) 業主 (B) 企業 (C) 股東 (D) 債權人。

( ) 2. 商業會計用來記載財務性質之交易及事項的主體爲： (A) 投資者 (B) 資本主 (C) 企業 (D) 合夥人。

( ) 3. 下列何者才需應登入企業帳？ (A) 業主子女結婚的餐費支出 (B) 以企業名義購車供企業使用 (C) 業主買珠寶送給丈母娘 (D) 業主向他人借款供兒子買房屋。

( ) 4. 對於公司組織之營利事業，下列何者應入帳？ (A) 以股東個人名義買入之古董字畫但實際上供企業陳設之用 (B) 爲了爭取業務以企業名義購買禮品餽贈顧客之交際費用 (C) 以股東個人名義買入汽車供企業洽談公務使用 (D) 以股東個人名義跟銀行借款供私人購屋之用。

解答 1.(B) 2.(C) 3.(B) 4.(B)

1-8-2 繼續經營假設—資產負債評價基礎

企業財務報表通常是基於繼續經營假設前提編製。如企業意圖清算解散者，應以**清算價值**編製。財務狀況表所列的資產金額，是表示企業在繼續經營狀態下資產按原預定用途的使用價值，而非立即將該資產變賣的淨變現市價。例如上述振洋管理顧問社的預付一年租金，若企業繼續經營則預付租金對企業未來經營有經濟效益，若企業提早清算解散並解除租賃契約，且契約約定提早解約並不退回剩餘租金的話，則在清算基礎下預付租金的金額應爲零。還有顧問社的辦公設備，若繼續使用對企業仍有 5 年的使用價值，企業若無意繼續經營並打算清算解散，則該辦公設備將淪爲中古設備，其變現價值將大幅下降。還有，顧問社向銀行借款，若企業繼續經營，則一年後才需償還銀行借款，若企業打算提早清算解散，則此借款一律視為到期，必需立刻清償，因為銀行不可能於企業清算結束後，仍讓不存在的企業繼續積欠銀行款項。

※ 繼續經營假設相關法規規定
國際財務報導準則公報「財務報表編制及表達架構」23 段：財務報表通常係基於企業繼續經營之個體且於可預見之未來將持續營運之假設編製。因此，假設企業既無意圖亦無須要清算或重大縮減其營運規模；若有此種意圖或需要，則財務報表可能須按不同基礎編製，若然，則應揭露所採用之基礎。
大陸企業會計制度第 6 條：會計核算應當以企業持續、正常的生產經營活動為前提。 **大陸企業財務會計報告條例**第 27 條：企業終止營業的，應當在終止營業時按照編製年度財務會計報告的要求全面清查資產、核實債務、進行結賬，並編製財務會計報告；在清算期間應當按照國家統一的會計制度的規定編製清算期間的財務會計報告。

立即挑戰

(　　) 1. 廠房設備在資產負債表上列示帳面價值，而不公布公平市價係依據？ (A) 成本原則 (B) 配合原則 (C) 繼續經營假定 (D) 報導期間假定。

(　　) 2. 財務報表通常不以清算價值為評價基礎，係基於： (A) 報導期間假設 (B) 繼續經營假設 (C) 客觀性原則 (D) 充分揭露原則。

(　　) 3. 某商店 5 年前購買一筆營業用土地 $500,000，目前市價漲至 $800,000，會計紀錄仍保持原始成本，係符合： (A) 報導期間慣例 (B) 繼續經營慣例 (C) 企業個體慣例 (D) 貨幣評價慣例。

(　　) 4. 繼續經營假設在何時不適用？ (A) 企業剛開始經營時 (B) 企業清算時 (C) 企業公平市價高於成本時 (D) 企業業績成長時。

解答▷▷ 1.(C) 2.(B) 3.(B) 4.(B)

1-8-3 報導期間假設－企業編製報表期限

由於企業經營活動持續不斷，因此要正確計算損益必須等到企業終止營業、變賣資產時才能知道正確的損益，但此時會計資訊對決策者已毫無用處。因此，為了提供具有「時效性」的會計資訊，在繼續經營假設的前提下，會計**以人為的方式將企業生命劃分成許多相等的段落，於各段落結束時分期結算損益，以便產生各期財務報表，適時提供**

予資訊使用者，此時間段落即為報導期間或稱會計期間。例如：建築公司建造房屋橫跨數個年度，又保險公司人壽保險契約保險期間甚至長達20年，若待建造完畢或保險契約到期再結算損益，雖然會比較準確但失去決策時效性，故以人為的方式劃分會計期間，例如：前述之例題於購入辦公設備時為分期結算損益，先估計其使用年限為5年。這也就是會計學上常有估計事項的由來。

企業所選擇的會計期間長短不一，可為一個月、一季或一年。報導期間若**短於一年**，則稱此種報表為期中財務報表。報導期間若為**一年**的財務報表稱為會計年度報表。企業規模小者可選擇編製年報，企業規模大的上市、上櫃公司根據證券交易法規定需編製年報、半年報、季報及月營業額資料。目前的一般公認會計原則認定：一個完整的會計期間為一年，稱為會計年度。會計年度又分為下列幾種：

1. **曆年制（即商業會計年度）**：根據商業會計法第6條：「商業以每年1月1日起至12月31日止為會計年度。但法律另有規定，或因營業上有特殊需要者，不在此限。」
2. **自然營業年度（又稱自然會計年度）**：即配合企業營運的情形，選擇業務清淡之月份做為年度結算之期，例如以9月30日為年度結束日，則其會計年度為10月1日至次年的9月30日，稱為十月制（以會計年度開始月份命名）。
3. **政府會計年度**：過去採七月制，但自民國2001年開始也改採曆年制，以每年1月1日起至12月31日止為會計年度，與商業會計年度同步。

※ 會計期間相關法規規定

我國商業會計法第6條：商業以每年一月一日起至十二月三十一日止為會計年度。但法律另有規定，或因營業上有特殊需要者，不在此限。

我國商業會計法第30條：財務報表之編製，依會計年度為之。但另編之各種定期及不定期報表，不在此限。

我國證券交易法第36條：已依本法發行有價證券之公司，除情形特殊，經主管機關另予規定者外，應依下列規定公告並向主管機關申報：

一、於每會計年度終了後三個月內，公告並申報經會計師查核簽證、董事會通過及監察人承認之年度財務報告。

二、於每會計年度第一季、第二季及第三季終了後四十五日內，公告並申報經會計師核閱及提報董事會之財務報告。

三、於每月十日以前，公告並申報上月份營運情形。

大陸會計法第 11 條：會計年度自西曆 1 月 1 日起至 12 月 31 日止。

大陸企業財務會計報告條例第 6 條：財務會計報告分爲年度、半年度、季度和月度財務會計報告。

大陸企業會計制度第 7 條：會計核算應當劃分會計期間，分期結算帳目和編製財務會計報告。會計期間分爲年度、半年度、季度和月度。年度、半年度、季度和月度均按西曆起訖日期確定。半年度、季度和月度均稱爲會計中期。本制度所稱的期末和定期，是指月末、季末、半年末和年末。

※ 從大陸的會計法 11 條規定可知會計年度一律爲曆年制無自然營業年度；但我國商業會計法第 6 條可允許自然營業年度的存在。

※ 本顧問社例題便假設編報表期限爲一個月。

立即挑戰

(　　) 1. 認爲企業的經濟活動可劃分成固定長度段落的假設爲何？ (A) 經濟個體假設 (B) 繼續經營假設 (C) 貨幣單位假設 (D) 報導期間假設。

(　　) 2. 報導期間劃分之目的： (A) 有助分工合作 (B) 便於計算損益 (C) 防止內部舞弊 (D) 反映幣值漲落。

(　　) 3. 所謂會計年度乃指會計期間定爲：(A) 一年 (B) 半年 (C) 兩年 (D) 一個月

(　　) 4. 商業會計法規定。商業以： (A) 曆年制 (B) 自然營業年度 (C) 政府會計年度 (D) 九月制 爲會計年度。

(　　) 5. 曆年制是指： (A)7 月 1 日至次年 6 月 30 日 (B)1 月 1 日至 6 月 30 日 (C)1 月 1 日至 12 月 31 日 (D) 會計期間一年的時間。

(　　) 6. 所謂自然營業年度係指： (A) 以企業之營業淡季爲起訖分界點之會計年度 (B) 自購貨、銷貨至應收帳款收現爲止的一個期間 (C) 自每年 7 月 1 日至次年 6 月 30 日的會計期間 (D) 公司當局所訂定賒銷放款的最長期限。

解答 1.(D) 2.(B) 3.(A) 4.(A) 5.(C) 6.(A)

1-8-4 貨幣單位假設—會計報表記帳單位

財務報表是以貨幣作爲記錄企業經濟活動與結果的標準衡量單位，並假設貨幣價值穩定，足以表達交易的實質內容。此假設有二層意義：

1. **貨幣單位衡量假設：**這個假設言明企業所有交易的結果均可以按貨幣單位衡量。按照這個假設，不論所交易的標的物是用噸（如媒）、公升（如汽油）、克拉（如鑽石）

或張（如桌子）衡量，均需將之轉換爲貨幣金額，而彙總成單一的衡量。無法以貨幣金額衡量的皆不入帳。意即不能以貨幣單位衡量的事項都無法呈現於財務報表中。例如：品牌、創新能力、獨家密方。

2. **幣值不變假設：**是假設貨幣價值不變，或變動幅度不大可忽略，這個假設使會計處理程序變得簡單易行，否則會計人員要隨時依物價變動程度重新衡量資產與負債，及因而可能引起的收益或費損的變動。當然，幣值不變假設有點不切實際，因此當物價變化較大時，應補充揭露其影響，如此可彌補這方面的限制。但在通貨膨脹期間，資產與負債的價值將被扭曲，故在此假設下，許多資產項目（如存貨）的帳面值可能與其淨變現值偏離甚遠，而不具參考意義，因此當物價發生重大變動時，財務報表資訊很可能造成外部人士的嚴重誤判。故國際會計準則對於部分資產在有限的條件下可以市價評價。

※ 貨幣單位衡量假設相關法規規定
我國商業會計法第 7 條：商業應以國幣爲記帳本位，至因業務實際需要，而以外國貨幣記帳者，仍應在其決算報表中，將外國貨幣折合國幣。
大陸企業會計制度第 8 條：企業的會計核算以人民幣爲記帳本位幣。業務收支以人民幣以外的貨幣爲主的企業、可以選定其中一種貨幣作爲記帳本位幣，但是編報的財務會計報告應當折算爲人民幣。

※ 本顧問社例題辦公設備是以新台幣入帳，而非一台或二台辦公用設備。

立即挑戰

(　　) 1. 下列何者無法記入帳冊？ (A) 員工的忠誠 (B) 商品的購買 (C) 債務的發生 (D) 債務的清償。

(　　) 2. 在物價上漲情況下，最易受到指責之一般公認會計原則是： (A) 企業個體假定 (B) 繼續經營假定 (C) 報導期間假定 (D) 貨幣評價假定。

(　　) 3. 會計上使用的衡量單位，會計人員作何假設？ (A) 企業個體 (B) 繼續經營 (C) 貨幣單位假設 (D) 收入與費用配合。

(　　) 4. 公司的財務報表均以新台幣表達，此乃基於 (A) 行業特性 (B) 繼續經營假設 (C) 成本效益考量 (D) 貨幣單位衡量假設。

解答 1.(A)　2.(D)　3.(C)　4.(D)

■ 1-8-5 權責發生基礎假設——資產、負債、收益、費損入帳的會計期間

※ 企業編製財務報表採權責發生制（又稱應計基礎制）。在該基礎下，交易應於發生時入帳，而非現金收付年度入帳。例如：賣方將商品移轉給買方就有權利向買方請求付款，即貨幣請求權；站在買方立場就有義務償還貨款，這就是顧問社例題有應收、應付帳款及預付租金等會計項目出現的原因。（此假設在第三章調整時將有更詳盡的說明）

※ 權責發生基礎假設相關法規規定：
我國商業會計法第 10 條：會計基礎採用權責發生制；在平時採用現金收付制者，俟決算時，應照權責發生制予以調整。 所謂權責發生制，係指收益於確定應收時，費用於確定應付時，即行入帳。決算時收益及費用，並按其應歸屬年度作調整分錄。 所稱現金收付制，係指收益於收入現金時，或費用於付出現金時，始行入帳。 **我國商業會計法**第 59 條：營業收入應於交易完成時認列。前項所稱交易完成時，在採用現金收付制之商業，指現金收付之時而言；採用權責發生制之商業，指交付貨品或提供勞務完畢之時而言。（摘錄）
大陸企業會計制度第 11 條：企業的會計核算應當以權責發生制爲基礎。凡是當期已經實現的收入和已經發生或應當負擔的費用，不論款項是否收付，都應當作爲當期的收入和費用；凡是不屬於當期的收入和費用，即使款項已在當期收付，也不應當作爲當期的收入和費用。

立即挑戰

(　　) 1. 我國商業會計法規定，會計基礎應採用： (A) 聯合基礎 (B) 現金收付制 (C) 權責發生制 (D) 混合制。

(　　) 2. 下列敘述中何者有關應計（權責）基礎的敘述爲錯誤？ (A) 符合一般公認會計原則 (B) 收入應在賺得期間認列 (C) 收入僅於收現時認列，費用僅於付現時認列 (D) 影響財務報表事項應在事項發生當期加以記錄。

(　　) 3. 蘋果公司 i-phone 手機上市前已造成轟動，若蘋果公司決定對此種手機之銷售，採取先收貨款再交貨的政策，則蘋果公司於收到貨款時： (A) 若依應計基礎，則不作任何記錄 (B) 若依應計基礎，則應認列爲預收貨款 (C) 若依現金基礎，則不作任何記錄 (D) 若依現金基礎，則應認列爲預收貨款。

(　　) 4. 華納公司於每月 10 日發給上月份薪資，例如 1 月份薪資於 2 月 10 日發給，則下列敘述何者有誤？ (A) 如採權責發生基礎，則 1 月份薪資應於 1 月記

錄薪資費用 (B) 如採現金基礎，1 月份因未支付現金，無須記錄，而於 2 月份支付現金時才記錄該薪資費用 (C) 無論採權責發生基礎或現金基礎，皆將 1 月份之薪資認列為 1 月份之費用 (D) 一般企業之會計處理採權責發生基礎。

解答▷▷ 1.(C) 2.(C) 3.(B) 4.(C)

■ 專有名詞中英文對照表

單式簿記	Single-entry Bookkeeping
獨資	Sole Proprietorships
公司	Corporations
營利組織	Profit Organization
負債	Liabilities
收益	Revenues and Gains
淨利	Net Income
管理會計	Management accounting
會計要素	Accounting Elements
綜合損益表	Statement of Comprehensive income
財務狀況表	Statement of financial position
經濟個體假設	Economic Entity Assumption
會計期間假設	Accounting Period Assumption
應計基礎假設	Accrual Basis Assumption
中小企業	Small and Medium-sized Entities
外部部使用者	External Users
曆年制	Calendar Year
國際財務報導準則	International Financial Reporting Standards, IFRS
實帳戶	Real Account
複式簿記	Double entry Bookkeeping
合夥	Partnerships
資產	Assets
非營利組織	Non-profit Organization

權益	Equity
費損	Expenses and Losses
淨損	Net Loss
財務會計	Financial accounting
會計項目	Account Title
權益變動表	Statement of changes in equity
現金流量表	Statement of cash flows
繼續經營假設	Going Concern or Continuity Assumption
貨幣單位假設	Monetary Unit Assumption
一般公認會計原則	Generally accepted accounting principles
內部使用者	Internal Users
會計年度	Fiscal Year
會計恆等式	Accounting Equation
虛帳戶	Nominal Account
會計師	Certified Public Accountants，CPA

本章習題 Questions

一、試依會計方程式分別計算問號的金額。

	資產	=	負債	+	權益
甲公司	?		25,000		$75,000
乙公司	200,000		?		$88,000
丙公司	$90,000		$53,000		?

二、吉野佳商店在 2015 年初及 2015 年底的資產及負債餘額分別為：

	資產	負債
2015 年初	500,000	120,000
2015 年底	700,000	300,000

假設下列各種情況為獨立狀況，計算該商店在下列各種情況下的淨利或淨損多少元？

1. 業主在 2015 年未增加投資亦未提取
2. 業主在 2015 年增加投資 $25,000
3. 業主在 2015 年提取 $40,000 自用
4. 業主在 2015 年增加投資 $20,000，自商店提取 $5,000 自用

三、下列是陽光商店 2015 年底各項目期末所計算出的餘額資料，「？」的部分資料遺漏，請計算年底權益金額。

現金	105,000	應收帳款	80,000
運輸設備	230,000	應付票據	68,000
權益	?	預付款項	53,000
預收款項	75,000	應付帳款	22,000
銀行借款	88,000	土地	65,000

四、中和洗衣店於 2015 年 11 月 1 日成立，11 月份完成下列各項交易：

11/01 黃麗萍投資現金 300,000 元，設立中和洗衣店

11/01 購買洗衣設備 360,000 元，付現 110,000 元，餘 250,000 元開立 3 個月期票支付，利率 3%。該設備耐用年限 5 年，估計殘值為 0。

11/08 洗衣收入 100,000 元，暫欠。

11/12 賒購一年份洗衣物料 50,000 元。

11/14 收取洗衣收入帳款 70,000 元。

11/15 支付當月薪資 60,000 元、當月租金費用 50,000 元。

11/20 洗衣收入收現 120,000 元。

11/30 業主提取現金 10,000 元。

試根據上列資料，利用會方程式記載交易彙總表。並編製 11 月份綜合損益表、權益變動表及 11 月 30 日財務狀況表。

五、下表爲一些營利事業與非營利事業組織，請找出事業組織全名，並區分那些爲營利事業組織、那些爲非營利事業組織。若是營利組織，那是獨資、合夥或是公司組織，若爲公司組織，那又是有限公司或股份有限公司？若爲非營利事業組織，那是公益社團法人或是財團法人？例如：臺灣銀行全名爲臺灣銀行股份有限公司。

	營利事業	非營利事業
台灣銀行		
國泰人壽保險		
董氏基金會		
義大皇家酒店		
海外援助發展聯盟		
統一企業		
國票綜合證券		
唐氏症關愛者協會		
劍湖山世界		
語言訓練測驗中心		

六、請利用「公開資訊觀測站」網址：http://newmops.tse.com.tw 的資料，下載下列上市公司 2015 年第一季的合併綜合損益表及財務狀況表，並找出第一季的資產總額以及負債總額、營業收入、不含其它綜合損益之本期淨利。單位至新台幣百萬元以下四捨五入。

單位：新台幣百萬元

公司名稱（公司代號）	資產總額	負債總額	營業收入淨額	本期淨利
台灣積體電路股份有限公司 (2330)				
台灣塑膠工業股份有限公司 (1301)				
中國鋼鐵股份有限公司　(2002)				

七、本書各章節所提供之現行法規未來可能改變，且主管機關之個案解釋亦可能不同，未來如有法規改變、發佈新的解釋函令、或有不同之個案解釋，應該如何因應？

八、請查詢截至 2015 年 3 月底我國無限公司、兩合公司、有限公司、股份有限公司已登記家數？

九、八仙樂園育樂股份有限公司（簡稱八仙樂園）及玩色創意國際有限公司（簡稱玩色創意），對於 2015 年 6 月 27 日發生之塵爆，公司之股東及負責人各應負何種責任，及八仙樂園宣稱他們只是出租場地給玩色創意，兩者之間只是房東、房客關係，此次活動是由玩色創意主辦，應由玩色創意公司負責，試以公司法相關規定說明之。

借貸法則

本書第一章的「交易彙總表」雖簡單明瞭，但只適合交易項目單純、交易量少的場合。對於大企業每月、每年交易量，動輒數以千筆、萬筆者，如再按「交易彙總表」來記錄，不僅內容龐大，所有交易將無法容納在同一張彙總表內，既無法了解交易全貌又不易保存。因此，會計學發展出一套借貸法則，以日記簿的分錄及分類帳的帳戶來取代「交易彙總表」，用以記錄完整的交易活動。

儘管電腦記帳盛行，但借貸法則仍為電腦記帳所必備的基本觀念，對於會計初學者而言，若不熟悉借貸法則，將會有入門障礙，故本書特設章節針對借貸法則加以說明。

本章大綱

2-1　帳戶與借貸法則

2-2　分錄與借貸法則

2-3　借貸法則 25 實例

2-1 帳戶與借貸法則

2-1-1 帳戶的由來

在 1.6.3 交易分析實例中：振洋管理顧問社 12 月份交易彙總表記載如下：

	資產				=	負債		+ 權益
	現金	+ 應收帳款	+ 預付租金	+ 辦公設備	=	其他應付款	+ 銀行借款	+ 業主資本
(1)	+300,000							+ 300,000
(2)	–50,000			+ 150,000	=	+100,000		
(3)	–36,000		+ 36,000					
(4)	+60,000	+40,000						+ 100,000 服務收入
(5)	– 50,000					–50,000		
(6)	+120,000						+ 120,000	
(7)	+ 20,000	–20,000						
(8)	– 60,000							– 50,000 薪資費用 – 10,000 廣告費用
(9)	- 20,000							– 20,000 業主提取
餘額	284,000	+ 20,000	+ 36,000	+ 150,000	=	50,000	+ 120,000	+ 320,000

上表看似簡單明瞭，但當項目增多時，將綿延數頁至不易觀看，且每一項目的加項、減項混記在同一欄內，將增加錯誤機會。若能將加、減項分開左右記錄，就如同銀行的存摺，將現金存入與支出分開不同位置來記錄，如此可減少帳務處理的錯誤。這種**將加項與減項分左右來記錄、計算**的方法就是「借貸法則」的基本觀念。

行次	年 月 日 Date	櫃台機編號 Id	摘要 Memo	支出 Withdrawal	存入 Deposit	結存 Balance
0		帳號：			承前頁：	
1						
2						
3						
4						
5						
6						
7						
8						
9						
10						
11						
12						

圖 2-1 銀行的「活期儲蓄存款」帳戶

會計上把每一個可以增減變動及結算餘額之會計項目稱為「帳戶」，例如：上例中有現金、應收帳款、預付租金、辦公設備、其他應付款、銀行借款、業主資本等7個帳戶。

會計上將每一帳戶的增、減分採不同方向（左與右）記錄，這樣的帳戶型式有如英文字母的T字，故又稱「T字帳」，其格式如下：

（帳戶名稱）	
（左方） 借方	（右方） 貸方

左方為借方，右方為貸方。將交易的結果記入帳戶之左方的動作稱為借記；記入帳戶右方稱為貸記。「借」、「貸」二字在會計上是一種**記帳符號**，並未有借款或貸放款項之意。「借」、「貸」二字的含義，最初是從資本家的角度來解釋的，借入表示自身的債務增加；貸出則表示自身的債權增加。遂以「借」、「貸」二字表示債務（應付款）、債權（應收款）的變化。

2-1-2 帳戶的實例應用

以上述振洋管理顧問社之「現金」帳戶為例：表 (1) 為交易彙總表中的現金部分，增減項都彙列一處，若將增減分開不同方向來記錄則如表 (2)，加減既已分開記錄則可略去加減符號如表 (3)。

表 (1)

現金
(1) +300,000
(2) -50,000
(3) -36,000
(4) +60,000
(5) -50,000
(6) +120,000
(7) +20,000
(8) -60,000
(9) -20,000
餘額 $284,000

表 (2)

現金	
(1) +300,000	(2) -50,000
(4) +60,000	(3) -36,000
(6) +120,000	(5) -50,000
(7) +20,000	(8) -60,000
	(9) -20,000
餘額 $284,000	

表 (3)

現金	
(1) 300,000	(2) 50,000
(4) 60,000	(3) 36,000
(6) 120,000	(5) 50,000
(7) 20,000	(8) 60,000
	(9) 20,000
餘額 $284,000	

至於資產、負債、權益、收益、費損各帳戶之增、減項究竟記在左邊還是右邊，則依照會計方程式為：

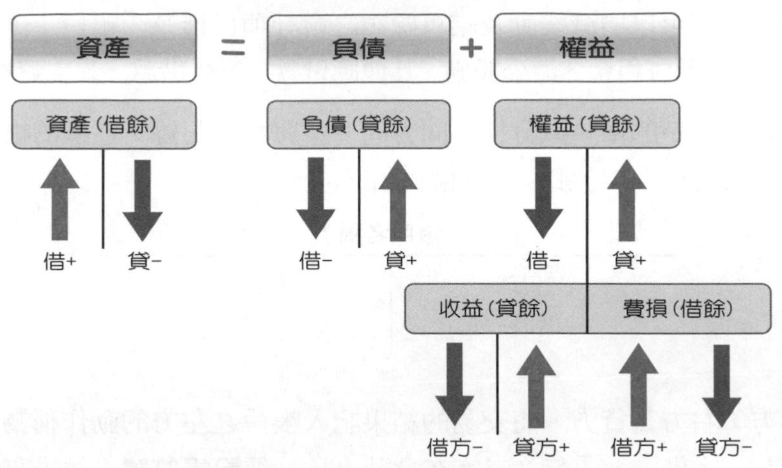

圖 2-2　會計方程式與借貸關係圖

資產在方程式左方，因此把資產的增加記在左方（借方）；負債、權益在方程式右方，所以把為負債、權益的增加記在右方（貸方）。初學者只要記住資產、負債、權益增加的位置與會計方程式位置相同即可。至於減少的位置恰在增加的另一方，如此增減相抵後便可結算出餘額。

根據會計方程式：資產在方程式的左方，若有交易使資產類某個項目的帳面數字增加，就把這數字記在其左（借）方。相反的，會使資產類某個項目的帳面數字減少的交易要把這數字記在其右（貸）方。而負債與權益在方程式的右方，故有交易使負債與權益類某項目的帳面數字增加者，就記在其右（貸）方。相反的，會使負債與權益類某項目的帳面數字減少的交易要把數字記在其左（借）方。

又現在的企業非常重視損益金額及其發生的原因，因此**在記帳時，若有收益、費損發生，會先以收益、費損科目入帳，等期末結算出本期損益後再將收益、費損餘額轉入權益**。由於收益增加會使權益增加，所以收益增減方向與權益增減方向相同。費損增加會使權益減少，所以費損增減方向與權益增減方向相反。

綜合上述，彙總借貸區分原則如下：

1. 資產增加記在資產項下的借方，而資產減少則記在資產項下的貸方。
2. 負債增加記在負債項下的貸方，而負債減少則記在負債項下的借方。
3. 權益增加記在權益項下的貸方，權益減少記在權益項下的借方。（與負債同方向）
4. 收益增加會使權益增加，所以收益增加記在貸方，減少記借方。（與權益同方向）
5. 費損增加會使權益減少，所以費損增加記在借方，減少記貸方。（與權益反方向）

表 2-1　借貸法則可以歸納成下表：

●●▶ **表 2-1　借貸法則**

類別	記在借方的交易	記在貸方的交易	正常餘額
資產	資產增加	資產減少	增加與減少抵銷後為借餘，與財務狀況表左方（借方）的資產方向相同
負債	負債減少	負債增加	增加與減少抵銷後為貸餘，與財務狀況表右方（貸方）的負債方向相同
權益	權益減少	權益增加	增加與減少抵銷後為貸餘，與財務狀況表右方（貸方）的權益方向相同
收益	收益減少	收益增加	收益合計數為貸方金額，與財務狀況表權益方向相同，會使權益餘額增加
費損	費損增加	費損減少	費損合計數為借方金額，與財務狀況表的權益方向相反，會使權益餘額減少

茲將會計五大要素增減的借貸方向與增減相抵後正常餘額為借餘或貸餘彙總說明如下：

1. **資產與費損二個項目增減方向相同**：此二項目的增加在借方、減少在貸方，增減相抵後餘額一定為借方餘額或為 0，絕不會產生貸方餘額。

   例如：現金增加 100,000 元，支出最多在 100,000 元範圍內。若現金支出 120,000 元超過現金收入 100,000 元的 20,000 元部分為另一個會計項目為「銀行透支」，而非原來的「現金」科目，銀行透支是負債科目非資產科目。**銀行透支為負債列在財務狀況表的右方，絕不可以現金貸方餘額方式表現於財務狀況表的左方且以負號表示**。

   另外，費損科目增減方向同資產科目，例如：修理費用增加 50,000 元記在借方，之後發現原修理費會計項目錯誤應為交際費，為求帳戶正確，會沖回原先修理費用科目 50,000 元，並記在貸方，借貸相抵後餘額為 0 元，改記交際費科目。因此費損科目最多沖回原金額後餘額為 0，絕不可能沖超過原先金額而產生貸方餘額。

2. **負債、權益、收益三個項目增減方向相同**：此三項目的增加在貸方、減少在借方，增減相抵後餘額一定為貸方餘額或為 0，絕不會產生借方餘額。

   例如：企業向銀行借款 100,000 元，則「銀行借款」之貸方將增加 100,000 元，將來最多償還 100,000 元記入借方，借貸相抵後餘額為 0，絕不會產生借方餘額。若未來償還 110,000 元，超過部分 10,000 元為另一會計項目「利息費用」，非原來「銀行借款」科目，銀行借款科目只為原借款本金，**利息部分另立科目，不與本金混在一起**，以方便閱讀報表者分出本金及利息，以利制定相關決策。

   又如業主投資 100,000 元為原始投資資本，若業主提領超過 100,000 元，則超過的部分應為歷年賺取的盈餘而非原始投資資本，**故原始投資資本只可能為貸方餘額或為 0，絕不會產生借方餘額**。

之前只提到振洋管理顧問社「現金」例子，現在將顧問社所有的帳戶演進彙列如下：表 (1) 為交易彙總表中所有的帳戶，其增減都彙列一處。若將增減分開不同方向來記錄則如表 (2)，加減既已分開記錄則可去除加減符號如表 (3)。

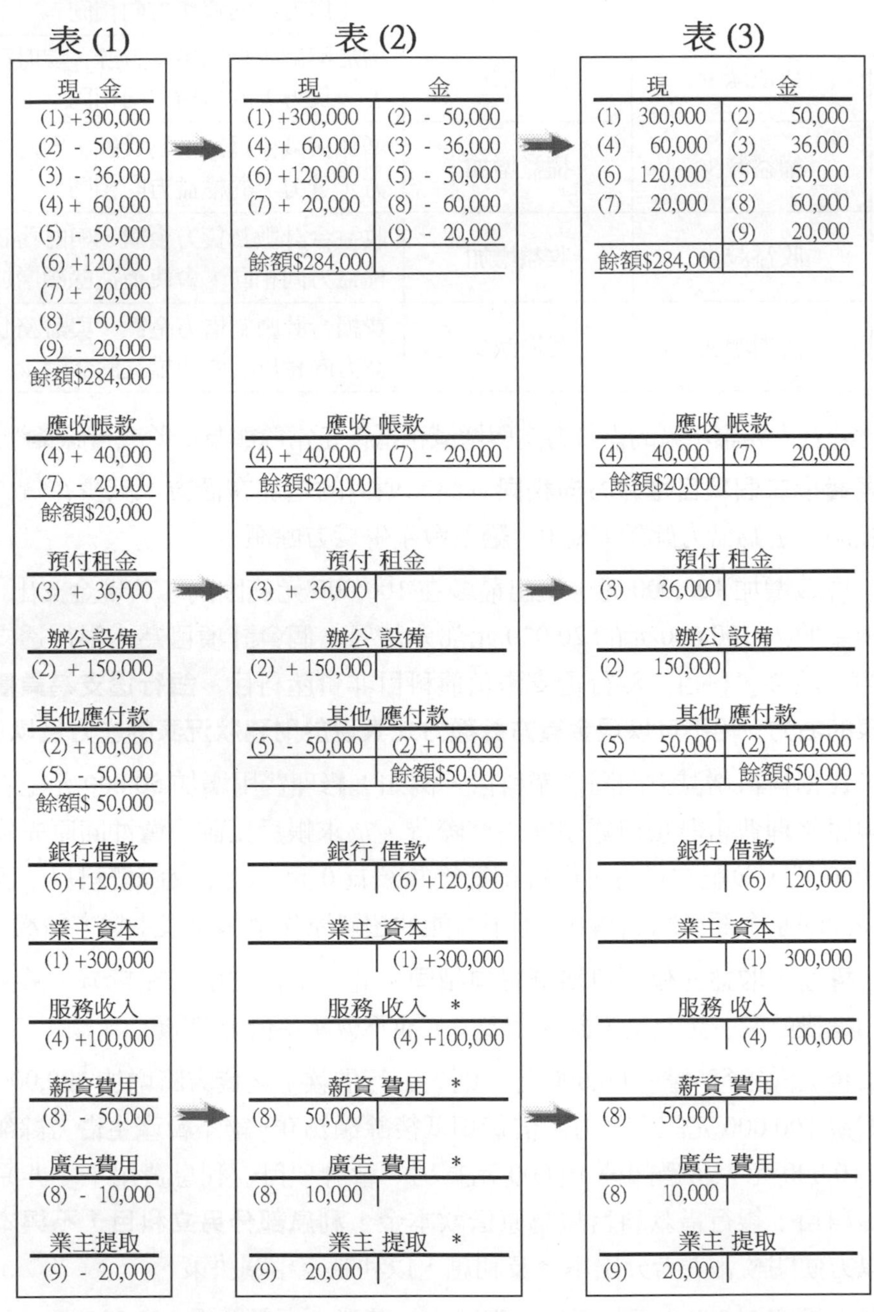

表 (1)

現金
(1) +300,000
(2) - 50,000
(3) - 36,000
(4) + 60,000
(5) - 50,000
(6) +120,000
(7) + 20,000
(8) - 60,000
(9) - 20,000
餘額$284,000

應收帳款
(4) + 40,000
(7) - 20,000
餘額$20,000

預付租金
(3) + 36,000

辦公設備
(2) + 150,000

其他應付款
(2) +100,000
(5) - 50,000
餘額$ 50,000

銀行借款
(6) +120,000

業主資本
(1) +300,000

服務收入
(4) +100,000

薪資費用
(8) - 50,000

廣告費用
(8) - 10,000

業主提取
(9) - 20,000

表 (2)

現	金
(1) +300,000	(2) - 50,000
(4) + 60,000	(3) - 36,000
(6) +120,000	(5) - 50,000
(7) + 20,000	(8) - 60,000
	(9) - 20,000
餘額$284,000	

應收	帳款
(4) + 40,000	(7) - 20,000
餘額$20,000	

預付	租金
(3) + 36,000	

辦公	設備
(2) + 150,000	

其他	應付款
(5) - 50,000	(2) +100,000
	餘額$50,000

銀行	借款
	(6) +120,000

業主	資本
	(1) +300,000

服務	收入 *
	(4) +100,000

薪資	費用 *
(8) 50,000	

廣告	費用 *
(8) 10,000	

業主	提取 *
(9) 20,000	

表 (3)

現	金
(1) 300,000	(2) 50,000
(4) 60,000	(3) 36,000
(6) 120,000	(5) 50,000
(7) 20,000	(8) 60,000
	(9) 20,000
餘額$284,000	

應收	帳款
(4) 40,000	(7) 20,000
餘額$20,000	

預付	租金
(3) 36,000	

辦公	設備
(2) 150,000	

其他	應付款
(5) 50,000	(2) 100,000
	餘額$50,000

銀行	借款
	(6) 120,000

業主	資本
	(1) 300,000

服務	收入
	(4) 100,000

薪資	費用
(8) 50,000	

廣告	費用
(8) 10,000	

業主	提取
(9) 20,000	

＊服務收入為業主資本的增加，各項費用為業主資本的減少

※ 各帳戶的結算採用：期初餘額＋本期增加額－本期減少額＝期末餘額

■ 2-1-3 帳戶與財務報表的關聯

以上例振洋管理顧問社之交易，將上表(3)去除加減符號後的帳戶，改按資產、負債、權益順序排列如下：

(1) 資產項目

現	金		
(1)	300,000	(2)	50,000
(4)	60,000	(3)	36,000
(6)	120,000	(5)	50,000
(7)	20,000	(8)	60,000
		(9)	20,000
餘額	$284,000		

應收	帳款		
(4)	40,000	(7)	20,000
餘額	$20,000		

預付	租金		
(3)	36,000		

辦公	設備		
(2)	150,000		

(2) 負債項目

其他	應付款		
(5)	50,000	(2)	100,000
		餘額	$150,000

銀行	借款		
		(6)	120,000

(3) 權益項目

業主	資本		
		(1)	300,000

服務	收入		
		(4)	100,000

薪資	費用		
(8)	50,000		

廣告	費用		
(8)	10,000		

業主	提取		
(9)	20,000		

以下將利用借貸法則觀念來試編財務報表：

（借貸法則觀念：借貸同方向為相加，借貸不同方向為相減）

1. 根據第(3)群的項目編製綜合損益表及權益變動表：將其中服務收入的貸方100,000元與薪資費用的借方50,000元及廣告費用的借方10,000元相減（因借貸方向相反）後為貸方＞借方，產生本期淨利為貸方餘額40,000元，據此編製「綜合損益表」。
2. 之後再將本期淨利貸方餘額40,000元加上業主資本貸方餘額300,000元（方向相同），再減去業主提取的借方餘額20,000元（方向相反），產生期末權益貸方餘額320,000元，據此編成「權益變動表」。
3. 將上述第(1)群資產包括：現金、應收帳款、預付租金、辦公設備四項的餘額（都是借方），放入財務狀況表的借方，得到資產總計490,000元；將第(2)群負債包括：其他應付款、銀行借款的餘額（都是貸方），放入財務狀況表的貸方，得到負債總額170,000元。再將期末權益餘額（貸方）320,000元轉入財務狀況表貸方權益項下，得到負債及權益總計490,000元。如此就可編成「財務狀況表」。

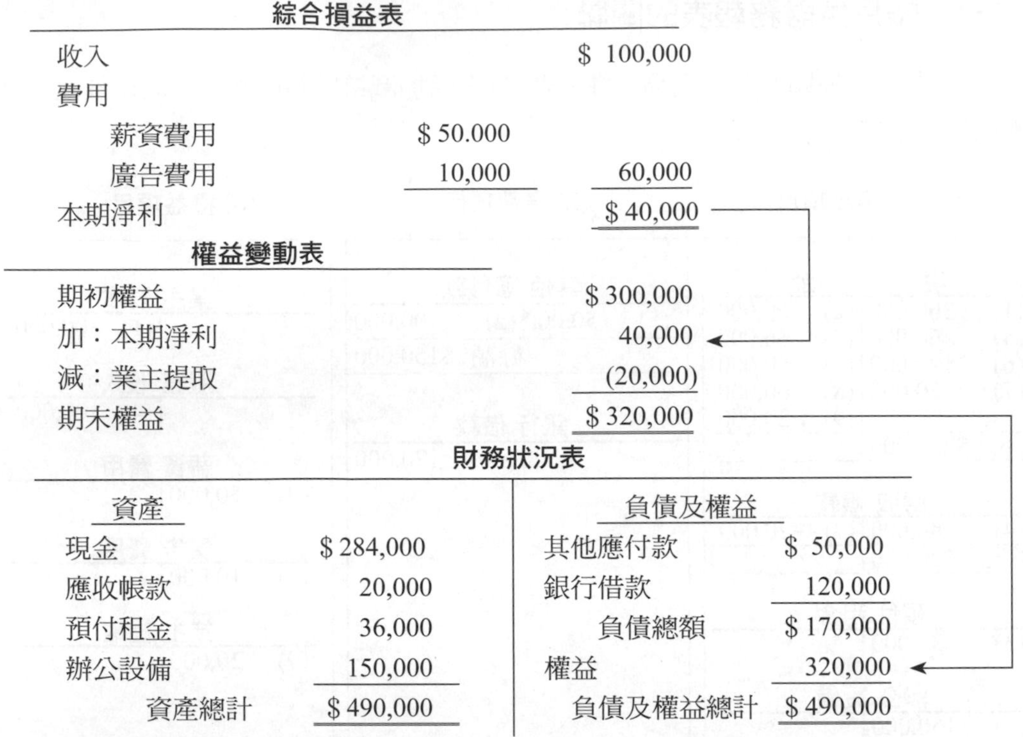

綜合損益表

收入		$ 100,000
費用		
薪資費用	$ 50.000	
廣告費用	10,000	60,000
本期淨利		$ 40,000

權益變動表

期初權益	$ 300,000
加：本期淨利	40,000
減：業主提取	(20,000)
期末權益	$ 320,000

財務狀況表

資產		負債及權益	
現金	$ 284,000	其他應付款	$ 50,000
應收帳款	20,000	銀行借款	120,000
預付租金	36,000	負債總額	$ 170,000
辦公設備	150,000	權益	320,000
資產總計	$ 490,000	負債及權益總計	$ 490,000

在人工記帳時為避免出錯，將資產、負債、權益的各帳戶餘額作借貸不同方向設計，且與財務狀況表借貸方向一致。

讀者有否注意到：只有財務狀況表是用左、右的借貸方式來表示，而之前的綜合損益表、權益變動表則是以上下方式表示。因為這二張報表只是財務狀況表中權益項下的明細罷了。

2-1-4 標準式分類帳

標準式分類帳是將借、貸方金額分為左右兩方，稱「兩欄式」。前述「T 字帳」就是標準式分類帳的簡化，只取其中的借方金額與貸方金額，教學上常以 T 字帳代替標準式分類帳。本章亦為簡化學習，暫以 T 字帳替代之，正式標準式分類帳待第 3 章再說明。

表 2-2 標準式分類帳

科目名稱　　　　第　　頁

年		摘要	日頁	借方金額	年		摘要	日頁	貸方金額
月	日				月	日			

立即挑戰

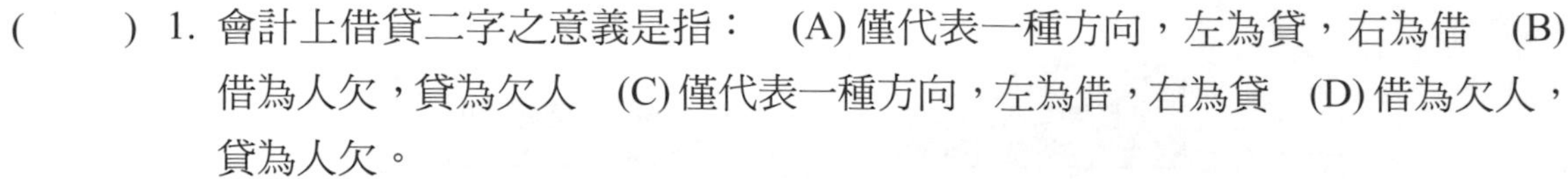

(　　) 1. 會計上借貸二字之意義是指： (A) 僅代表一種方向，左為貸，右為借 (B) 借為人欠，貸為欠人 (C) 僅代表一種方向，左為借，右為貸 (D) 借為欠人，貸為人欠。

(　　) 2. 有關會計的借與貸，下列何者正確？ (A) 會計帳戶的左方為貸方；右方為借方 (B) 資產增加記入貸方 （C） 收入增加記入借方 (D) 負債增加記入貸方。

(　　) 3. 關收入科目之敘述，下列何者錯誤？ (A) 增加應記貸方 (B) 正常餘額為貸方餘額 (B) 減少應記借方 (D) 正常餘額為借方餘額。

(　　) 4. 通常產生借方餘額的會計項目是？ (A) 應付帳款 (B) 租金收入 (C) 建築物 (D) 業主資本。

(　　) 5. 下列那一種帳戶不常出現貸方餘額？ (A) 資本帳戶 (C) 負債帳戶 (B) 收益帳戶 (D) 費損帳戶 。

(　　) 6. 會產生貸方餘額的會計項目是？ (A) 應收帳款 (B) 辦公設備 (C) 應付帳款 (D) 現金。

(　　) 7. 正常餘額為借餘的帳戶包括： (A) 資產、費損 (B) 負債、權益 (C) 權益、收益 (D) 收益、費損。

(　　) 8. 正常餘額為貸餘的帳戶包括： (A) 資產、費損 (B) 負債、權益 (C) 資產、權益 (D) 收益、費損。

解答 1.(C) 2.(D) 3.(D) 4.(C) 5.(D) 6.(C) 7.(A) 8.(B)

2-1-5 借貸 25 法則

交易發生時何項目應為借、何項目應為貸：一個交易至少是一個借方及一個貸方，如此借貸兩方才會平衡。下圖中任何一線段之左右兩端皆可結合成一個交易。例如借方資產增加可搭配貸方之資產減少、負債增加、權益增加、收益增加、費損減少共5種情況；而借方負債減少也可搭配貸方之資產減少、負債增加、權益增加、收益增加、費損減少等5種情況；以此類推，此種借方與貸方都只有一個項目的交易共有5×5=25種基本類型，圖示如下：

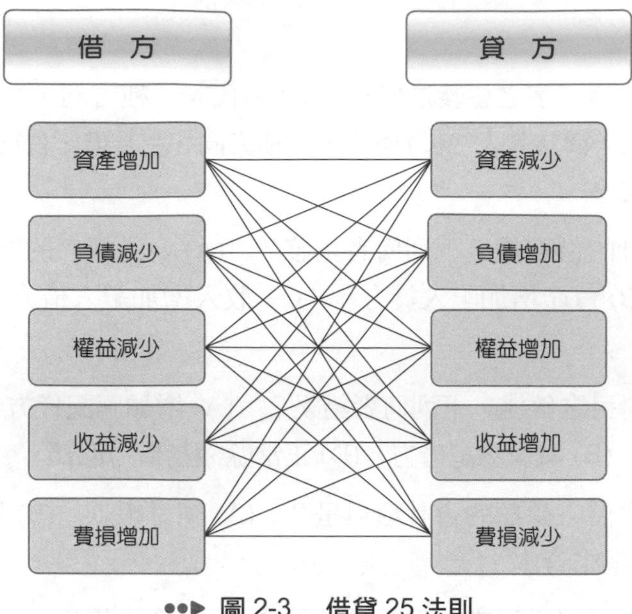

圖 2-3 借貸 25 法則

立即挑戰

( ) 1. 收回應收帳款時，對會計恆等式的影響為何？ (A) 權益增加、資產增加 (B) 權益減少、資產減少 (C) 負債增加、資產增加 (D) 一資產增加、另一資產減少。

( ) 2. 應收帳款 $6,000，經收回 $2,400 後，此一交易對資產負債表的影響為： (A) 總資產減少，總負債和權益不變 (B) 應收帳款減少 $2,400，權益也減少 $2,400 (C) 現金增加 $2,400，權益也增加 $2,400 (D) 總資產、負債、與權益均無變動。

( ) 3. 大昌公司有資產 $ 700,000，無負債，權益 $ 700,000，今大昌公司賒購一輛運輸設備 $ 80,000，試問這筆交易會產生什麼影響？ (A) 資產與權益同時增加 $ 80,000 (B) 權益減少 $ 80,000，負債增加 $ 80,000 (C) 資產與負債同時增加 $ 80,000，權益不變 (D) 資產不變，負債增加 $ 80,000。

( ) 4. 下列何者會導致資產及負債同時增加？ (A) 賒購設備 (B) 收到股東現金投資 (C) 提供服務而收到現金 (D) 收到當月水電費帳單，但尚未付。

( ) 5. 下列那一項交易會使總資產與總負債減少？ (A) 以現金購入運輸設備 (B) 出售存貨 (C) 償付銀行借款 (D) 應收帳款收現。

( ) 6. 企業以現金償還應付帳款時，下列敘述何者正確？ (A) 負債減少 (B) 業主權益減少 (C) 資產增加 (D) 收入減少。

( ) 7. 以現金購買運輸設備，對企業資產總額有何影響？ (A) 增加 (B) 減少 (C) 不變 (D) 不一定。

( ) 8. 以現金購買土地，使資產總額：(A) 增加 (B) 減少 (C) 不變 (D) 不一定。

( ) 9. 以現金投資於企業時，下列有關該企業之敘述何者正確？ (A) 現金減少，權益增加 (B) 現金增加，權益增加 (C) 現金增加，權益減少 (D) 現金減少，業主權益減少 。

( ) 10. 根據借貸法則，下列何者屬於收益減少與資產減少？ (A) 溢收的佣金收入以現金退還客戶 (B) 利息收入轉入本期損益 (C) 溢收的佣金收入尚待退還 (D) 佣金收入誤為利息收入。

( ) 11. 賒購商品會產生哪一種影響？ (A) 收入增加 (B) 資產減少 (C) 負債增加 (D) 費用減少。

( ) 12. 下列何者交易將使權益增加？ (A) 償還貨款 (B) 預收下年度的房屋租金收入 (C) 代收稅款 (D) 現銷商品。

( ) 13. 企業若發生一筆交易，一方面使其資產增加，則另一方面可能使其 (A) 負債減少 (B) 費用增加 (C) 權益減少 (D) 收入增加。

( ) 14. 分析交易事項影響會計要素，下列何者不可能發生？ (A) 收入增加、權益增加 (B) 收入增加、收入減少 (C) 收入增加、費用增加 (D) 權益增加、權益減少。

( ) 15. 以會計五大要素來看，只有一個借方和一個貸方的交易型態共有： (B)5 種 (B)10 種 (C)25 種 (D)50 種。

解答 1.(D) 2.(D) 3.(C) 4.(A) 5.(C) 6.(A) 7.(C) 8.(C) 9.(B) 10.(A) 11.(C) 12.(D) 13.(D) 14.(A) 15.(C)

2-2 分錄與借貸法則

2-2-1 分錄的意義與目的

將交易的增減項直接記入帳戶中，雖可瞭解帳戶的變化及餘額，但無法說明交易的全貌。

例如：右表現金帳戶中，只知道現金增加 4 項、減少 5 項，但現金為何增加？又為何減少？其交易內容為何？全然無法從帳戶中得知。

現金

(1)	300,000	(2)	50,000
(4)	60,000	(3)	36,000
(6)	120,000	(5)	50,000
(7)	20,000	(8)	60,000
		(9)	20,000
餘額 $284,000			

此外交易在記入帳戶時，雖有以 (1)、(2)、(3)……等標明交易順序，可藉以找到該筆交易的其他相關資料。但當交易量多時，各科目分散記載，屆時欲找出交易資料將曠時費日，故在記入帳戶前，會先記錄於一本名為「日記簿」的帳簿。

表 2-3 日記簿之格式

XX 年		傳票	會計項目	摘　要	類頁	借方金額	貸方金額
月	日	號數					
12	1		現　金	李振洋投資		300,000	
			業主資本				300,000

日記簿在填入資料時，因會計項目僅一格，故將借方科目填在上行、貸方科目填在下行，且記入時貸方科目通常較借方科目右移二字或一字，以形成借方在左、貸方在右之形式，來配合借、貸方金額欄左、右之分；在填入金額時，借方與貸方雖已分成左右兩欄，但借方金額應填在上行、貸方金額填在下行（分別與其科目同行）來配合會計項目欄上、下之分。

茲舉例說明分錄與 T 字帳的關聯：

李振洋 12 月 1 日投資現金 300,000 元，成立振洋管理顧問社。

現金增加 300,000 元是業主投資，應先將完整交易記（分錄）入日記簿。

惟一般教學時不方便騰用如表 2-3 完整格式的日記簿，常以省略標題、框格，只按相關位置記錄內容，以簡化過後的形式來表示，如下：

12/1　　現金　　　　　　300,000
　　　　　　業主資本　　　　　　　　300,000

（或）

12/1　借：現金　　　　　300,000
　　　　　　貸：業主資本　　　　　　300,000

同時，可依日記簿中相關內容、位置製成 T 字帳，如下：

現金	
(1) 300,000	

業主資本	
	(1) 300,000

立即挑戰

(　　) 1. 分錄主要的作用是： (A) 表達營業成果 (B) 項目分類 (C) 方便查閱 (D) 記錄交易全貌，瞭解交易內容。

(　　) 2. 分錄的主要作用在： (A) 資產的歸類 (B) 費用之劃分 (C) 收益之劃分 (D) 交易之分析。

解答 1.(D)　2.(D)

2-2-2 分錄與 T 字帳的實例

以前述顧問社為例，說明其九個交易如下：

1. 交易事項與分析：（請與 2-15 頁簡式日記簿及分類帳相對照會更容易理解。）

交易 (1)：李振洋 12 月初投資現金 300,000 元振立振洋管理顧問社。

交易分析：資產中「現金」增加，權益中「業主資本」增加。

借貸法則：資產增加在借方，權益增加在貸方。

帳戶與分錄：T 字帳之現金增加 300,000 元在借方，記入日記簿借方；業主資本增加 300,000 元在貸方，記入日記簿也在貸方。

交易 (2)：12 月 1 日購買辦公設備 150,000 元，付現 50,000，餘款暫欠。

交易分析： 資產中「辦公設備」增加、「現金」減少；負債中「其他應付款」增加。

借貸法則： 資產增加在借方，資產減少在貸方，負債增加在貸方。

帳戶與分錄： T 字帳之辦公設備增加 150,000 元在借方，記入日記簿借方；現金減少 50,000 元及其他應付款增加 100,000 元在貸方，記入日記簿貸方。

交易 (3)：12 月 1 日付一年店面租金 36,000 元。

交易分析： 資產中「預付租金」增加；資產中「現金」減少。

借貸法則： 資產增加在借方；資產減少在貸方。

帳戶與分錄： T 字帳之預付租金增加 36,000 元在借方，記入日記簿借方；現金減少 36,000 元在貸方，記入日記簿貸方。

交易 (4)：12 月 15 日發生管理顧問收入 100,000 元，收現 60,000 元，餘暫欠。

交易分析： 資產中「現金、應收帳款」增加；權益中的「服務收入」增加。

借貸法則： 資產增加在借方；收益增加在貸方。

帳戶與分錄：T 字帳之現金增加 60,000 元、應收帳款增加 40,000 元在借方，記入日記簿借方；服務收入增加 100,000 元在貸方，記入日記簿貸方。

交易 (5)：12 月 18 日償還購買辦公設備欠款部分款 50,000 元。

交易分析： 負債中「其他應付款」減少；資產中「現金」減少。

借貸法則： 負債減少在借方；資產減少在貸方。

帳戶與分錄：T 字帳之其他應付款減少 50,000 元在借方，記入日記簿借方；現金減少 50,000 元在貸方，記入日記簿貸方。

交易 (6)：12 月 21 日向銀行舉借一年期借款 120,000。

交易分析： 資產中「現金」增加，負債中「銀行借款」增加。

借貸法則： 資產增加在借方，負債增加在貸方。

帳戶與分錄：T 字帳中現金增加 120,000 元在借方，記入日記簿借方；銀行借款增加 120,000 元在貸方，記入日記簿也在貸方。

交易 (7)：12 月 25 日收取管理顧問收入欠款 20,000 元。

交易分析： 資產中「現金」增加，資產中「應收帳款」減少。

借貸法則： 資產增加在借方，資產減少在貸方。

帳戶與分錄：T 字帳中現金增加 20,000 元在借方，記入日記簿借方；資產中應收帳款減少 20,000 元在貸方，記入日記簿也在貸方。

交易 (8)：12 月 30 日支付本月薪資 50,000 元、廣告費 10,000 元。

交易分析： 費損中「薪資、廣告費」增加，資產中「現金」減少。

借貸法則： 費損增加在借方，資產減少在貸方。

帳戶與分錄：T 字帳中薪資及廣告費分別增加 50,000 元、10,000 元在借方，記入日記簿借方；資產中現金減少 60,000 元在貸方，記入日記簿也在貸方。

交易 (9)：12 月 31 日業主李振洋自顧問社提取 20,000 元自用。

交易分析： 權益中「業主提取」使資本減少，資產中「現金」減少。

借貸法則： 權益減少在借方，資產減少在貸方。

帳戶與分錄：T 字帳中業主提取 20,000 元在借方，記入日記簿借方；資產中現金減少 20,000 元在貸方，記入日記簿也在貸方。

2. 簡式日記簿：

	XX 年 月	日	會計項目	借方金額	貸方金額
交易 (1)	12	1	現金	(1) 300,000	
			業主資本		(1) 300,000
交易 (2)		1	辦公設備	(2) 150,000	
			現金		(2) 50,000
			其他應付款		(2) 100,000
交易 (3)		1	預付租金	(3) 36,000	
			現金		(3) 36,000
交易 (4)		15	現金	(4) 60,000	
			應收帳款	(4) 40,000	
			服務收入		(4) 100,000
交易 (5)		18	其他應付款	(5) 50,000	
			現金		(5) 50,000
交易 (6)		21	現金	(6) 120,000	
			銀行借款		(6) 120,000
交易 (7)		25	現金	(7) 20,000	
			應收帳款		(7) 20,000
交易 (8)		30	薪資費用	(8) 50,000	
			廣告費用	(8) 10,000	
			現金		(8) 60,000
交易 (9)		31	業主提取	(9) 20,000	
			現金		(9) 20,000

3. 分類帳：

現　　金	
(1) 300,000	(2) 50,000
(4) 60,000	(3) 36,000
(6) 120,000	(5) 50,000
(7) 20,000	(8) 60,000
	(9) 20,000
餘額$284,000	

應收 帳款	
(4) 40,000	(7) 20,000
餘額$20,000	

預付 租金	
(3) 36,000	

辦公 設備	
(2) 150,000	

其他 應付款	
(5) 50,000	(2) 100,000
	餘額$50,000

銀行 借款	
	(6) 120,000

業主 資本	
	(1) 300,000

服務 收入	
	(4) 100,000

薪資 費用	
(8) 50,000	

廣告 費用	
(8) 10,000	

業主 提取	
(9) 20,000	

※ 在過去的人工記帳時期，為方便保存會計資訊，常以日記簿、分類帳（T 字帳）來取代第一章介紹的「交易彙總表」。把交易彙總表中的每筆交易以日記簿取代；而每一個會計項目的增減變化則以分類帳（T 字帳）替代。本節為讓初學者易於入門，先以簡易的日記簿、T 字帳來作說明。正式的日記簿、及分類帳詳見第三章。

※ 複式簿記相關法規參考條文
我國商業會計法 第 11 條第 3 項：會計事項之記錄，應用雙式簿記方法為之。
大陸企業會計制度第 9 條：企業的會計記帳採用借貸記帳法。

立即挑戰

( ) 1. 高雄商店收到顧客還款 3,000 元，此時應作交易分錄為：
(A) 借：現金；貸：服務收入 (B) 借：應收帳款；貸：現金
(C) 借：現金；貸：應收帳款 (D) 借：服務收入；貸：現金。

( ) 2. 企業收取顧客現金 $1,000 元時，下述何者正確？
(A) 企業現金增加 1,000 元 (B) 企業權益增加 1,000 元
(C) 企業權益減少 1,000 元 (D) 企業現金餘額不變。

( ) 3. 台北商店收到業主投資現金 600,000 元，此時應作交易分錄為：
(A) 借：現金；貸：服務收入 (B) 借：現金 ；貸：業主投資
(C) 借：現金；貸：應收帳款 (D) 借：服務收入；貸：現金。

( ) 4. 業主自台南商店提走現金 8,000 元自用，此時應作交易分錄為：
(A) 借：服務收入；貸：現金 (B) 借：現金 ；貸：業主提取
(C) 借：業主提取；貸：現金 (D) 借：業主投資；貸：現金。

( ) 5. 台中商店以現金 8,000 元支付廣告費，此時應作交易分錄為：
(A) 借：廣告費用；貸：現金 (B) 借：現金 ；貸：廣告費用
(C) 借：業主提取；貸：現金 (D) 借：業主投資；貸：現金。

解答 1.(C) 2.(A) 3.(B) 4.(C) 5.(A)

2-3 借貸法則 25 實例

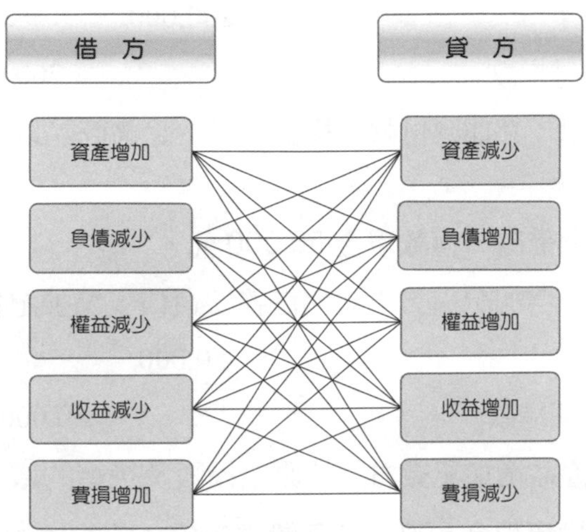

雖然交易發生種類有 25 個類型，但常發生的大約只有 10 種左右，其他是在特殊情況或更正帳務時才會發生。以下舉例說明全部 25 個例子。

＊ 要領：交易發生後先分析受影響項目及其金額，依借貸法則判斷各項目應借記或貸記，然後作成分錄，借方在左、貸方在右。

1. **資產增加記借方、資產減少記貸方：**（現購各項設備、預付款項、或帳款收現等）

(1) **例：以現金購買建築物 900,000 元（或各項資產如：機器設備、運輸設備等）。**

→建築物（資產）增加記借方；現金（資產）減少記貸方。

借：建築物	900,000	
貸：現　金		900,000

(2) **例：以現金預付保險費 90,000 元（或預付租金等）。**

→預付保險費（資產）增加記借方；現金（資產）減少記貸方。

借：預付保險費	90,000	
貸：現　金		90,000

(3) **例：客戶償還先前欠貨款，收入現金 70,000 元。**

→現金（資產）增加記借方；應收帳款（資產）減少記貸方。

借：現　金	70,000	
貸：應收帳款		70,000

2. **資產增加記借方、負債增加記貸方：**（賒購各項設備、賒購商品或舉借款項）

(1) **例：賒購辦公設備 200,000 元（或各項資產如：房屋、機器、運輸設備等）。**

→辦公設備（資產）增加記借方；其他應付款（負債）增加記貸方。

借：辦公設備	200,000	
貸：其他應付款		200,000

(2) **例：賒購商品 200,000 元。**

→商品存貨（資產）增加記借方；應付帳款（負債）增加記貸方。

借：商品存貨　　　　200,000

　　貸：應付帳款　　　　　200,000

※ 賒購辦公設備以「其他應付款」科目入帳；賒購商品以「應付帳款」科目入帳，以示區別。

(3) **例：向銀行短期借款，撥款現金 50,000 元。**

→現金（資產）增加記借方；短期借款（負債）增加記貸方。

借：現 金　　　　50,000

　　貸：短期借款　　　　　50,000

3. **資產增加記借方、權益增加記貸方：**（原始投資及後續的增資）

(1) **例：業主原始投資現金 600,000 元設立商店**（或後續的增資）。

→現金（資產）增加記借方；業主資本（權益）增加記貸方。

借：現 金　　　　600,000

　　貸：業主資本　　　　　600,000

(2) **例：股東投資現金 6,000,000 設立公司組織。**

→現金（資產）增加記借方；股本（權益）增加記貸方。

借：現 金　　　　6,000,000

　　貸：股本　　　　　6,000,000

※ 商店以「業主資本」科目入帳；公司組織以「股本」科目入帳，以示區別。

4. **資產增加記借方，收益增加記貸方：**（各種收入收現）

(1) **例：買賣業銷售商品，收入現金 60,000 元。**

→現金（資產）增加記借方；銷貨收入（收益）增加記貸方。

借：現 金　　　　60,000

　　貸：銷貨收入　　　　　60,000

(2) **例：服務業各種服務收入收現 80,000 元。**

→現金（資產）增加記借方；服務收入（收益）增加記貸方。

借：現 金　　　　80,000

　　貸：服務收入　　　　　80,000

※ 買賣業現銷商品以「銷貨收入」科目入帳；服務業之服務收入收現以「服務收入」科目入帳，以示區別。

5. **資產增加記借方、費損減少記貸方：**（很少發生，係為更正先前的錯誤）

這種型態是下列第 21 型態交易的沖轉或更正分錄，必需是有原交易記錄發生錯誤，進行更正沖回時才可能發生。

例：發放員工薪資費用 100,000 元，錯發成 110,000 元，應予轉正，收回溢付薪資 10,000 元。

原→薪資費用（費損）增加記借方、現金（資產）減少記貸方

原分錄：

借：薪資費用　　　　110,000
　貸：現　金　　　　　　　110,000

更正分錄：

更正→現金（資產）增加記借方、薪資費用（費損）減少記貸方

借：現 金　　　　10,000
　貸：薪資費用　　　　　10,000

※　經過此更正分錄後，薪資費用及現金餘額都等於 100,000 元便正確了。

6. **負債減少記借方，　資產減少記貸方：**（償還各種負債）

這種型態是上述第 2 型負債交易發生後的償債交易。常見於各種負債償還分錄。

(1) **例：現金償還先前賒購辦公設備的欠款 200,000 元。**

→其他應付款（負債）減少記借方，現金（資產）減少記貸方

借：其他應付款　　　　200,000
　貸：現金　　　　　　　　200,000

(2) **例：以現金償還先前向銀行借的 50,000 元。**

→銀行借款（負債）減少記借方，現金（資產）減少記貸方

借：銀行借款　　　　50,000
　貸：現 金　　　　　　　50,000

7. **負債減少記借方、負債增加記貸方：**（以債養債）

這種型態是上述第 2 型負債交易發生後，債務到期無現金可償還，企業便開立票據繼續延期，或將短期負債展期為長期負債等。

(1) **例：先前第 2 型交易中賒購商品存貨 200,000 元已到期。企業開立票據 200,000 元償還前貨欠款。**

→應付帳款（負債）減少記借方，應付票據（負債）增加記貸方

借：應付帳款 200,000

貸：應付票據 200,000

(2) **例：先前第 2 型交易中的短期負債 50,000 元已到期，商請展期為長期負債。**

→短期借款（負債）減少記借方，長期借款（負債）增加記貸方

借：短期借款 50,000

貸：長期借款 50,000

8. **負債減少記借方、權益增加記貸方：**（很少發生）

例：企業臨時無現金可用，業主先以自已的資金代企業償還貨款。

→應付帳款（負債）減少記借方，業主往來（權益）增加記貸方

借：應付帳款 50,000

貸：業主往來 50,000

初學者可將此交易視為下列二個分開交易的合併：

(1) 業主暫時拿出現金給企業非投資並未辦理資本額登記，以「業主往來」入帳

→現金（資產）增加記借方，業主往來（權益）增加記貸方

借：現金 50,000

貸：業主往來 50,000

(2) 企業再以此現金償還貨款

→應付帳款（負債）減少記借方，現金（資產）減少記貸方

借：應付帳款 50,000

貸：現金 50,000

※ 現金科目一借一貸抵銷後就如上列分錄。

9. **負債減少記借方，收益增加記貸方：**（未實現的預收收入實現轉為收入）

原分錄： **王品餐飲出售 100,000 元禮券給消費者。**

→現金（資產）增加記借方，預收收入（負債）增加記貸方

借：現金 100,000

貸：預收收入 100,000

收入實現： 現消費者以禮券前來消費 60,000 元。（參考第三章的調整分錄）

→預收收入（負債）減少記借方，銷貨收入（收益）增加記貸方

借： 預收收入 60,000

貸：銷貨收入 60,000

10. **負債減少記借方，費損減少記貸方：**（很少發生，係為更正先前的錯誤）

例：修車廠開立帳單時誤將乙商店賒欠修理費 10,000 元計入甲商店，而甲商店會計人員未察覺便將此賒欠入帳，現在甲商店會計人員予以轉正。

原分錄：

→修理費（費損）增加記借方， 應付修理費（負債）增加記貸方

借：修理費　　10,000

　　貸：應付修理費　　10,000

沖轉分錄：

→應付修理費（負債）減少記借方， 修理費（費損）減少記貸方

借：應付修理費　　10,000

　　貸：修理費　　10,000

※　本類型指的是沖轉分錄非原分錄。

11. **權益減少記借方，資產減少記貸方：**（獨資業主提取、公司發放股利或減資）

(1) **例：獨資業主自企業提取現金 7,000 元。**

→業主往來（權益）減少記借方， 現金（資產）減少記貸方

借：業主往來　　7,000

　　貸：現 金　　7,000

(2) **例：公司發放現金股利 70,000 元。**

→股利（權益）減少記借方， 現金（資產）減少記貸方

借：股利　　70,000

　　貸：現 金　　70,000

(3) **例：因景氣不佳，公司決定縮小規模經營並辦理 700,000 元減資登記。**

→股本（權益）減少記借方， 現金（資產）減少記貸方

借：股本　　700,000

　　貸：現 金　　700,000

※　「資本」在不同組織所使用會計項目不同，獨資企業為「業主資本」，合夥企業為「合夥人資本」，公司組織為「股本」，以示區別。

12. **權益減少記借方，負債增加記貸方：**（少發生）

例：業主自用別墅裝潢費 20,000 元，由商號開立一個月期支票代付。

→業主往來（權益）減少記借方， 應付票據（負債）增加記貸方

借：業主往來　　20,000

　　貸：應付票據　　20,000

在此交易中，票據用於支付業主個人裝潢費，由於此係其私人費用，與商號無關，根據「企業個體假設」不可記為商店的裝修費，應視為業主個人在商店的臨時資金提取。

※ 根據公司法第 15 條規定：公司之資金，除有左列各款情形外，不得貸與股東或任何他人：

一、公司間或與行號間有業務往來者。

二、公司間或與行號間有短期融通資金之必要者。

※ 故在公司組織之股東不可能自公司提取，「股東往來」科目少發生。

13. **權益減少記借方，權益增加記貸方：**（臨時性資本或盈餘轉永久性資本）

(1) **例：臨時性資本業主往來 10,000 元，經辦理變更登記轉為永久性資本。**

→業主往來（權益）減少記借方，業主資本（權益）增加記貸方

借：業主往來　　10,000

　貸：業主資本　　　10,000

(2) **例：公司將保留盈餘轉增資 100,000 元。**

→保留盈餘（權益）減少記借方，普通股股本（權益）增加記貸方

借：保留盈餘　　10,000

　貸：普通股股本　　　10,000

14. **權益減少記借方，收益增加記貸方：**（少發生）

例：商號的銷貨收入 4,000 元現金，由業主私人收取使用。

→業主往來（權益）減少記借方，銷貨收入（收益）增加記貸方

借：業主往來　　4,000

　貸：銷貨收入　　　4,000

初學者可將此交易視為下列二個分開交易的合：

(1) 商號銷貨收入 4,000 元收現。

→現金（資產）增加記借方，銷貨收入（收益）增加記貸方

借：現金　　4,000

　貸：銷貨收入　　　4,000

(2) 業主將 4,000 元現金提回自用。

→業主往來（權益）減少記借方，現金（資產）減少記貸方

借：業主往來　　4,000

　貸：現金　　　4,000

根據「企業個體假設」商號的銷貨收入是屬於企業非業主個人的收入，此交易應視為業主個人從商店提回現金。

15. **權益減少記借方，費損減少記貸方：**（少發生）

例：將業主私人的水電費，誤記為企業的水電費 1,000 元，現作更正分錄。

原分錄：

→水電費（費損）增加記借方， 現金（資產）減少記貸方

借：水電費	1,000	
貸：現金		1,000

轉正分錄：

→業主往來（權益）減少記借方， 水電費（費損）減少記貸方

借：業主往來	1,000	
貸：水電費		1,000

根據「企業個體假設」業主個人的水電費不可入帳為商號水電費，此交易應視為業主個人從商店提回現金支付私人費用。※ 本類型指的是沖轉分錄而非原分錄。

16. **收益減少記借方，資產減少記貸方：**（很少發生，係為更正先前的錯誤）

例：房仲業原佣金收入 10,000 元，誤收成 13,000 元，故退回現金 3,000 元。

原分錄：

→現金（資產）增加記借方， 佣金收入（收益）增加記貸方

借：現 金	13,000	
貸：佣金收入		13,000

轉正分錄：

→佣金收入（收益）減少記借方， 現金（資產）減少記貸方

借：佣金收入	3,000	
貸：現 金		3,000

※ 本類型指的是轉正分錄非原分錄。

17. **收益減少記借方，負債增加記貸方：**（很少發生，係為更正先前的錯誤）

例：沿用前例 -- 溢收的佣金 3,000 元未退現金，而是以一個月期支票償付。

→佣金收入（收益）減少記借方， 應付票據（負債）增加記貸方

借：佣金收入	3,000	
貸：應付票據		3,000

18. **收益減少記借方，權益增加記貸方：**（很少發生）

例：沿用前例 -- 溢收佣金 3,000 元，因臨時無現金可退還，暫由業主代償。

→佣金收入（收益）減少記借方， 業主往來（權益）增加記貸方

借：佣金收入　　3,000

　　貸：業主往來　　　　3,000

初學者可將此交易視為下列二個分開交易的合：

(1) 業主將 3,000 元現金墊借給商號。

→現金（資產）增加記借方， 業主往來（權益）增加記貸方

借：現金　　3,000

　　貸：業主往來　　　　3,000

(2) 商號將業主將溢收佣金收入 3,000 元退回給顧客。

→佣金收入（收益）減少記借方， 現金（資產）減少記貸方

借：佣金收入　　3,000

　　貸：現金　　　　3,000

19. **收益減少記借方，收益增加記貸方：**（很少發生，係為更正先前的錯誤）

例：電器行誤將修理電器收入記為出售電器用品的銷貨收入，應予轉正。

轉正分錄：

→銷貨收入（收益）減少記借方， 修理費收入（收益）增加記貸方

借：銷貨收入　　2,000

　　貸：修理費收入　　　　2,000

20. **收益減少記借方，費損減少記貸方：**（很少發生）

例：本店向承租本店房屋的商號借款，以利息費用和房租收入相抵。

→房租收入（收益）減少記借方， 利息費用（費損）減少記貸方

借：房租收入　　1,000

　　貸：利息費用　　　　1,000

※ 在會計上資產與負債、收益與費損不得相互抵銷，除非有法定抵銷權者。所謂法定抵銷權最簡單的定義為資產與負債、收益、費損交易雙方為同一對象。否則財務狀況表（傳統稱資產負債表）將資產與負債相抵後只要表示權益即可；而綜合損益表將收益與費損相抵後只表示一個淨利數字，那財務報表就沒有參考價值。

※ 有關資產與負債、收益與費損之法定抵銷權的相關法規
國際會計準則第 1 號「財務報表之表達」(IAS 1) 第 32 段：企業不得將資產與負債或收益與費損互抵，但國際財務報導準則另有規定或允許者不在此限。 第 33 段：企業應分別報導資產與負債，以及收益與費損。除互抵方可反映交易或其他事項之實質者外，綜合損益表、財務狀況表或單獨損益表 (如有列報時) 中互抵，將降低使用者了解已發生交易、其他事項及情況之能力以及評估企業未來現金流量之能力。以扣除備抵評價項目 (例如存貨之備抵過時損失及應收帳款之備抵呆帳) 後之淨額衡量資產並非互抵。
大陸企業會計準則 30 號第 7 條：財務報表中的資產項目和負債項目的金、收入項目和費用項目的金額不得相互抵，但其他會計準則另有規定的除外。

21. **費損增加記借方，資產減少記貸方：**（以現金支付各項費用）

例：企業以現金支付廣告費 2,800 元（或支付薪資費用、郵電費、水電費等。）

→廣告費（費損）增加記借方， 現金（資產）減少記貸方

	借	貸
借：廣告費	2,800	
貸：現金		2,800

22. **費損增加記借方，負債增加記貸方：**（賒欠各項費用）

例：賒欠維修廠汽車修理費 3,500 元（或賒欠薪資費用、郵電費、水電費等。）

→修理費（費損）增加記借方， 應付修理費（負債）增加記貸方

	借	貸
借：修理費	3,500	
貸：應付修理費		3,500

23. **費損增加記借方，權益增加記貸方**（少發生）

例：企業臨時無現金支付保險費，暫由業主代墊保險費 4,000 元。

→保險費（費損）增加記借方， 業主往來（權益）增加記貸方

	借	貸
借：保險費	4,000	
貸：業主往來		4,000

初學者可將此交易視為下列二個分開交易的合：

(1) 業主將 4,000 元現金墊借給商號。

→現金（資產）增加記借方， 業主往來（權益）增加記貸方

	借	貸
借：現金	4,000	
貸：業主往來		4,000

(2) 商號將 4,000 元現金支付保險費。

→保險費（費損）增加記借方，現金（資產）減少記貸方

借：保險費　　4,000

　貸：現金　　　4,000

24. **費損增加記借方，收益增加記貸方：**（很少發生）

例：企業有佣金收入 2,500 元與需支付廣告費 2,500 元，因是同一交易對象，兩者相抵（請參考前 20 例敘述的相關法規）。

→廣告費（費損）增加記借方，佣金收入（收益）增加記貸方

借：廣告費　　2,500

　貸：佣金收入　　2,500

25. **費損增加記借方，費損減少記貸方：**（很少發生，係為更正先前的錯誤）

例：經查誤將水電費 500 元記為郵電費，現予以轉正。

轉正分錄：

→水電費（費損）增加記借方，郵電費（費損）減少記貸方

借：水電費　　500

　貸：郵電費　　500

立即挑戰

(　　) 1. 海角七號上映後廣受好評，電影公司為了滿足影迷典藏海角七號 DVD 之願望，在 DVD 製作期間中，就讓影迷們提前預購。請問電影公司在收到影迷預購 DVD 所支付的 50,000 元現金時，會計分錄應為何？

(A) 現金　50,000
　預收貨款　50,000

(B) 現金　50,000
　銷貨收入　50,000

(C) 預收貨款　50,000
　現金　50,000

(D) 不作分錄。

(　　) 2. 企業員工本月薪資 10,000 元於下月 10 日公司才以現金支付，則本月底的財務報表上有關員工本月薪資的分錄何者正確？

(A) 薪資費用　10,000
　現金　10,000

(B) 現金　10,000
　薪資費用　10,000

(C) 薪資費用　10,000
　應付薪資　10,000

(D) 應付薪資　10,000
　現金　10,000

( ) 3. 業主為企業墊付郵電費 10,000 元時應借記：

(A) 郵電費 10,000
　　現金 10,000

(B) 郵電費 10,000
　　業主往來 10,000

(C) 郵電費 10,000
　　應付郵電費 10,000

(D) 郵電費 10,000
　　業主資本 10,000

( ) 4. 東山商店的會計人員於 5 月 21 日，發現 5 月 11 日付現的廣告費用 $1,000 誤記為租金費用 $1,000。若該分錄已完成過帳，請問會計人員應如何更正？

(A) 作更正分錄，借記廣告費用 $1,000，貸記租金費用 $1,000

(B) 作更正分錄，借記租金費用 $1,000，貸記廣告費用 $1,000

(C) 作更正分錄，借記業主資本 $1,000，貸記廣告費用 $1,000

(D) 作更正分錄，借記租金費用 $1,000，貸記業主資本 $1,000

( ) 5. 賒銷商品 10,000 元，其分錄為：

(A) 借記商品 $10,000，貸記銷貨收入 $10,000

(B) 借記應收帳款 $10,000，貸記銷貨收入 $10,000

(C) 借記應付帳款 $10,000，貸記銷貨收入 $10,000

(D) 借記銷貨收入 $10,000，貸記應收帳款 $10,000。

( ) 6. 提供服務收入 12,000 元，其中收現 10,000 元，餘暫欠。其分錄為？

(A) 借記商品 $12,000，貸記銷貨收入 $12,000

(B) 借記應收帳款 $12,000，貸記銷貨收入 $12,000

(C) 借記現金 $12,000，貸記銷貨收入 $12,000

(D) 借記現金 $10,000、應收帳款 $2,000，貸記銷貨收入 $12,000。

( ) 7. 預付保險費 5,000 元，其分錄為：

(A) 借記保險費 5,000 元，貸記現金 $5,000

(B) 借記預付保險費 5,000 元，貸記現金 $5,000

(C) 借記預收保險費 5,000 元，貸記現金 $5,000

(D) 借記現金 $5,000，預付保險費 5,000 元。

解答 1.(A) 2.(C) 3.(B) 4.(A) 5.(B) 6.(D) 7.(B)

■ 專有名詞中英文對照表

T 字帳	T Account
借餘	Debit Balance
借貸法則	Rules of Debit and Credit
日記簿	Journal
交易	Transaction
商業會計法	Business Entity Accounting Law
帳戶	Account
貸餘	Credit Balance
正常餘額	Normal Balance
分類帳	Ledger
分錄	Journal Entries

本章習題 Questions

一、中和洗衣店於 2015 年 11 月 1 日成立，11 月份完成下列各項交易：

11/01	黃麗萍投資現金 300,000 元，設立中和洗衣店
11/01	購買洗衣設備 360,000 元，付現 110,000 元，餘 250,000 元開立 3 個月期支票支付，利率 3%。該設備耐用年限 5 年。
11/08	洗衣收入 100,000 元，暫欠
11/12	賒購一年份洗衣物料 50,000 元
11/14	收取洗衣收入帳款 70,000 元
11/15	支付當月薪資 60,000 元、當月租金費用 50,000 元。
11/20	洗衣收入收現 120,000 元，
11/30	業主提取現金 10,000 元

試作：(1) 日記簿分錄及 (2)T 字帳。並利用 T 字帳餘額編製 (3)11 月份的綜合損益表、(4) 權益變動表及 (5)11 月 30 日的財務狀況表。

二、業主張三於 1 月初投資成立張三洗車中心，1 月份相關交易如下：

1 月 1 日	張三以現金投資 300,000 元設立張三洗車中心。
5 日	向銀行貸款 100,000 元現金。
10 日	購買土地 100,000 元及房屋 200,000 元，共付現 300,000 元。
15 日	洗車收入收現 200,000 元。
20 日	支付辦公室水電費 50,000 元。
25 日	支付員工薪資費用 40,000 元。
30 日	張三自企業提取 50,000 元。

根據上列交易試作相關分錄。

三、下列係大仁貨運行 2015 年 12 月份相關交易：

12/1	王大仁投資現金 1,000,000 元，設立大仁貨運行。
12/1	投保一年房屋火險，預付保險費 3,600 元。
12/1	購買運貨卡車 800,000 元，付現 400,000 元餘欠。
12/11	將房屋之一部分出租，預收三個月租金 90,000 元。
12/12	現購供本月份使用的文具用品 2,000 元。
12/14	支付本月份水電費 4,000 元。
12/15	運費收入 160,000 元，收現 40,000 元餘欠。
12/16	支付本月份郵電費 3,000 元。
12/18	支付本月份旅費 3,600 元。

12/20　支付卡車欠款之半數，計 200,000 元。

12/20　王大仁提取 10,000 元現金自用。

12/25　收到 15 日運費欠款之半數，計 60,000 元。

12/26　現付本月份電話費 40,000 元。

12/31　支付本月份員工薪資　300,000 元。

12/31　運費收入 250,000 元，收現 150,000 元，餘欠。

試作：上列交易之分類帳。

四、請辨別下列會計項目之正常餘額為借方或貸方？

會計項目	借方餘額	貸方餘額	會計項目	借方餘額	貸方餘額
應收帳款			業主資本		
預付租金			業主提取		
存貨			銷貨收入		
土地			勞務收入		
運輸設備			利息收入		
應付票據			處分資產利益		
應付稅捐			銷貨成本		
應付薪資			薪資費用		
預收收入			租金費用		
銀行借款			處分資產損失		

五、下列是某商號在本月所發生的 11 個交易，請以借貸 25 法則分析之。

交易類型	借方	貸方
1.　資本主投資現金 300,000 元	資產增加	權益增加
2.　現購房屋 500,000 元		
3.　賒購運輸設備 100,000 元		
4.　預付一年保險費 60,000 元		
5.　服務收入收現 50,000 元		
6.　服務收入賒欠 80,000 元		
7.　償還供應商欠款 50,000 元		
8.　向銀行舉借一年期借款 110,000 元		

交易類型	借方	貸方
9. 應收帳款收現 20,000 元		
10. 支付薪資廣告費 30,000 元		
11. 業主自企業提取 40,000 元自用		

六、請針對下列各種情況各舉一例說明之。

	交易類型
資產增加，權益增加	
權益減少，資產減少	
資產增加，資產減少	
資產增加，負債增加	
負債減少，資產減少	
資產增加，收益增加	
費損增加，資產減少	
費損增加，負債增加	

筆記頁

會計處理程序

學習會計最重要的是要看得懂財務報表，要瞭解財務報表上的數字是怎麼被計算出來的，那就必須先瞭解會計作業。會計作業是過程，財務報表是成果，唯有執行正確、完整的會計作業，才能提高財務報表的可信度。會計作業包含自企業會計交易事項發生起，至財務報表的產生止，其間所經過之處理步驟與工作。

本章將依照會計作業進行的步驟作相關內容的介紹。

本章大綱

3-1 會計處理程序

會計作業處理程序的先後順序如下：

1. 分析一筆交易是否為**會計事項**，為會計處理程序的第一步驟。
2. 確定為會計事項後需取得**原始憑證**，根據審核過的原始憑證編製**記帳憑證**。
3. 按記帳憑證的先後日期以分錄型態登入**日記簿**中。
4. 根據日記簿中所記載的分錄過入**分類帳**中。
5. 至會計期間終了時，將分類帳中各會計項目增減後的餘額彙總至**試算表**。
6. 為了正確計算損益，真實反映企業財務狀況，期末時應按權責基礎制，對一些跨會計期間的應計、預計及估計等帳項進行**調整**並編製調整後試算表。
7. 根據調整後試算表編製**財務報表**（財務狀況表、綜合損益表、權益變動表、現金流量表等）。
8. 按報導期間別（通常為一年）作期末**結帳**（又稱結算或決算），並作下期**開帳**。

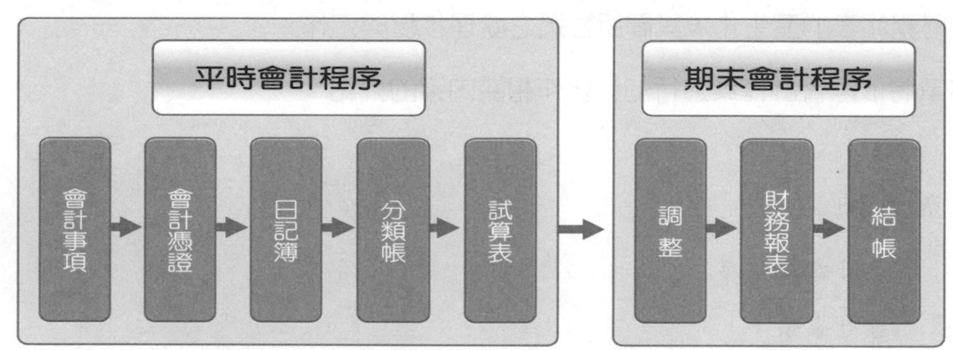

圖 3-1　會計處理程序

每一報導期間之會計工作，皆包含分錄、過帳、試算、調整、編表及結帳等程序，週而復始每期循環一次，一個期間的結束即為下一期間的開始，就如同一年四季循環一樣，故又稱為會計循環。其中至試算表為止的會計工作稱為平時會計處理程序，調整之後的工作則稱為期末會計處理程序。而結帳可於財務報表編製前先行處理，亦可在編製財務報表後再行處理，因此財務報表之編製與結帳工作之先後程序具有選擇性。

※ 有關會計處理程序定義相關法規
我國商業會計法第 2 條：本法所稱商業會計事務之處理，係指商業從事會計事項之辨認、衡量、記載、分類、彙總，及據以編製財務報表。 **我國商業會計法**第 33 條：非根據真實事項，不得造具任何會計憑證，並不得在會計帳簿表冊作任何記錄。
大陸會計法第 9 條：各單位必需根據實際發生的經濟業務事項進行會計核算，填製會計憑證，登記會計賬簿，編製財務會計報告。任何單位不得以虛假的經濟業務事項或者資料進行會計核算。 ※ 大陸將會計處理程序稱為「會計程式」。

美國會計學會對會計的定義為：會計是對經濟資料的認定、紀錄（或衡量）與溝通的程序，以協助資料使用者做審慎的判斷與決策。

1. 認定：對交易提供相關憑證報表
2. 紀錄：以系統方法序時入帳
3. 溝通：編製報表傳遞給相關使用人

※ 雖然我國、大陸、美國對會計程序的定義，用字不全相同，但意義卻是相通的。

立即挑戰

(　　) 1. 會計是指企業對特定經濟個體發生的經濟事項給予： (A) 觀察、衡量、記錄 (B) 辨認、衡量、彙整 (C) 辨認、記錄、溝通 (D) 觀察、衡量、溝通 的一種服務性活動。

(　　) 2. 試問會計處理程序的先後處理程序順序為何？ (A) 分錄→過帳→試算→調整→編表→結帳 (B) 試算→分錄→調整→過帳→編表→結帳 (C) 過帳→分錄→調整→編表→試算→結帳 (D)分錄→過帳→試算→結帳→編表→調整。

(　　) 3. 一般會計處理程序包括：分錄、過帳、試算、調整、編表與結帳等六個階段，其中屬於平時的會計工作為： (A) 分錄、過帳與試算 (B) 調整、編表與結帳 (C) 分錄、過帳與調整 (D) 分錄、過帳與編表。

(　　) 4. 期末會計程序包括： (A) 分錄、過帳及試算 (B) 分錄、試算及調整 (C) 調整、結帳及編表 (D) 試算、調整及結帳。

解答 1.(C)　2.(A)　3.(A)　4.(C)

3-2 會計事項

區分交易是否為會計事項是會計帳務處理的重要前題。一般交易之定義為企業與外界的互易行為，例如：以現金購買土地。但會計學上交易的範圍較一般觀念為廣，**凡使資產、負債或權益發生增減變動的財務事項均屬之**。例如現金購買機器設備是為會計之交易事項；但如自有機器設備，因使用消耗使得價值減少所提列的折舊，雖未與外界互易但能讓資產、負債及權益發生增減變化，亦為會計上的交易事項。

3-2-1 會計事項之種類

1. 按交易形態分類：

(1) **交易事項：**或稱外部交易，指涉及企業本身以外之人的會計事項，又分有相對給付的事項如購貨及銷貨；無相對給付的事項如接受外界捐贈。此類型交易因有外界參與，其所取的會計憑證可信度較高。另外如支付員工薪資、業主的投資等，在「企業是獨立的個體」之假設下已經涉及「外部」個體，因此與企業的員工、業主或股東之間的交易視為對外的交易。

(2) **非交易事項：**或稱內部交易，指不涉及企業本身以外之人的會計事項，又分外部發生的「天然災害」如水災、火災；內部發生的期末各「調整」事項如折舊的提列。此類型交易因無外界參與，其所取的會計憑證可信度較低。例如：天然災害的損失如何估計、憑證如何取得？又如設備要提列折舊，涉及設備使用年限的估計，是一種較主觀的認定。

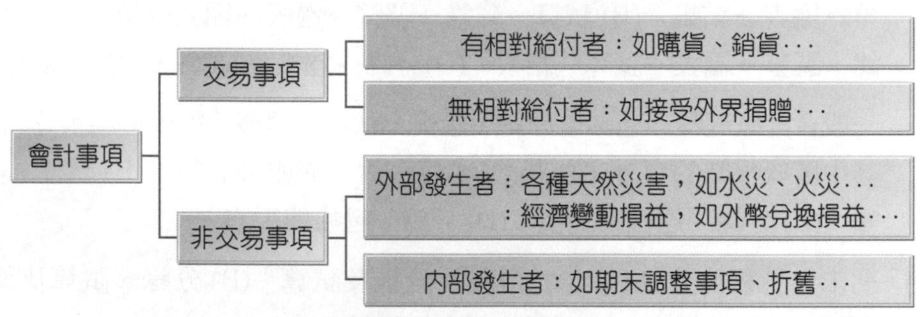

圖 3-2　會計事項的分類

2. 按是否有現金分類：

(1) **現金交易：**凡一交易收付之任何一方，有現金之收支者，稱為現金交易。如現購商品、現銷商品等。

(2) **非現金交易：**凡一交易之任何一方，均無現金之收支者稱之，如賒購商品、賒銷商品等。非現金交易又稱為轉帳交易。此轉帳交易為會計學上的定義，與銀行帳戶間的轉帳定義是不同。

(3) **混合交易：**凡交易之任何一方，同時含有現金與非現金兩種科目者稱之，如進貨時付出一部分現金其餘賒欠等；或銷貨時，一部分收現其餘賒欠。

3. 依交易內容分：

(1) **簡單交易：**交易借貸雙方均只有一個會計項目，如現金購買商品。

(2) **複雜交易：**交易借貸之任何一方有一個會計項目以上者，如購買商品，部分付現、部分賒欠。

不論交易的種類為何，只要是交易會使企業之資產、負債或權益發生增減變化即為會計上的交易事項。然而，**不論會計交易如何變化都不影響會計方程式的平衡，即使企業經營產生虧損，會計方程式依然平衡。**

※ 有關會計事項認定的相關法規
我國商業會計法第 11 條第 1 及第 2 項：凡商業之資產、負債、權益、收益及費損發生增減變化之事項，稱為會計事項。 會計事項涉及商業本身以外之人，而與之發生權責關係者，為對外會計事項；不涉及商業本身以外之人者，為內部會計事項。
大陸會計法第 10 條：下列經濟業務事項，應當辦理會計手續，進行會計核算： 1. 款項和有價證券的收付； 2. 財物的收發、增減和使用； 3. 債權債務的發生和結算； 4. 資本、基金的增減； 5. 收入、支出、費用、成本的計算； 6. 財務成果的計算和處理； 7. 需要辦理會計手續、進行會計核算的其他事項。 ※ 大陸會計法第 10 條雖未像我國會計事項明文規定：凡商業之資產、負債、權益、收益及費損發生增減變化之事項；但大陸會計法第 10 條的「經濟業務事項」，其 1-7 項內容，也正是我國資產、負債、權益、收益及費損的內容。 **大陸會計法**第 25 條：公司、企業必需根據實際發生的經濟業務事項，按照國家統一的會計制度的規定確認、計量和記錄資產、負債、所有者權益、收入、費用、成本和利潤。

釋例 3-1

請區分下列交易是否為會計上的交易事項，及應在那一個日期入帳？

1. 2015/12/25 簽訂一個次月交貨的訂單，訂單金額 100,000 元，並於 2016/1/5 收訂金 20,000 元。
2. 2015/12/20 新聘一位員工，約定年薪 500,000 元，自 2016/1/1 開始上班。2016/1/10 該員工因家裡急需資金，先向公司預支薪資 30,000 元。
3. 2015/11/1 與銀行簽定透支契約，透支額度 200,000 元。於 2015/12/5 向銀行透支 50,000 元。
4. 2015/10/6 賒購一台電腦 200,000 元，2015/11/7 支付現金 200,000 元。

解 ▷▷

(1) 2015/12/25 收到銷貨訂單當天只簽約並未收取任何訂金，因此當天並不會影響資產、負債及權益之增減變化，所以不必作任何會計處理。但 2016/1/5 收訂當天，企業資產中的現金應增加 20,000 元，負債中的預收貨款應增加 20,000 元。若入帳日期錯誤，將導致 2015 年及 2016 年財務報表金額虛增或虛減。

(2) 2015/12/20 新聘員工及 2016/1/1 正式上班當天，此二日期發生之事項均不影響企業資產、負債及權益之增減變化，所以不必作任何會計處理。但 2016/1/10 預支薪資當天，企業資產中的預付薪資應增加 20,000 元、現金應減少 20,000 元。若入帳日期錯誤，將導致 2015 年及 2016 年財務報表金額虛增或虛減。

(3) 2015/11/1 與銀行簽定透支契約當天並不會影響企業資產、負債及業主權益之增減變化，所以不必作任何會計處理。但 2015/12/5 當天，企業資產中的現金應增加 50,000 元，負債中的銀行借款應增加 50,000 元。若入帳日期錯誤，將導致 2015 年 11 月及 12 月的月報表金額虛增或虛減。

(4) 根據商業會計法第 59 條規定營業收入應於交易完成時認列。採用權責發生制之商業，其交易完成係指交付貨品或提供勞務完畢之時而言。故 2015/10/6 賒購電腦當天，企業資產中的辦公設備應增加 200,000 元，負債中的其他應付款應增加 200,000 元。2015/11/7 資產中的現金應減少 200,000 元，負債中的其他應付款應減少 200,000 元。若入帳日期正確，則 2015 年 10 月及 11 月的月報表金額都正確。

釋例 3-2

山陽企業發生下表之交易，說明每一個交易形態、交易是否含現金、交易內容？

解 ▷▷

交易事項	交易形態	是否含現金	交易內容
1. 資本主投資現金 300,000 元	外部交易	現金交易	簡單交易
2. 購買設備付現 50,000 元賒欠 100,000 元	外部交易	混合交易	複雜交易
3. 支付薪資 50,000 元。	外部交易	現金交易	簡單交易
4. 顧問收入收現 60,000 元賒欠 40,000 元	外部交易	混合交易	複雜交易
5. 賒購商品 50,000 元	外部交易	轉帳交易	簡單交易
6. 向銀行舉借一年期借款 120,000 元	外部交易	現金交易	簡單交易
7. 收取管理顧問收入欠款 20,000 元	外部交易	現金交易	簡單交易
8. 辦公設備提列折舊 2,000 元	內部交易	轉帳交易	簡單交易
9. 清點存貨短少 20,000 元。	內部交易	轉帳交易	簡單交易

3-3 會計憑證

3-3-1 會計憑證的意義

會計憑證係指商業之部門在運作過程中能證明其會計事項之文件。其功能除了證明會計事項之經過外，還能表明處理人員的責任。故商業對會計事項之發生，**應取得或給予足供證明之會計憑證**，以作為帳簿記錄及事後驗證之依據。

※ 有關會計憑證定義之相關法規
我國商業會計法第 14 條：會計事項之發生，均應取得、給予或自行編製足以證明之會計憑證。
大陸會計法第 15 條：會計賬簿登記，必須以經過審核的會計憑證為依據，並符合有關法律、行政法規和國家統一的會計制度的規定。

3-3-2 會計憑證之種類

例如你是企業的職員至賣場採購辦公用品，或開公務車去加油，你該如何証明這項交易？發票或收據就是證明交易事項經過之「原始憑證」。但有發票或收據就可入帳嗎？根據第一章所提「企業個體假設」，你如何證明這是企業的交易而非你私人開支，你如何證明是被企業授意採購、或是因公而報支的加油費？因此會根據原始憑證來編製「記帳憑證」：上面記錄各相關人員核准簽章以明示各經辦人員之責任。記帳憑證即我國所稱之傳票。故會計憑證分為**原始憑證**與**記帳憑證**二種。

※ 有關會計憑證種類的相關法規
我國商業會計法第 15 條：商業會計憑證分下列二類： 1. 原始憑證：證明會計事項之經過，而為造具記帳憑證所根據之憑證。 2. 記帳憑證：證明處理會計事項人員之責任，而為記帳所根據之憑證。
大陸會計法第 14 條：會計憑證包括原始憑證和記賬憑證。辦理本法第十條所列的經濟業務事項，必須填製或者取得**原始憑證**並及時送交會計機構。會計機構、會計人員必須按照國家統一的會計制度的規定對原始憑證進行審核，對不真實、不合法的原始憑證有權不予接受，並向單位負責人報告；對記載不准確、不完整的原始憑證予以退回，並要求按照國家統一的會計制度的規定更正、補充。原始憑證記載的各項內容均不得塗改；原始憑證有錯誤的，應當由出具單位重開或者更正，更正處應當加蓋出具單位印章。原始憑證金額有錯誤的，應當由出具單位重開，不得在原始憑證上更正。**記帳憑證**應當根據經過審核的原始憑證及有關資料編製。

(一)原始憑證

1. 定義：原始憑證係企業發生交易時產生的文件，主要功能在證明交易的經過，記明相關人員的責任。所以交易發生時，企業應取得、給予或自行編製足以證明的書面資料，做為記帳和事後驗證之依據。常見者有發票、收據及合約等。
2. 原始憑證種類：依其取得來源分為下列三種：外來憑證、對外憑證和內部憑證。
   (1) **外來憑證：**係取自於企業外的他人之憑證，例如：購物時取得的進貨發票及收據。
   (2) **對外憑證：**企業給予他人之憑證，例如給予客戶之銷貨發票及收據。
   (3) **內部憑證：**企業因取得憑證不易，如出差搭計程車未取得司機之收據、或無法取得憑證如按估計使用年限提列折舊的分攤表等，而由企業本身自行製存之憑證。企業會計部門通常會設計制式表格引導報銷人員填寫，例如：存貨清點單、員工出勤表、請購單及領料單、出差旅費報告單等。

表 3-1　原始憑證之種類

種類	外來憑證	對外憑證	內部憑證
來源	來自他企業	本企業發給他企業	企業製作供內部使用
例子	1. 購貨所取得的進貨發票、收據 2. 付款後取得的收據例如水電費收據 3. 收自他人向本企業借款所開立的借據 4. 顧客退回商品所出具的退貨單 5. 顧客開來的訂購單	1. 銷貨所開立之發票、收據 2. 收款後給予對方的收據例如收取租金收入 3. 向銀行或他人借款所簽發的借據 4. 退回商品給供應商的退貨單 5. 開給供應商的訂購單	1. 請購單 2. 領料單 3. 出差旅費報告單 4. 存貨清點單 5. 薪資印領清冊

所有會計記錄一定要有憑證，對於無法取得原始憑證之會計事項，依商業會計法第19條第3項規定：商業負責人得「令經辦及主管該事項之人員，分別或共同證明。」由此可知，會計係以記錄真實經濟活動為原則，縱然無法取得或遺失原始憑證，仍應詳實記載內容，由商業負責人或其指定之人員簽名或蓋章，憑以記帳。惟企業會計上若有太多的內部會計憑證，將降低其會計資訊的可信度。

※ 原始憑證之證據力強弱為：外來憑證（最強）＞對外憑證＞內部憑證（最弱）。

※ 有關會計原始憑證的相關法規：
我國商業會計法第 16 條：原始憑證，其種類規定如下： 1. 外來憑證：係自其商業本身以外之人所取得者。 2. 對外憑證：係給與其商業本身以外之人者。 3. 內部憑證：係由其商業本身自行製存者。 **我國商業會計法**第 19 條：對外會計事項應有外來或對外憑證；內部會計事項應有內部憑證以資證明。 原始憑證因事實上限制無法取得，或因意外事故毀損、缺少或滅失者，除依法令規定程序辦理外，應根據事實及金額作成憑證，由商業負責人或其指定人員簽名或蓋章，憑以記帳。 無法取得原始憑證之會計事項，商業負責人得令經辦及主管該事項之人員，分別或共同證明。
大陸會計基礎工作規範第 47 條：各單位辦理本規範第三十七條規定的事項，必須取得或者填製原始憑證，並及時送交會計機構。 **大陸會計基礎工作規範**第 48 條：原始憑證的基本要求是： 1. 原始憑證的內容必須具備：憑證的名稱；填製憑證的日期；填製憑證單位名稱或者填製人姓名；經辦人員的簽名或者蓋章；接受憑證單位名稱；經濟業務內容；數量、單價和金額。 2. 從外單位取得的原始憑證，必須蓋有填製單位的公章；從個人取得的原始憑證，必須有填製人員的簽名或蓋章。自製原始憑證必須有經辦單位領導人或者其指定的人員簽名或者蓋章。對外開出的原始憑證，必須加蓋本單位公章。…

(二) 記帳憑證

1. 定義：記帳憑證係根據原始憑證所編製，傳遞各相關人員簽章，以明示各經辦人員之責任。我國記帳憑證是以傳票的型式出現，主要是因傳票大小規格一致，而原始憑證來自各方有發票、收據及合約等，大小規格不一。將規格不一的原始憑證均摺成與傳票規格一致的大小、進行歸類整理，以支持傳票內容編製的正確性。

   如果會計事務較為簡單或原始憑證已符合記帳需要者，得以原始憑證作為記帳憑證，即所謂的代傳票。例如：銀行業的存款、取款憑單既是銀行的原始憑證也是記帳憑證。**我國商業會計法**第 18 條規定：「若原始憑證已符合記帳需要者，得不另製記帳憑證，而以原始憑證，作為記帳憑證。」

2. 記帳憑證的種類：根據我國商業會計法第 17 條規定「記帳憑證，其種類規定如下：**(1) 收入傳票**；**(2) 支出傳票**；**(3) 轉帳傳票**。前項所稱轉帳傳票，得視事實需要，分為現金轉帳傳票及分錄轉帳傳票。各種傳票，得以顏色或其他方法區別之」。實務上為便於傳票之辨認，通常以紅色印製現金收入傳票，以藍色印製現金支出傳票，轉帳傳票則以黑色印製。

(1) 現金收入傳票

用於記載純現金收入交易之傳票，純現金收入交易係指借方僅有「現金」一個項目交易，**傳票本身就代表借記「現金」**。交易發生時，只需記載交易的貸方項目與金額，貸方金額加總數即等於該筆交易的現金收入總額，以紅色印製。

現金收入傳票 (貸) 中華民國 年 月 日			總數 現收號數	
會計項目	分頁	摘 要	金 額	附單據 張
日 頁		合 計		
核准 會計 覆核 出納 登帳 製單				

(2) 現金支出傳票

用於記載純現金支出交易之傳票，純現金支出交易係指貸方僅有「現金」一個項目交易，**傳票本身就代表貸記「現金」**。交易發生時，只需記載交易的借方項目及金額。借方金額加總數即等於該筆交易的現金支出總額，以藍色印製。

現金支出傳票 (借) 中華民國 年 月 日			總數 現支號數	
會計項目	分頁	摘 要	金 額	附單據 張
日 頁		合 計		
核准 會計 覆核 出納 登帳 製單				

(3) 轉帳傳票

用於記載非現金交易或混合交易。所謂非現金交易係指交易分錄之借方與貸方均不涉及現金項目。**混合交易則指交易分錄之借方或貸方之任一方，同時涉及現金與非現金之項目，以黑色印製。**

轉帳傳票 中華民國 年 月 日 (借方)			(貸方)		總數 轉帳號數	
會計項目	摘 要	金 額	會計項目	摘 要	金 額	附單據 張
合 計			合 計			
經理 核准 會計 覆核 出納 登帳 製單						

完成傳票之記錄後，應將原始憑證黏貼於傳票之後，依時間先後將傳票編號並裝訂成冊，存放於安全之處，並依商業會計法第 38 條規定至少保存 5 年，以方便日後相關人員查考。此外，交易之相關之經辦人員，如：製單、核准、會計、出納等，應分別在傳票上簽章，以便確定其責任並收互相牽制之效。

※ 有關會計記帳款憑證的相關法規：

我國商業會計法第 17 條：記帳憑證，其種類規定如下：
1. 收入傳票。
2. 支出傳票。
3. 轉帳傳票。

前項所稱轉帳傳票，得視事實需要，分為現金轉帳傳票及分錄轉帳傳票。
各種傳票，得以顏色或其他方法區別之。

我國商業會計法第 18 條：商業應根據原始憑證，編製記帳憑證，根據記帳憑證，登入會計帳簿。但整理結算及結算後轉入帳目等事項，得不檢附原始憑證。
商業會計事務較簡或原始憑證已符合記帳需要者，得不另製記帳憑證，而以原始憑證，作為記帳憑證。

我國商業會計法第 36 條第 1 項：會計憑證，應按日或按月裝訂成冊，有原始憑證者，應附於記帳憑證之後。

大陸會計基礎工作規範第 50 條：會計機構、會計人員要根據審核無誤的原始憑證填製記帳憑證。記帳憑證可以分為收款憑證、付款憑證和轉帳憑證，也可以使用通用記帳憑證。

大陸會計基礎工作規範第 51 條：記帳憑證的基本要求是：

1. 記帳憑證的內容必須具備：填製憑證的日期；憑證編號；經濟業務摘要；會計項目；金額；所附原始憑證張數；填製憑證人員、稽核人員、記帳人員、會計機構負責人、會計主管人員簽名或者蓋章。收款和付款記帳憑證還應當由出納人員簽名或者蓋章。

以自製的原始憑證或者原始憑證彙總表代替記帳憑證的，也必須具備記帳憑證應有的項目。…

※ 我國與大陸法的規定都有記帳憑證，只是我國的記帳憑證是以傳票型式出現。

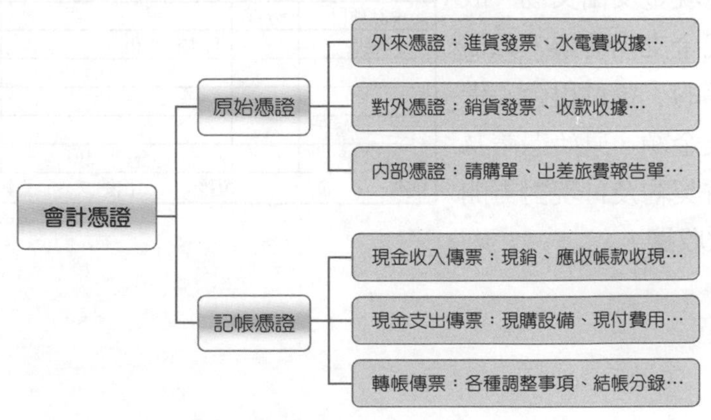

圖 3-3　會計憑證的分類

3-3-3 記帳憑證實例

以第一章振洋管理顧問社為例，各交易應編製的傳票說明如下：

1. 李振洋12月初投資現金300,000元成立振洋管理顧問社，提供管理諮詢服務。

   分析：純現金收入交易，應編製現金收入傳票。只需填入傳票的「業主資本」貸方項目及金額。傳票後附的原始憑證為企業出具給資本主的收款收據或投資成立契約書、在公司組織為入股證明等文件。

振洋管理顧問社
現金收入傳票
中華民國XX年12月 1日
(貸)　　總數 1　現收號數 1

會計項目	分頁	摘　要	金　額	附單據1張
業主資本		李振洋投資	300,000	
日　頁		合　計	300,000	

核准　會計　覆核　出納　登帳　製單

2. 12月1日購買辦公設備150,000元，付現50,000元，餘款暫欠。

   分析：本交易屬混合交易，故應編製轉帳傳票。借方為「辦公設備」，貸方為「現金」及「其他應付款」。此傳票後附的原始憑證為購入設備之發票及付現部分對方所開出的收款收據。

振洋管理顧問社
轉帳傳票
中華民國XX年12月 1日
總數 2　轉帳號數 1

(借方) 會計項目	摘　要	金　額	(貸方) 會計項目	摘　要	金　額	附單據2張
辦公設備	購買辦公設備	150,000	現金	部分付現	50,000	
			其他應付款	部分賒欠	100,000	
合　計		150,000	合　計		150,000	

經理　核准　會計　覆核　出納　登帳　製單

3. 12月1日預付一年店面租金36,000元。

   分析：純現金支出交易，故應編製現金支出傳票。只需填入傳票的「預付租金」借方項目及金額。原始憑證為房屋租賃契約及付現對方開來的收款收據。

振洋管理顧問社
現金支出傳票
中華民國XX年12月01日
(借)　　總數 3　現支號數 1

會計項目	分頁	摘　要	金　額	附單據2張
預付租金		現支一年租金	36,000	
日　頁		合　計	36,000	

核准　會計　覆核　出納　登帳　製單

4. 12 月 15 日 發生管理顧問費收入 100,000 元，其中收現 60,000 元，餘暫欠。

分析：本交易屬混合交易，應編製轉帳傳票。借方為「現金」及「應收帳款」，貸方為「服務收入」。此傳票後附的原始憑證為服務收入開給對方的發票及收現部分開給對方的收據。

振洋管理顧問社
轉帳傳票
中華民國XX年12月15日

總數 4
轉帳號數 2

(借方) (貸方)

會計項目	摘要	金額	會計項目	摘要	金額	附單據2張
現金	部分收現	60,000	服務收入	提供管理服務	100,000	
應收帳款	部分賒欠	40,000				
合計		100,000	合計		100,000	

經理 核准 會計 覆核 出納 登帳 製單

5. 12 月 18 日先償還購買辦公設備欠款部分款 50,000 元。

分析：純現金支出交易，故應編製現金支出傳票。只需填入傳票的「其他應付款」借方項目及金額欄中。原始憑證為設備供應商開來的收款收據。

振洋管理顧問社
現金支出傳票
中華民國XX年12月18日

總數 5
現支號數 2

(借)

會計項目	分頁	摘要	金額	附單據1張
其他應付款		償還部分設備欠款	50,000	
日頁		合計	50,000	

核准 會計 覆核 出納 登帳 製單

6. 12 月 20 日為充實企業營運資金，向銀行舉借一年期借款 120,000 元，利率 3%。

分析：純現金收入交易，故應編製現金收入傳票。只需填入傳票的「銀行借款」貸方項目及金額。傳票後附的原始憑證為銀行借款契約書、收到借入現金的證明文件例如：存款中已入款項之記錄。

振洋管理顧問社
現金收入傳票
中華民國XX年12月20日

總數 6
現收號數 2

(貸)

會計項目	分頁	摘要	金額	附單據1張
銀行借款		舉借一年期借款	120,000	
日頁		合計	120,000	

核准 會計 覆核 出納 登帳 製單

7. 12 月 25 日 收取管理顧問收入欠款 20,000 元。

分析：純現金收入交易，故應編製現金收入傳票。只需填入傳票的「應收帳款」貸方項目及金額。傳票後附的原始憑證為企業出具給顧客的收款收據。

振洋管理顧問社
現金收入傳票
中華民國XX年12月20日

總數 7
現收號數 3

(貸)

會計項目	分頁	摘要	金額	附單據1張
應收帳款		收取顧客部分欠款	20,000	
日頁		合計	20,000	

核准 會計 覆核 出納 登帳 製單

8. 12 月 30 日支付本月薪資 50,000 元、廣告費 10,000 元。

分析：純現金支出交易，故應編製現金支出傳票。只需填入傳票的「薪資」及「廣告費」借方項目及金額。原始憑證為員工薪資簽收單或轉入員工薪資帳戶單據及廣告商出具給本企業的收款收據。

振洋管理顧問社
現金支出傳票
中華民國XX年12月30日

總數	8
現支號數	3

(借)

會計項目	分頁	摘　要	金　額	附單據1張
薪資		支付本月薪資	50,000	
廣告費		支付本月廣告費	10,000	
日　頁		合　計	60,000	

核准　會計　覆核　出納　登帳　製單

9. 12 月 31 日業主李振洋自顧問社提取 20,000 元自用。

分析：純現金支出交易，故應編製現金支出傳票。只需填入傳票的「業主提取」借方項目及金額。原始憑證為業主提取現金的相關證明文件。

振洋管理顧問社
現金支出傳票
中華民國XX年12月31日

總數	9
現支號數	4

(借)

會計項目	分頁	摘　要	金　額	附單據1張
業主提取		業主自企業提取現金	20,000	
日　頁		合　計	20,000	

核准　會計　覆核　出納　登帳　製單

※ 在電腦記帳中，可透過「傳票登錄」作業：根據交易分析挑選傳票種類，若為現金收入傳票，僅輸入貸方項目及金額；若為現金支出傳票，僅輸入借方項目及金額；因為電腦上已設定好「貸」、「借」，使用者無法改變。若為轉帳傳票則需同時輸入借方及貸方項目及金額，且借貸需平衡才可存檔。

在會計項目及摘要的輸入上，系統中有常用項目及摘要供選用，也可自行鍵入內容。

一般會計帳務以電腦處理者，其傳票開立方式可分為下列二種：

1. 人工開立傳票，經呈核後，再輸入電腦。
2. 直接於電腦上輸入傳票資料，由電腦列印出傳票來呈核、存檔。

為避免傳票經呈核確認後，再於資料輸入電腦時發生錯誤，建議採第二種方式，即由電腦列印傳票後呈核。亦可一併將原始憑證黏貼於傳票之後，呈核確認後予以存檔。

■ 3-3-4 會計憑證保存期限

根據我國商業會計法規定各項會計憑證，除應永久保存或有關未結會計事項者外，應於年度決算程序辦理終了後，至少保存五年。以電子媒體方式儲存時保存年限亦同。大陸會計憑證保存年限為 15 年。其相關法規如下：

※ 有關會計憑證保存期限規定的相關法規
我國商業會計法第 38 條第 1 項：各項會計憑證，除應永久保存或有關未結會計事項者外，應於年度決算程序辦理終了後，至少保存五年。 **我國稅捐稽徵機關管理營利事業會計帳簿憑證辦法**第 27 條：營利事業之各項會計憑證，除應永久保存或有關未結會計事項者外，應於會計年度決算程序辦理終了後，至少保存五年。 前項會計憑證，於當年度營利事業所得稅結算申報經主管稽徵機關調查核定後，除應永久保存或有關未結會計事項者外，得報經主管稽徵機關核准後，以縮影機或磁鼓、磁碟、磁片、磁帶、光碟等電子方式儲存媒體，將會計憑證按序縮影或儲存後依前項規定年限保存，其原始憑證得予銷毀。 但主管稽徵機關或財政部指定之調查人員依法進行調查時，如須複印憑證及有關文件，該營利事業應負責免費複印提供。
大陸會計法第 23 條：各單位對會計憑證、會計賬簿、財務會計報告和其他會計資料應當建立檔案，妥善保管。會計檔案的保管期限和銷毀辦法，由國務院財政部門會同有關部門制定。 **大陸會計檔案管理辦法**第 8 條：會計檔案的保管期限分為永久、定期兩類。定期保管期限分為 3 年、5 年、10 年、15 年、25 年 5 類。 會計檔案的保管期限，從會計年度終了後的第一天算起。 **大陸會計檔案管理辦法**第 9 條：本辦法規定的會計檔案保管期限為最低保管期限，各類會計檔案的保管原則上應當按照本辦法附表所列期限執行。 ※ 前述第 9 條附表「會計檔案保管期限表」：因內容繁多，只摘錄其中會計憑證保管期限為 15 年，其餘略。

3-3-5 發票與普通收據在會計費用認列上之差異

企業財務報表的精神為合理表達企業財務狀況及經營成果，故對費用憑證的認列是採核實認列、實報實銷制。但稅法是站在增加稅收以支應公共建設的立場，為避免企業虛列費用，故對費用憑證的認列是有限制的，超過限額部分的憑證不予認定。我國營利事業查核準則第 67 條之規定：「營利事業依本準則規定列支之製造費用及營業費用，如係取得小規模營利事業出具之普通收據，**其全年累計金額以不超過當年度經稽徵機關核定之製造費用及營業費用總額千分之三十為限**，超過部分，不予認定。」稅法會作此規定是因為發票有嚴格管制，其證據公信力較收據強。故站在稅法觀點，企業費用憑證以取得發票為宜。

據**大陸企業所得稅法**的相關規定，企業所得稅稅前扣除的憑證必須合法、有效，發票是企業所得稅扣除的基本憑證。若企業無法取得發票，則需提供能夠證明和企業生產經營有關的真實費用的有效證明。根據大陸營業稅暫行條例實施細則第 19 條規定「合法有效憑證」是指符合國務院稅務主管部門有關規定的憑證，具體包括：(1) 支付給境內單位或者個人的款項，且該單位或者個人發生的行為屬於營業稅或者增值稅征收範圍的，以該單位或者個人開具的發票為合法有效憑證；(2) 支付的行政事業性收費或者政府性基金，以開具的財政票據為合法有效憑證；(3) 支付給境外單位或者個人的款項，以該單位或者個人的**簽收單據**為合法有效憑證，稅務機關對簽收單據有疑義的，可以要求其提供境外公證機構的確認證明；(4) 國家稅務總局規定的其他合法有效憑證」。

※ 雖然財務會計採核實認列、實報實銷，只要有憑證就可認列，但太多的普通收據或內部憑證，不免讓人懷疑其真實性，尤其是**大型的上市、櫃公司會計憑證應以外來憑證的發票為宜，以提供高會計資訊的可信度**。而稅務會計的費用認列即使有憑證但仍有限額的限制，財務會計與稅務會計認定費用不同，但並非外界所謂的內帳及外帳。

※ 有關會計憑證——發票的相關法規
我國加值型及非加值型營業稅法 32 條第 4 項：統一發票，由政府印製發售，或核定營業人自行印製；其格式、記載事項與使用辦法，由財政部定之。 主管稽徵機關，得核定營業人使用收銀機開立統一發票，或以收銀機收據代替逐筆開立統一發票；其辦法由財政部定之。 **我國加值型及非加值型營業稅法** 58 條：為防止逃漏、控制稅源及促進統一發票之推行，財政部得訂定統一發票給獎辦法；其經費由全年營業稅收入總額中提出百分之三，以資支應。
大陸稅收徵收管理法第 21 條：稅務機關是發票的主管機關，負責發票印製、領購、開具、取得、保管、繳銷的管理和監督。 **大陸稅收徵收管理法**第 22 條：增值稅專用發票由國務院稅務主管部門指定的企業印製；其他發票，按照國務院稅務主管部門的規定，分別由省、自治區、直轄市國家稅務局、地方稅務局指定企業印製。 未經前款規定的稅務機關指定，不得印製發票。 **大陸稅收徵收管理法**第 71 條：違反本法第二十二條規定，非法印製發票的，由稅務機關銷毀非法印製的發票，沒收違法所得和作案工具，並處一萬元以上五萬元以下的罰款；構成犯罪的，依法追究刑事責任。

立即挑戰

(　　) 1. 因購買設電腦所取得之統一發票為：　(A) 外來憑證　(B) 內部憑證　(C) 對外憑證　(D) 記帳憑證。

(　　) 2. 下列何者為對外憑證？　(A) 客戶的退貨單　(B) 購貨發票　(C) 銷貨發票　(D) 銀行送金簿存根聯。

(　　) 3. 下列何者為內部憑證？　(A) 購貨發票　(B) 銷貨發票　(C) 付款收據　(D) 員工出差報告單。

( ) 4. 一般企業之會計相關憑證中「水電費收據」我們稱之為何種憑證？ (A) 對外憑證 (B) 內部憑證 (C) 外來憑證 (D) 記帳憑證 。

( ) 5. 目前所使用的統一發票，是屬於 (A) 原始憑證 (B) 記帳憑證 (C) 代用傳票 (D) 內部憑證。

( ) 6. 傳票是我國特有的一種單據，我國傳票種類有幾種？ (A) 收入傳票 (B) 支出傳票 (C) 轉帳傳票 (D) 以上皆是。

( ) 7. 凱旋飯店向櫻花公司購買餐飲設備 $100,000，支付現金 $50,000，餘款開立一個月期票據，此交易應編製哪一種傳票？ (A) 現金支出傳票 (B) 轉帳傳票 (C) 現金收入傳票 (D) 以上皆可。

( ) 8. 凱旋飯店向櫻花公司以現金購買餐飲設備 $100,000 應編製哪種傳票？ (A) 現金支出傳票 (B) 轉帳傳票 (C) 現金收入傳票 (D) 以上皆可。

( ) 9. 凱旋飯店收到顧客住宿現金收入 $50,000，此交易應編製哪一種傳票？ (A) 現金支出傳票 (B) 轉帳傳票 (C) 現金收入傳票 (D) 以上皆可。

( ) 10. 現金收入傳票為： (A) 外來憑證 (B) 對外憑證 (C) 記帳憑證 (D) 內部憑證。

( ) 11. 各項會計憑證，除應永久保存或有關未結會計事項者外，應於年度決算程序辦理終了後，至少保存幾年？ (A)3 年 (B)5 年 (C)10 年 (D)15 年。

( ) 12. 根據營利事業查核準則之規定，製造費用及營業費用，如係取得小規模營利事業出具之普通收據，其全年累計金額以不超過當年度經稽徵機關核定之製造費用及營業費用總額多少為限？ (A) 千分之十 (B) 千分之二十 (C) 千分之三十 (D) 千分之四十。

( ) 13. 商業會計事務較簡或原始憑證已符合記帳需要者，可以原始憑證作為記帳憑證，稱為？ (A) 收入傳票 (B) 支出傳票 (C) 轉帳傳票 (D) 代傳票。

( ) 14. 會計憑證可分為原始憑證與？ (A) 外來憑證 (B) 對外憑證 (C) 內部憑證 (D) 記帳憑證 兩種。

( ) 15. 記帳憑證的功能為： (A) 證明交易之發生及作為記帳分錄 (B) 作為查核帳目之依據 (C) 證明相關人員之責任，發揮內部控制之功能 (D) 以上皆是。

( ) 16. 傳票中，僅填寫借方項目的傳票為： (A) 現金支出傳票 (B) 現金收入傳票 (C) 轉帳傳票 (D) 現金支出傳票與轉帳支出傳票。

( ) 17. 傳票中，僅填寫貸方項目的傳票為： (A) 現金支出傳票 (B) 現金收入傳票 (C) 轉帳傳票 (D) 現金支出傳票與轉帳支出傳票。

(　　) 18. 傳票中，借方項目及貸方項目均需填寫的傳票為： (A) 現金支出傳票 (B) 現金收入傳票 (C) 轉帳傳票 (D) 現金支出傳票與轉帳支出傳票。

(　　) 19. 賒購商品應編製： (A) 現金收入傳票 (B) 現金支出傳票 (C) 轉帳傳票 (D) 以上皆可。

(　　) 20. 現付水電費，應編製： (A) 現金收入傳票 (B) 現金支出傳票 (C) 轉帳收入傳票 (D) 轉帳支出傳票。

解答 1.(A) 2.(C) 3.(D) 4.(C) 5.(A) 6.(D) 7.(B) 8.(A) 9.(C) 10.(C) 11.(B) 12.(C) 13.(D) 14.(D) 15.(C) 16.(A) 17.(B) 18.(C) 19.(C) 20.(B)

3-4 分錄與日記簿

交易發生後，應先取得原始憑證，辨認其交易的性質，並根據借貸法則分析交易所影響的會計項目及金額並且編製記帳憑證（傳票）。再將傳票交易內容依時間順序登入日記簿稱為「登帳」。日記簿係交易發生時最先登入的帳本，故又稱為「原始帳簿」，且是依交易發生時間的先後順序記錄，故又稱「序時簿」。而日記簿上所記載的每筆交易稱之為「分錄」。

根據商業會計法第 34 條規定「會計事項應按發生次序逐日登帳，至遲不得超過兩個月。」

3-4-1 傳票與日記簿並存

一般傳票上已有分錄為何還需將傳票上的分錄登入日記簿呢？原因有二：

1. **日記簿存在之理由：**因為傳票背面常黏貼各式憑證，然原始憑證來自各方，尺寸規格大小不一、數量多寡也不定，常導致資料雜亂、翻閱不易或攜帶不便。故將傳票上的分錄登入日記簿並裝訂成冊，歸檔保存，可方便交易資料之查考。
2. **傳票存在之理由：**因傳票有各相關經辦人員的簽章，可確定各人之責任及收內部牽制之效。這卻是日記簿所沒有的。

故傳票、日記簿有其並存之需要。

3-4-2 日記簿的格式與記法

日記簿的格式內容包括：交易發生的日期、原始憑證或傳票的序號、會計項目或科目、交易的內容摘要、轉記分類帳的頁次、（借、貸方）金額。法規雖未規定日記簿的統一格式，但其記載的內容大抵如此（圖 3-4）。

日 記 簿　　第 1 頁

XX 年		傳票號數	會計項目	摘　要	類頁	借方金額	貸方金額
月	日						
12	1		現　金 　　業主資本	李振洋投資		300,000	 300,000

記載交易發生之時間

記載傳票號碼

記載交易之相關科目及摘要

記載每一個會計項目被過到分類帳的頁次

記載借方及貸方之金額

圖 3-4　日記簿之格式

1. **日期：**先填寫交易日之年份，再往下填入交易的月、日。同月份之交易從第一筆交易後可省略，只填記日期即可；同日之交易可在日期欄內註明「〃」符號，表示「同上」之意。
2. **傳票號數：**填入此筆交易的傳票號碼，**上課時為求簡化都略而不寫。**
3. **會計項目：**填入借、貸方項目。在填入時將借方項目填在上，貸方項目填在下，因項目在同一格，故記入時貸方項目通常較借方項目右移二字或一字，以形成借方在左、貸方在右之形式。
4. **摘要：**將此筆交易內容簡要記於此欄中，**上課時為求簡化都略而不寫。**
5. **類頁：**作分錄時暫不填寫，等到將分錄過帳時才註明分類帳的頁次。
6. **借方金額、貸方金額：**填入借方項目的金額及貸方項目的金額。借方金額與借方項目同一行、貸方金額和貸方項目同一行。即借方金額填在上、貸方金額填在下來配合會計項目欄上、下之分。

3-4-3 日記簿的功能

日記簿對於記錄交易，具有下列之功能：

1. 可將每一筆交易之內容完整揭露於一處，易於了解交易全貌。
2. 將交易依發生時間先後加以記錄，便於日後之查詢。
3. 每個分錄將借方與貸方金額記於同一列上下行，便於檢查、確認借貸是否平衡，可避免錯誤發生。

3-4-4 日記簿登帳實例

XX 年		傳票總號	會計項目	摘 要	類頁	借方金額	貸方金額
月	日						
12	1	現收 1	現 金 業主資本	業主投入現金		300,000	 300,000
12	1	轉帳 1	辦公設備 現 金 其他應付款	購買辦公設備部分付現 部分賒欠		150,000	 50,000 100,000
12	1	現支 1	預付租金 現 金	預付一年租金		36,000	 36,000
12	15	轉帳 2	現 金 應收帳款 服務收入	收管理顧問費，部分收現、部分賒欠		60,000 40,000	 100,000
12	18	現支 2	其他應付款 現 金	償還部分設備欠款		50,000	 50,000
12	21	現收 2	現 金 銀行借款	向銀行舉借一年期短期借款		120,000	 120,000
12	25	現收 3	現 金 應收帳款	收取管理顧問費收入部分欠款		20,000	 20,000
12	30	現支 3	薪資費用 廣告費用 現 金	現付薪資及廣告費用		50.000 10,000	 60,000
12	31	現支 4	業主提取 現 金	業主自企業提取現金自用		20,000	 20,000

3-4-5 特種日記簿

特種日記簿是用於記錄某些「重覆發生、大量的」交易，如現金的收付、原材料的採購、產品銷售等交易的現金日記簿、購貨日記簿和銷貨日記簿。其餘非經常發生的交易就記在普通日記簿。

在人工記帳時，這些特種日記簿將同類型的交易記錄在一起，直接以總數一筆過帳，無需像普通日記簿必須逐筆寫出分錄的摘要，也無需重覆書寫會計項目，可節省製作分錄的時間。

我國商業會計法第 21 條規定，序時帳簿分下列二種：

1. **普通序時帳簿**：對於一切事項為序時登記或對於特種序時帳項之結數為序時登記而設者，如日記簿或分錄簿等。
2. **特種序時帳簿**：對於特種事項為序時登記而設者，如現金簿、銷貨簿、進貨簿等。

立即挑戰

(　　) 1. 對於日記簿之敘述，下列何者為非？ (A) 記錄每一會計項目增減變動情形 (B) 依交易的發生先後次序加以記載 (C) 其借方金額之和必定要等於貸方金額之和 (D) 係以交易為主體之記錄簿。

(　　) 2. 下列何者為誤： (A) 日記簿是接時間先後次序記錄交易 (B) 日記簿為過帳的依據 (C) 每一個分錄應包括交易日期、借方項目、貸方項目、借方金額及貸方金額 (D) 作分錄時，會計人員不必考慮借貸是否平衡。

(　　) 3. 有關日記簿之敘述，下列何者為是？ (A) 記載各項目之餘額 (B) 將會計項目作適當之排列 (C) 記錄每一會計項目的增減變動情形 (D) 係交易的原始記錄簿。

(　　) 4. 以會計事項發生的先後順序為主而記錄的帳簿稱為 (A) 日記簿 (B) 分類帳 (C) 終結紀錄簿 (D) 記帳憑證。

(　　) 5. 會計循環的第一步驟為： (A) 分錄 (B) 過帳 (C) 試算 (D) 調整。

解答 ▷▷ 1.(A)　2.(D)　3.(D)　4.(A)　5(A)

3-5 過帳與分類帳

日記簿係依序記錄每筆交易，雖幫助我們了解交易之全貌，卻無法知悉各個會計項目在某期間內之增減變動及其餘額。因此我們會將日記簿中之分錄逐筆轉登至各個分類帳中，並將所有會計項目匯集於一處裝訂成冊，此帳冊就稱為分類帳。其目的是統計各項目餘額，據此編製財務報表。**而將日記簿中之分錄逐筆轉登至分類帳中之過程稱為「過帳」**。

分類帳：將日記簿所記載之分錄，按照各會計項目，設置帳戶予以彙總，稱之為分類帳。其作用在表現各帳戶增減變化情形，以為編表的主要依據。

過帳：將日記簿記載的分錄之借貸項目及金額，逐筆轉記於分類帳各相對帳戶中；或將分錄中各個項目之變動彙總於分類帳之過程。

日記簿係交易發生時最先登入的帳本，故又稱為「原始帳簿」，而分類帳為記錄每一帳戶增減變動，並以其餘額作為編製報表之依據，故分類帳又稱為「終結帳簿」。

3-5-1 分類帳的格式與過帳之方法

一、分類帳之格式

分類帳之格式有兩種：標準式（又稱帳戶式）與餘額式。

1. 標準式分類帳：將借、貸方資料分為左右兩邊，稱「兩欄式」。前述「T 字帳」是標準式分類帳的簡化，在教學上常以 T 字帳代替標準式分類帳。

表 3-2　標準式分類帳

項目名稱　　　　第　頁

年		摘要	日頁	借方金額	年		摘要	日頁	貸方金額
月	日				月	日			

2. 餘額式分類帳：除借、貸金額外又增設餘額欄，共計三欄又稱「三欄式」。餘額式帳戶的特性，在於能隨時查知帳戶的餘額，在國內實務上使用較為廣泛。

表 3-3　餘額式分類帳

項目名稱　　　　第　頁

年		摘　要	日頁	借方金額	貸方金額	借或貸	餘　額
月	日						

二、過帳之方法（以餘額式分類帳為例）：

1. **確定項目**：根據日記簿之會計項目，在分類帳中找到相同之項目帳戶，例如日記簿之現金應過入分類帳之現金帳戶。
2. **過金額**：日記簿之借方金額應過入分類帳之借方金額欄，日記簿之貸方金額應過入分類帳之貸方金額欄。
   (1) 借方金額大於貸方金額之差額，是為借方餘額，又稱借餘、借差。（通常為資產、費損項目）
   (2) 貸方金額大於借方金額之差額，是為貸方餘額，又稱貸餘、貸差。（通常為負債、權益、收益項目）
3. **日期**：分類帳之年、月、日欄應填寫日記簿之交易日期，而非過帳日期。

4. **日頁欄**：「日頁」係為「日記簿頁次」之簡寫，用於記載係從日記簿第幾頁過入。同理日記簿設有「類頁」欄，用於記載過到分類帳之頁次，以利日後查考，並表示該金額已過帳。
5. **摘要欄**：填寫交易簡要內容（有些公司填寫會計項目，以便勾稽查核）。
6. **借或貸**：表示餘額之方向為借或貸，若借貸方相等時，在該欄內以“平”表示。

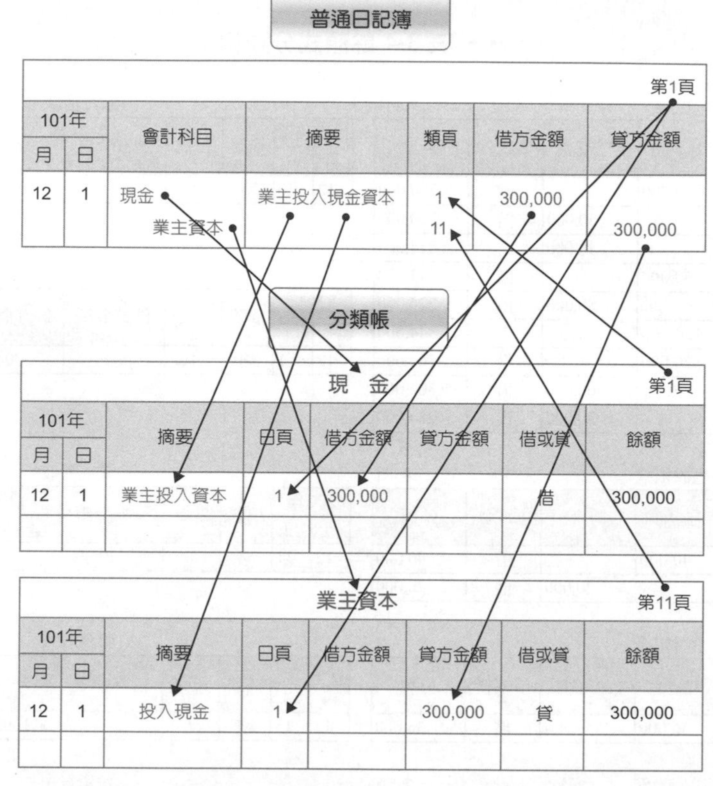

●●▶ **圖 3-5　過帳的作法（餘額式分類帳）**

※ 過帳的時機，有每完成一筆分錄就即刻過入分類帳，亦有累積一定數量分錄再一起過帳，完全取決於交易數量。例如：累積整頁或累積一個月之分錄再一起過帳以節省過帳動作。若企業採電腦處理會計事務時，軟體可於每一筆資料輸入時立刻過帳，亦可於輸入若干資料後，再過帳，取決於企業的選擇。

3-5-2 分類帳之功用

分類帳之主要功用為：

1. 分類帳以會計項目（帳戶）為單位，記錄每一帳戶在會計期間中的增減變動情形，可供瞭解各帳戶之餘額。
2. 分類帳中每一帳之餘額，可作為編製報表之依據。

■ 3-5-3 分類帳過帳之實例

以振洋管理顧問社為例，將日記簿中每筆分錄逐步轉記於餘額式分類帳，讀者亦可自行仿效第二章 2-2-2 節「**分錄與 T 字帳的實例**」將振洋管理顧問社交易分錄逐筆過入各項目 T 字帳，並結出餘額，其結果應與過入餘額式分類帳一致。只是本單元以正式的餘額式分類帳來進行。結果如下（表 3-4）：

表 3-4 餘額式分類帳

現金　　第 1 頁

XX 年		摘要	日頁	借方金額	貸方金額	借或貸	餘額
月	日						
12	1	略	1	300,000		借	300,000
	1		1		50,000	借	250,000
	1		1		36,000	借	214,000
	15		1	60,000		借	274,000
	18		1		50,000	借	224,000
	20		1	120,000		借	344,000
	25		1	20,000		借	364,000
	30		1		60,000	借	304,000
	31		1		20,000	借	284,000

應收帳款　　第 2 頁

XX 年		摘要	日頁	借方金額	貸方金額	借或貸	餘額
月	日						
12	15	略	1	40,000		借	40,000
	25		1		20,000	借	20,000

預付租金　　第 4 頁

XX 年		摘要	日頁	借方金額	貸方金額	借或貸	餘額
月	日						
12	1	略	1	36,000		借	36,000

辦公設備　　第 5 頁

XX 年		摘要	日頁	借方金額	貸方金額	借或貸	餘額
月	日						
12	1	略	1	150,000		借	150,000

其他應付款　　第 7 頁

XX 年		摘要	日頁	借方金額	貸方金額	借或貸	餘額
月	日						
12	1	略	1		100,000	貸	100,000
	18		1	50,000		貸	50,000

銀行借款　　第 8 頁

XX 年		摘要	日頁	借方金額	貸方金額	借或貸	餘額
月	日						
12	20	略	1		120,000	貸	120,000

業主資本　　第 10 頁

XX 年		摘要	日頁	借方金額	貸方金額	借或貸	餘額
月	日						
12	1	略	1		300,000	貸	300,000

業主提取　　第 20 頁

XX 年		摘要	日頁	借方金額	貸方金額	借或貸	餘額
月	日						
12	31	略	1	20,000		借	20,000

服務收入　　第 11 頁

XX 年		摘要	日頁	借方金額	貸方金額	借或貸	餘額
月	日						
12	15	略	1		100,000	貸	100,000

薪資費用　　第 12 頁

XX 年		摘要	日頁	借方金額	貸方金額	借或貸	餘額
月	日						
12	30	略	1	50,000		借	50,000

廣告費　　第 13 頁

XX 年		摘要	日頁	借方金額	貸方金額	借或貸	餘額
月	日						
12	30	略	1	10,000		借	10,000

3-5-4 分類帳之種類

分類帳簿，可分為二種：

1. **總分類帳簿**：以項目為分類標準，所設置的整體性帳戶，為記載各統制項目而設置，為一種統制帳戶。
2. **明細分類帳簿**：以某一特定項目所屬之子目別為分類標準，以輔助總分類帳之不足，故又稱為輔助分類帳。如：企業會為「應收帳款」按客戶別、「應付帳款」按供應商別，及「存貨」按商品別等子目別設立明細分類帳。

在財務報表上的總分類帳（統制帳戶）餘額一定等於各明細分類帳的借貸總數或餘額總數。總分類帳與明細分類帳之間為隸屬關係。

※ 有關會計帳簿之相關法規

我國商業會計法第 20 條規定，會計帳簿分下列二類：
一、序時帳簿：以會計事項發生之時序為主而為記錄者。
二、分類帳簿：以會計事項歸屬之會計項目為主而記錄者。

我國商業會計法第 22 條：分類帳簿分下列二種：
一、總分類帳簿：為記載各統馭會計項目而設者。
二、明細分類帳簿：為記載各統馭會計項目之明細項目而設者。

我國稅捐稽徵機關管理營利事業會計帳簿憑證辦法第 2 條規定，凡實施商業會計法之營利事業，應依左列規定設置帳簿：
一、買賣業
1. 日記簿：得視實際需要加設特種日記簿。
2. 總分類帳：得視實際需要加設明細分類帳。
3. 存貨明細帳。
4. 其他必要之補助帳簿。

---------- 以下省略。

我國稅捐稽徵機關管理營利事業會計帳簿憑證辦法第 7 條：營利事業設置之日記簿及總分類帳兩種主要帳簿中，應有一種為訂本式。但採用電子方式處理會計資料者，不在此限。
我國商業會計法第 38 條第 2 項：各項會計帳簿及財務報表，應於年度決算程序辦理終了後，至少保存十年。但有關未結會計事項者，不在此限。

大陸會計法第 13 條第 3 項：會計帳簿包括總帳、明細帳、日記帳和其他輔助性帳簿。

大陸會計法第 17 條：各單位應當定期將會計帳簿記錄與實物、款項及有關資料相互核對，保證會計帳簿記錄與實物及款項的實有數額相符、會計帳簿記錄與會計憑證的有關內容相符、會計帳簿之間相對應的記錄相符、會計帳簿記錄與會計報表的有關內容相符。
大陸會計檔案管理辦法第 9 條附表「會計檔案保管期限表」：因內容繁多，摘錄其中會計帳簿保管期限為 15 年，其餘略。

立即挑戰

( ) 1. 稱原始帳簿的為： (A) 日記簿 (B) 分類帳 (C) 輔助帳簿 (D) 明細帳簿。

( ) 2. 稱終結帳簿的為： (A) 日記簿 (B) 分類帳 (C) 輔助帳簿 (D) 明細帳簿。

( ) 3. 日記簿之紀錄係以事項發生之下列何項為主體？ (A) 會計項目 (B) 交易 (C) 商品種類 (D) 會計要素。

( ) 4. 分類帳之紀錄係以事項發生之下列何項為主體？ (A) 會計項目 (B) 交易 (C) 商品種類 (D) 會計要素。

( ) 5. 分類帳的主要功用為： (A) 表示各項收入的來源 (B) 表示各項費用的去處 (C) 明瞭各交易的整體情形 (D) 明瞭各會計項目的個別內容。

( ) 6. 過帳乃指： (A) 記錄日記簿上分錄 (B) 將分類帳餘額抄錄到試算表 (C) 將日記簿上借貸分錄抄到分類帳各適當帳戶 (D) 將日記簿上金額抄錄到試算表。

( ) 7. 將日記簿上借貸分錄轉登於分類帳之過程稱為： (A) 結帳 (B) 過帳 (C) 沖帳 (D) 轉帳。

( ) 8. 一般記錄交易的程序為： (A) 日記簿→分析交易→總帳 (B) 分析交易→日記簿→總帳 (C) 日記簿→總帳→分析交易 (D) 總帳→日記簿→分析交易。

( ) 9. 下列何者為正常的會計記錄程序？ (A) 分析交易，將交易記入日記簿，將資料轉入總帳中 (B) 分析交易，將資料轉入總帳中，將交易記入日記簿 (C) 將交易記為分錄，分析交易，將交易轉入日記簿 (D) 將資料轉入總帳中，分析交易，將交易記為分錄 。

( ) 10. 有關分類帳的敘述，下列何者正確？ (A) 僅包括資產及負債項目 (B) 為原始分錄之記錄 (C) 由企業所有帳戶所構成 (D) 僅包括收益及費損項目。

( ) 11. 帳簿組織中「現金帳」係屬於那一種帳簿？ (A) 總分類帳 (B) 輔助分類帳 (C) 日記簿 (D) 備查簿。

( ) 12. 分類帳帳戶名稱應與分錄所用之項目 (A) 完全不一致 (B) 不完全一致 (C) 完全一致 (D) 視情況而增減。

( ) 13. 各項會計帳簿，應於年度決算程序辦理終了後，至少保存幾年？ (A)3 年 (B)5 年 (C)10 年 (D)15 年。

解答 1.(A) 2.(B) 3.(B) 4.(A) 5.(D) 6.(C) 7.(B) 8.(B) 9.(A) 10.(C) 11.(A) 12.(C) 13.(C)

3-6 試算與試算表

一般大型企業交易量大，在人工記帳制度下，會計人員將交易記入日記簿，再過入分類帳，過程中難免會發生錯誤。為減少錯誤並有效編製財務報表，會先將總分類帳各帳戶之餘額彙總列表，來檢查及驗算分錄與過帳工作有無錯誤，這就稱為「試算」。因試算工作而編製之各會計項目餘額彙總表，稱為「試算表」。

試算表非正式報表，而是一種**草稿**性質的表單。試算表多久編製一次並無規定，視企業交易量之多寡而定，每日、每週、每月或不定期皆可。但每次試算相隔期間不宜太久，以免資料累積太多，不易追查錯誤。

3-6-1 試算的功用

1. **驗證借貸是否平衡**：企業交易至繁，雖設日記簿、分類帳予以記載，然所記之金額仍有發生錯誤之可能，必須隨時加以試算驗證，才能早日發現錯誤及時更正，試算表不平衡表示分錄與過帳必定有誤。
2. **可了解企業財務狀況**：藉由試算表內各項目餘額之狀況，可儘早了解企業財務狀況與經營成果，以為因應。
3. **便於編製財務報表**：試算表的彙列，乃依據分類帳各帳戶之借貸總額或其餘額為之，並以資產、負債、權益、收益、費損順序排列，雖未經調整、結帳等程序，但亦可就表列各項目之概況，明瞭企業所有交易活動之情形，為企業財務狀況之粗略面。

3-6-2 試算表之格式及編製步驟

試算表的格式分：餘額式、總額式及總額餘額式三種。

本章以實務上使用最廣之餘額式試算表來說明。此試算表係根據「等量減等量，其差必等」之原理而編製，是彙總分類帳中各會計項目的借方餘額或貸方餘額而成。其表首包括：企業名稱、報表名稱及特定日期三項。表身則包括會計項目、借方餘額及貸方餘額三欄。其格式如下（表 3-5）：

表 3-5 試算表格式

XX 公司
試算表
年 月 日

會計項目	借方餘額	貸方餘額
合 計		

試算表編製之步驟：

1. 首先計算總分類帳各帳戶之借方或貸方餘額。
2. 試算表之會計項目應按照：資產、負債、權益、收益、費損之順序排列。將借方餘額的帳戶與金額列入借方，貸方餘額的帳戶與金額列在貸方。
3. 分別合計借、貸方金額，若借、貸兩方總額相等，則試算表完成，驗證工作亦完成。若試算發現借、貸兩方不平衡，則表示在分錄或過帳過程中有錯誤，應立即找尋錯誤，並作更正。

以前述振洋管理顧問社為例，編製餘額式試算表如下（表 3-6）：

表 3-6 餘額式試算表

振洋管理顧問社
試算表
XX 年 12 月 31 日

分類	會計項目	借方餘額	貸方餘額	分類
資產	現　金	284,000		
資產	應收帳款	20,000		
資產	預付租金	36,000		
資產	辦公設備	150,000		
	其他應付款		50,000	負債
	銀行借款		120,000	負債
	業主資本		300,000	權益
	業主提取	20,000		
	服務收入		100,000	收益
費用	薪資費用	50,000		
費用	廣告費	10,000		
	合　計	$570,000	$570,000	

3-6-3 試算表錯誤之檢查

根據複式簿記借貸平衡之原則，每一分錄之借方金額應等於貸方金額，所有分錄借方之和與貸方之和必定相等，因此各帳戶借貸相抵後，借方餘額之和與貸方餘額之和亦應相等。上述振洋管理顧問社的試算表顯示借方餘額總和等於貸方餘額總和（皆為 570,000 元），驗證了此項原則。如果試算表呈現不平衡，則可以確定分錄或過帳工作必定有誤。然而試算表借貸平衡並不表示原始分錄與過帳過程全無錯誤，只因為有些錯誤並不影響金額平衡，故無法由試算表偵測出來。

1. 試算表發現錯誤（試算表金額不平衡）時，可能原因有：

(1) **日記帳錯誤**：借方或貸方之金額寫錯導致分錄本身借貸就不平衡。

(2) **分類帳過帳錯誤**：某一方方向過錯、某一方金額過錯及分錄之某一方重複或遺漏過帳。

(3) **分類帳計算錯誤**：帳戶借方或貸方金額加總錯誤，或借（貸）方之總數相減時計算錯誤。

(4) **分類帳餘額抄至試算表時發生錯誤**：將分類帳之帳戶餘額抄至試算表時抄錯，如應列於借方之金額誤列至貸方，反之；分類帳之項目與餘額遺漏，未抄入試算表。

(5) **試算表加總錯誤**：借方或貸方總數加計錯誤。

試算表不平衡的檢查方法有順查法及逆查法兩種。順查法是指依照會計程序順序追查，即日記簿→分類帳→試算表，通常「順查法」較難發現錯誤。一般常用的查錯方法為「逆查法」，即試算表→分類帳→日記簿，依循會計程序之相反方向進行追查，先檢查試算表，依序再檢查分類帳與日記簿。

2. 試算表無法發現的錯誤（試算表平衡）：

試算表平衡只能確定所有交易在日記簿及分類帳中借貸金額相等，卻不能保證所有帳務處理均正確。例如：以下的錯誤並不會影響試算表的借貸金額平衡，即使發生，試算表借貸總額仍然顯示相等。故難以從試算表來發現。

(1) **整筆交易重複記錄或重複過帳**：交易重複記入日記簿或重複過入分類帳。

(2) **整筆交易漏登帳或漏過帳**：整筆分錄遺漏，未記入日記簿或雖已記入日記簿，但卻未過入分類帳。

(3) **選用不當會計項目作分錄或過入不當帳戶**：【例如】現銷 $10,000，卻錯誤記為利息收入。

(4) **借貸雙方發生同數額之錯誤**：於分錄、過帳或編製試算表時，借貸金額發生同數額之錯誤。【例如】借：商品存 $30,000　貸：現金 $30,000，卻同時誤記或誤過為 $3,000。

(5) **借貸某方偶然發生互相抵銷之錯誤**：於記載或計算時，借貸某方發生 2 項錯誤，包含一多一少，而多與少之數額，適相抵銷。【例如】現金帳戶中借方多計 $5,000，而應收帳款帳戶借方剛巧少計 $5,000。

(6) **原始憑證計算之錯誤**：【例如】總價、利息、折扣等，於原始憑證中計算錯誤，因此分錄、過帳及試算時亦隨之發生無法察覺之錯誤。

※ 在電腦記帳的情況下，只要對每張傳票作正確的輸入，即完成交易入帳的初步工作，甚至在輸入轉帳傳票時，只要借貸不相等就無法完成輸入。至於後續的過帳及編表工作就由電腦完成，可以避免人工記帳試算表不平衡的錯誤，自然也不必進行上述順查、逆查的查錯作業了。然而，使用電腦記帳仍有可能出現上述試算表平衡但難以從試算表發現之錯誤，例如輸入錯誤的會計項目代碼，會計從業人員應多加小心。

釋例 3-4

大方商店 2015 年 12 月底分類帳各帳戶餘額如下：

現金	?	應付帳款	250,000	業主資本	500,000
銀行借款	200,000	薪資費用	100,000	郵電費	70,000
利息費用	50,000	其他損失	20,000	銀行存款	50,000
服務收入	350,000	預收收入	80,000	運輸設備	300,000
業主提取	50,000	預付費用	40,000	應收帳款	90,000

試根據上列資料計算出現金餘額並編製餘額式試算表，試算表中各科目請按會計要素的順序排列。

解

以試算表借貸平衡概念，求出現金餘額為 $610,000

大方商店
試算表
2015 年 12 月 31 日

	會計項目	借方餘額	貸方餘額	
資產	現　金	$610,000		
資產	銀行存款	50,000		
資產	應收帳款	90,000		
資產	預付費用	40,000		
	運輸設備	300,000		
	應付帳款		$　250,000	負債
	銀行借款		200,000	負債
	預收收入		80,000	負債
	業主資本		500,000	權益
	業主提取	50,000		
	服務收入		350,000	收益
費用	薪資費用	100,000		
費用	郵電費	70,000		
費用	利息費用	50,000		
費用	其他損失	20,000		
	合　計	$1,380,000	$1,380,000	

立即挑戰

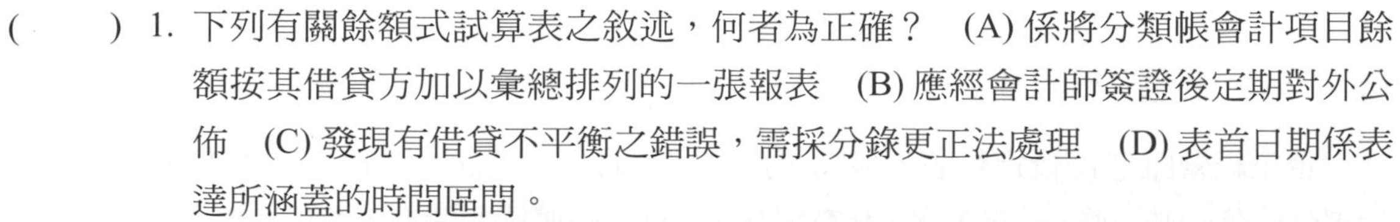

(　　) 1. 下列有關餘額式試算表之敘述，何者為正確？ (A) 係將分類帳會計項目餘額按其借貸方加以彙總排列的一張報表 (B) 應經會計師簽證後定期對外公佈 (C) 發現有借貸不平衡之錯誤，需採分錄更正法處理 (D) 表首日期係表達所涵蓋的時間區間。

(　　) 2. 會計循環中的試算程序，通常會編製試算表，以下有關試算表之敘述，何者不正確？ (A) 分類帳上所有會計項目及借貸餘額應列在試算表上 (B) 試算表可以驗證分錄程序是否有錯誤 (C) 試算表可以驗證過帳程序是否有錯誤 (D) 試算表係正式財務報表之一。

(　　) 3. 將水電瓦斯費誤記為郵電費，則試算表借貸雙方金額會產生： (A) 借方大於貸方 (B) 貸方大於借方 (C) 仍然相等 (D) 不一定。

(　　) 4. 下列有關試算表之敘述，何者不正確？ (A) 試算表有助於財務狀況表及綜合損益表之編製 (B) 我們可藉由試算表驗出所有帳務處理之錯誤 (C) 會計項目於特定時點之借方總額是否與貸方總額相等 (D) 試算表係利用借貸平衡原理以驗證會計記錄與計算有無錯誤。

(　　) 5. 試算表功用在檢查何種過程有無錯誤？ (A) 調整 (B) 編製財務報表 (C) 結帳 (D) 分錄與過帳。

(　　) 6. 何時可透過電腦系統來編製「試算表」： (A) 月底 (B) 交易入帳後 (C) 隨時皆可編製 (D) 年底。

(　　) 7. 試算表的試算次數為： (A) 每日一次 (B) 每月一次 (C) 每年一次 (D) 依實際需要而定。

(　　) 8. 試算表平衡，不能肯定絕對無誤，乃因有： (A) 不影響平衡的錯誤 (B) 影響平衡的錯誤 (C) 計算的錯誤 (D) 單方過帳的錯誤。

(　　) 9. 會計人員想知道自己平時記帳是否遵循借貸平衡法則，則需編製： (A) 日記簿 (B) 總分類帳 (C)T 字帳 (D) 試算表。

解答 1.(A)　2.(D)　3.(C)　4.(B)　5.(D)　6.(C)　7.(D)　8(A)　9.(D)

3-7 調整與編製財務報表

3-7-1 調整之理由

企業經營雖然持續進行著，但為了提供即時的會計資訊，會以人為的方式將企業生命劃分段落（如一季、一年）分期結算損益，故有了報導期間假定，以明確劃分各期損益。

為了明確劃分各期損益，會計人員在期末編製財務報表前，必須根據會計原則對一些帳戶加以分析，確認其收益與費損應歸屬於何種報導期間。凡不屬於該帳戶該期應有的餘額，應予調整。故調整是將各帳戶作整理使其呈現合理的損益。

企業採權責基礎記錄會計交易，所記載之交易只是交易發生當時的狀況。然而有些帳戶入帳後會隨著營業的進行或時間之經過而產生金額的變化。例如：利息收入或利息費用是隨時間經過而陸續實現；又如：辦公設備會隨著時間經過逐漸喪失功能價值，或文具耗材因使用而逐漸減少。但基於成本效益考量，不可能每日或每耗用就立刻記帳，而是平時不處理，僅在期末編製報表前一次彙總加以調整。

3-7-2 調整之根據

進行調整必須根據的會計原則有四項：一、報導期間假設；二、會計基礎假設；三、收益認列原則；四、收益費損配合原則。

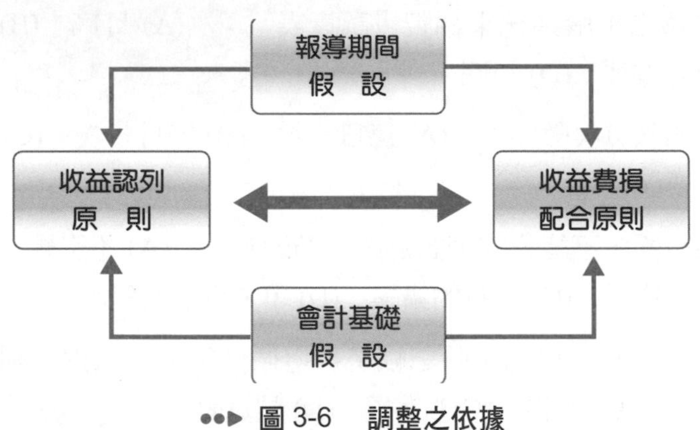

圖 3-6 調整之依據

一、報導期間假設：見第一章（1.8.3 節）所述。

二、會計基礎假設

所謂會計基礎假設，乃是確定收益與費損應認列於哪一報導期間的基礎。一般企業常用的會計基礎假設有：1. 現金（收付）基礎及 2. 權責（發生）基礎兩種。二種記帳基礎及表達方式不同，會產生不同的記帳結果。

1. **現金收付基礎**

係以現金的收付年度作為入帳年度，又稱為收付實現基礎或現金基礎。在現金基礎下，企業以收入現金時入帳為收益。以支付現金時入帳為費損。

現金基礎可簡化帳務處理，但對收益與費損之認列時間，常與收益之實際賺得、費損之實際發生時間不符，其所衡量之損益結果較不正確。因此，根據我國商業會計法 82 條規定，除小規模之獨資與合夥得採現金基礎外，其他營利事業應採權責發生基礎。

2. **應計基礎**

應計基礎又稱為權責基礎，係以收益、費損之實現作為承認收益、費損之基準。即於商品或服務之提供完成時來認定收益、以收到商品或享受完服務時認列費損，與現金何時收付無關。在此基礎下企業對於各項收益與費損的認列入帳，全以權利、義務（責任）的實際發生作為標準，而不論是否已有現金的收付。

※ 應計基礎假設相關法規規定
國際財務報導準則「財務報表編製及表達之架構」22 段：為達成財務報表之目的，財務報表應以應計會計編製。於此基礎下，交易及其他事項之影響應於發生時（而非於現金或約當現金收付時）予以認列，並記錄於會計記錄中，且於相關期間之財務報表中報導。按應計基礎編製之財務報表，不僅告知使用者過去涉及現金收付之交易，亦及於未來支付現金之義務及代表未來收取現金之資源。因此，財務報表提供對使用者作成經濟決策最有用之有關過去交易及其他事項之資訊類別。
大陸企業會計基本準則第 9 條：企業應當以權責發生制為基礎進行會計確認、計量和報告。

表 3-7　現金基礎與權責基礎之比較

名　稱	意　義	優　點	缺　點
現金基礎	入帳：現金收付年度 收現：收益 付現：費用	處理手續簡單 **（年終不須調整）**	無法反映年度正確的損益
應計基礎	入帳：收益實現 費損發生	收益費損配合 表達正確損益 **（年終須調整）**	須辨別： 應收收益 / 預收收益 應付費用 / 預付費用

三、收益認列原則

除小規模之獨資與合夥得採現金基礎外，營利事業的收益認列原則採權責基礎，即指收益在已實現或可實現，且已賺得時認列。收益的產生不管來自銷售商品、提供勞務或提供資產給他人使用，若收入之價格很明確，且收現無不確定性或可合理估計，即應認列收入增加。商業會計法第 59 條：採用權責發生制之商業，指交付貨品或提供勞務完畢之時而言。

※ 有關收益認列原則的相關法規
國際財務報導準則 18 號「收入」14 及 15 段摘錄： 銷售商品時以商品之所有權之重大風險及報酬移轉於買方，在評估企業何時將所有權之重大風險及報酬移轉於買方時，須檢視交易之實質情況。於大多數之情況，所有權之風險及報酬之移轉與法定所有權之移轉或將商品交付予買方佔有同時發生，大多數支零售銷貨即為此種情況。於其他情況下，所有權之風險及報酬之移轉與法定所有權之移轉或將商品交付予買方佔有，係於不同時點發生。 **國際財務報導準則** 18 號「收入」20 及 21 段摘錄： 當涉及提供勞務之交易結果能可靠估計時，應按報導期間結束日交易之完成程度，認列與交易有關的收入。按交易完成程度認列收入之方法通常稱為完工百分比法。根據此法，收入應於勞務提供之會計期間認列。按此基礎認列收入，對某一期間內勞務活動程度及其績效，提供有用之資訊。
大陸企業會計準則 14 號公報第 4 條規定，銷售商品收入同時滿足下列條件的，才能予以確認： 1. 企業已將商品所有權上的主要風險和報酬轉移給購貨方； 2. 企業既沒有保留通常與所有權相聯繫的繼續管理權，也沒有對已售出的商品實施有效控制； 3. 收入的金額能夠可靠地計量； 4. 相關的經濟利益很可能流入企業； 5. 相關的已發生或將發生的成本能夠可靠地計量。 **大陸企業會計準則** 14 號公報第 10 條：企業在資產負債表日提供勞務交易的結果能夠可靠估計的，應當採用完工百分比法確認提供勞務收入。 完工百分比法，是指按照提供勞務交易的完工進度確認收入與費用的方法。
我國財務會計準則公報 32 號為「收入認列之會計處理準則」； **大陸企業會計準則** 14 號公報為「收入」。

四、收益費損配合原則

收益費損配合原則也稱**費損認列原則**，簡稱配合原則。此原則要求費損認列的期間與相關收益認列的期間需相同。假定一筆收益已入帳於某年，則為取得這筆收益而須負擔的費損，應由該年負擔。例如：企業雇用員工創造收入的同時，除列支每月薪資費用外，尚須估計員工之退休金總金額，將此金額平均分攤至員工總服務年限內作為當期費用，這就是配合原則的應用。又企業建築物或其他機器設備按估計受益年限（耐用年限）

分年攤提折舊，將各項不動產、廠房設備創造的收益與按期攤銷之折舊相配合以計算合理的損益。

基於此原則，會計上經常會有一些主觀判斷或估計的產生。

※ 有關收入費用配合原則的相關法規
我國商業會計法 60 條：與同一交易或其他事項有關之收入及費用，應適當認列。 **國際財務報導準則**「財務報表編製及表達之架構」95 段：費損應以發生之成本與特定收益項目之賺得間之直接關聯為基礎，認列於損益表。此過程涉及將直接及共同由同一交易或其他事項所產生之收入及費用，同時或合併予以認列，通常稱之為成本與收入配合。(以下省略) **國際財務報導準則**「財務報表編製及表達之架構」96 段： 若預期經濟效益及於數個會計期間，且與收益之關聯僅可廣泛或間接的決定，則費用應以有系統且合理的分攤程序為基礎，認列於損益表。認列資產 (如不動產、廠房、設備、專利權及商標權等) 之使用關聯之費用通常必須如此；於此情形下，該費用通常稱之為折舊或攤銷。此等分攤程序意圖於與該等項目關聯之經濟效益消耗或到期之會計期間認列費用。
大陸企業會計制度第 11 條第 8 項：企業的會計核算應當以權責發生制為基礎。凡是當期已經實現的收入和已經發生或應當負擔的費用，不論款項是否收付，都應當作為當期的收入和費用；凡是不屬於當期的收入和費用，即使款項已在當期收付，也不應當作為當期的收入和費用。 **大陸企業會計制度**第 11 條第 9 項：企業在進行會計核算時，收入與其成本、費用應當相互配比，同一會計期間內的各項收入和與其相關的成本、費用，應當在該會計期間內確認。

立即挑戰

(　　) 1. 長榮飯店遵循收入認列原則，北方公司於今年 12 月 31 日至該飯店餐廳辦理尾牙聚餐，北方公司於次年 2 月 5 日至飯店簽帳，並 2 月 10 日郵寄支票與長榮飯店，長榮飯店於 2 月 25 日收到銀行匯入款，請問長榮飯店應何時認列已賺得的收入？ (A) 今年 12 月 31 日 (B) 次年 2 月 5 日 (C) 次年 2 月 10 日 (D) 次年 2 月 25 日。

(　　) 2. 皇冠公司雇用員工，每月薪資在次月 5 日發放，則本年度 12 月份員工薪資應於何時記錄？ (A) 在本年底的會計記錄會記載支付現金，並入帳為薪資費用 (B) 在本年底的會計記錄會記載尚欠 12 月份的員工薪資費用 (C) 在下年度 1 月 5 日的會計記錄會記載尚欠上月份的員工薪資費用 (D) 在下年度 1 月 5 日的會計記錄會記載支付員工薪資費用。

(　　) 3. 甲公司於 2015 年初出售 1 台印表機，每台售價 $8,000，並附三年的產品保證。估計每台印表機三年的保證期間內總計每台平均維修成本約為 300 元，2015 年實際發生維修成本 150 元。根據收益**費損配合原則**，2015 年底應認列多少產品保證費用？ (A)300 元 (B)200 元 (C)150 元 (D)100 元。

( ) 4. 台機公司於本年度 4 月 1 日購買 2 年的財產保險，總計支付保險費 $ 24,000，該保險在購買當日生效。試問在現金基礎與權責基礎下，台機公司本年度損益表中保險費各為：

	權責基礎	現金基礎
(A)	$ 24,000	$ 9,000
(B)	$ 12,000	$ 12,000
(C)	$ 24,000	$ 0
(D)	$ 9,000	$ 24,000

( ) 5. 下列敘述中，何者有關應計基礎會計之敘述為錯誤？ (A) 符合一般公認會計原則 (B) 影響企業財務報表之事項應於事項發生當期加以記錄 (C) 收入僅於收現時認列，費用僅於付現時認列 (D) 收入應於其賺得之期間認列。

( ) 6. 下列何者與調整最為相關？ (A) 會計個體，成本原則 (B) 繼續經營，一致原則 (C) 報導期間，配合原則 (D) 貨幣單位，客觀原則。

( ) 7. 配合原則指的是指： (A) 客戶和企業互相配合 (B) 費損和收益互相配合 (C) 資產和負債互相配合 (D) 債權人和企業互相配合。

( ) 8. 配合原則與下列那一張財務報表之關係最大？ (A) 綜合損益表 (B) 財務狀況表 (C) 權益變動表 (D) 現金流量表。

( ) 9. 配合原則為下列何者提供指南？ (A) 費損 (B) 資產 (C) 權益 (D) 負債。

解答▷▷ 1.(A) 2.(B) 3.(A) 4.(D) 5.(C) 6.(C) 7.(B) 8.(A) 9.(A)

3-7-3 調整的項目

會計期間終了時，企業應根據收益認列原則及收益費損配合原則，將某些不符實際狀況的帳項作調整，並將調整分錄記入日記簿再過入分類帳，據此編製合理的財務報表。

調整的事項如下：

1. **應計項目**：包括應收收益、應付費用。
2. **預計項目**：又稱遞延項目，包括預收收益，預付費用。
3. **資產評量項目**：又稱估計項目，包括呆帳、折舊之提列。

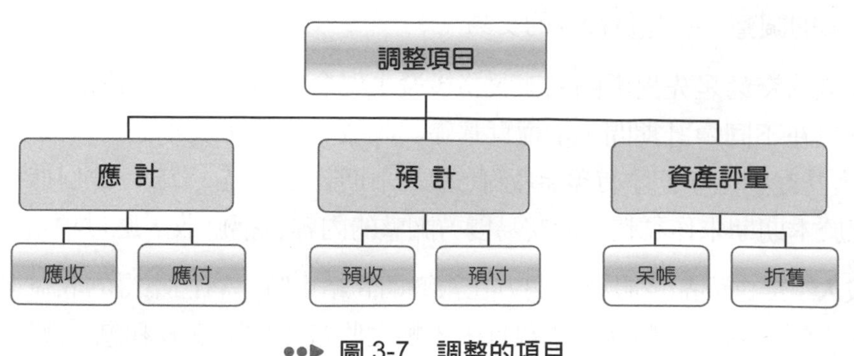

圖 3-7　調整的項目

3-7-4　調整的種類與調整分錄

依企業經營之實況而言，於執行調整作業時可能遇著的狀況包括：一、無需調整；二、需作應計事項的調整；三、需作預計事項的調整；四、需作用品盤存的調整；五、需作資產評量的調整。本單元將依序介紹其使用時機及分錄的作法。

一、無需調整——銀貨兩訖的交易

銀貨兩訖的交易即俗稱的一手交錢、一手交貨。提供商品（服務）與現金收付同時發生，即現金基礎與權責基礎下之認列收益與費損為同一時期，此種情況與期末調整無關。

釋例 3-5

大東建設公司於 2015 年 11 月 1 日簽訂租賃契約將大樓部分樓層出租給南方旅行社作為辦公室，租期 6 個月，總租金為 120,000 元。契約言明每月初收取租金 20,000 元。請做大東建設公司與南方旅行社 2015 年及 2016 年相關租金收入與租金費用的分錄？

解

	大東建設公司（提供服務者）	南方旅行社（享受服務者）
自 2015 年 11 月至 2016 年 4 月每月月初	現金　20,000 　租金收入　20,000	租金費用　20,000 　現金　20,000

（期末不需作調整分錄）

※ 同一交易在兩個相關聯的企業中會作不同的會計認定，大東建設公司爲服務提供者，認定租金收入；而南方旅行社爲購買服務者，認定租金費用。本例爲服務的授受與現金的收付同時發生，屬於**一次性實現的收益與費損**，故期末不需作調整分錄。

二、應計事項的調整——先貨後款的交易

先貨後款的交易是先提供商品或服務後發生現金收付款項。若商品或服務的提供與現金收付發生在不同會計期間，依權責基礎其收益、費損應於本期提供商品或服務時認定;而依現金基礎則因下期才有現金收付，故於下期認定收益、費損。故根據權責基礎者，此種情況應於本期期末作調整，而交易雙方調整的內容包括應收、應付項目。

1. **應收收入**：提供商品或服務的賣方在報導期間結束時，有已賺得的收益但尚未收現，以致未入帳。對於這些尚未收現且未入帳之收益（如：應收利息、應收租金、應收佣金等）根據「收益實現原則」在會計期間終了時，調整分錄應為借記「應收收入（資產）」與貸記「收益」。
2. **應付費用**：享受商品或服務的買方在報導期間結束時，有已發生（實際耗用）的費損但尚未付現，以致尚未入帳。對於這些尚未付現且未入帳之各項費損（如：應付水電費、應付薪資、應付租金、應付利息等）根據「收益費損配合原則」在會計期間終了時，調整分錄應為借記「費用（費損）」與貸記「應付費用（負債）」。

釋例 3-6

大東建設公司於 2015 年 11 月 1 日簽訂租賃契約，將大樓部分樓層出租給南方旅行社作為辦公室，租期 6 個月，總租金為 120,000 元。但契約言明租約到期後再收取租金。請做大東建設公司與南方旅行社 2015 年及 2016 年相關租金收入與租金費用的分錄？

解 ▷▷

	大東建設公司（提供服務者）	南方旅行社（享受服務者）
2015 年 11 月 1 日	（不作分錄）	（不作分錄）
2015 年 12 月底 調整分錄	應收租金 40,000 　租金收入 40,000	租金費用 40,000 　應付租金 40,000
2016 年 4 月底 租約到期收現分錄	現金 120,000 　應收租金 40,000 　租金收入 80,000	應付租金 40,000 租金費用 80,000 　現金 120,000

※ 同一交易在兩個相關聯的企業中會作不同的會計認定，大東建設公司爲服務提供者，認定「應收租金」及「租金收入」；而南方旅行社爲購買服務者，認定「租金費用」及「應付租金」。本例爲服務的授受與現金收付不同會計期間發生，因**收益與費損是連續性的發生和實現**，若每日、每月作收益與費損的分錄，會使得會計作業變得繁複，基於成本效益原則，只要不影響當期損益，一般會延至期末計算當期權責基礎的收益與費損，一起作調整分錄，以簡化會計處理。

三、預計事項的調整——先款後貨的交易

先款後貨的交易是先發生現金收付，後提供商品或服務。若商品或服務的提供與現金收付發生在不同會計期間，依權責基礎其收益、費損應於陸續提供完商品或服務時逐漸實現；而依現金基礎則因本期就有現金收付，於本期認定收益、費損。故根據權責基礎者，此種情況應於期末調整已提供完商品或服務之收益、費損，而交易雙方調整的內容包括預收、預付項目。

1. **預收收益**：提供商品或服務的賣方在未提供商品或服務之前先行收取現金，此款項所代表之收益，將隨著商品或服務之陸續提供而實現。先行收取之現金款項，因於未來有提供商品或服務的義務，故屬於**負債**的性質。此項交易於收到現金時記為負債，例如：預收貨款，預收利息，預收租金等。之後隨著商品或服務陸續提供將未實現的負債減少轉為已實現之收益增加。故在會計期間終了時，調整分錄為借記「預收收益」貸記「收益」。

   （預收收益是有未來經濟負擔的收入，屬負債；收入就無未來經濟負擔，屬收益。）

2. **預付費用**：享受商品或服務的買方在未享受商品或服務之前先支付現金款項，於未來有權利取得應享之商品或服務，故預付費用具有**資產**的性質。此項交易應於付出現金時記為資產，例如：預付貨款、預付保費、預付租金，預付利息等。之後隨商品或服務之陸續取得或耗用，將資產已耗用部分調整為費用。故在會計期間終了時，調整分錄為借記「費用」貸記「預付費用」。（預付費用是有未來經濟效益的支出，屬於資產；費用則無未來經濟效益，屬於費損。）

釋例 3-7

大東建設公司於 2015 年 11 月 1 日簽訂租賃契約，將大樓部分樓層出租給南方旅行社作為辦公室，租期 6 個月，總租金為 120,000 元。但契約言明於訂約時一次付清。請做大東建設公司與南方旅行社 2015 年及 2016 年相關租金收入與租金費用的分錄？

解

	大東建設公司（享受服務者）	南方旅行社（享受服務者）
2015 年 11 月 1 日 收、付現分錄	現金　120,000 　預收租金　120,000	預付租金　120,000 　現金　120,000
2015 年 12 月底 調整分錄	預收租金　40,000 　租金收入　40,000	租金費用　40,000 　預付租金　40,000
2016 年 4 月底 租約到期分錄	預收租金　80,000 　租金收入　80,000	租金費用　80,000 　預付租金　80,000

※ 同一交易在兩個相關聯的企業中會作不同的會計認定，大東建設公司於收現時尚未提供服務，先以「預收租金」的負債科目表示收入尚未賺取；而南方旅行社於付現時時尚未享受服務，先以「預付租金」的資產科目表示可提供未來經濟效益。本例爲提供、享受服務與現金收付不同會計期間發生，收益與費損因連續性的發生和實現，若每日、每月作收益與費損的分錄，會使得會計作業變得繁複，基於成本效益原則，只要不影響當期損益，一般會延至期末計算當期權責基礎的收益與費損，一起作調整分錄，以簡化會計處理。

立即挑戰

(　　) 1. 應計收入是指何種收入？ (A) 已發生且尚未收現的收入 (B) 已發生且已收現的收入 (C) 尚未發生但已收現的收入 (D) 無法合理估計的收入。

(　　) 2. 下列哪種調整分錄會使資產及收入同時增加： (A) 預付費用 (B) 預收收入 (C) 提列呆帳 (D) 應計收入。

(　　) 3. 甲公司於今年 10 月 1 日收到面額為 \$100,000，利率 12%，6 個月期之應收票據一紙，試問甲公司本年（採曆年制）應認列之利息收入為： (A)\$12,000 (B)\$6,000 (C)\$3,000 (D)\$1,000。

※ 利息 = 本金 × 利率 × 期間 $= 100{,}000 \times 12\% \times \frac{3}{12} = 3{,}000$

(　　) 4. 應計費用是指何種費用？ (A) 已發生且已付的費用 (B) 已發生但尚未支付的費用 (C) 尚未發生但已付的費用 (D) 無法合理估計的費用。

(　　) 5. 若費用已發生，但未入帳，則期末調整應 (A) 借記收益，貸記資產 (B) 借記費用，貸記負債 (C) 借記費用，貸記資產 (D) 借記負債，貸記費用。

(　　) 6. 企業已收現但尚未實現之收入，應以何會計項目入帳？ (A) 應收收入 (B) 待收到現金再入帳為收入 (C) 預收收入 (D) 因尚未收到現金，暫不入帳。

(　　) 7. 企業已付現但尚未發生之費用，應以何會計項目入帳？ (A) 應付費用 (B) 待付現後，再入帳為費用 (C) 預付費用 (D) 因尚未付現，暫不入帳。

(　　) 8. 蘋果公司 i-phone 手機上市前已造成轟動，若公司決定對此種手機之銷售，採取先收貨款再交貨的政策，則蘋果公司於收到貨款時： (A) 若依應計基礎則不作任何記錄 (B) 若依應計基礎則應認列為預收貨款 (C) 若依現金基礎則不作任何記錄 (D) 若依現金基礎則應認列為預收貨款。

(　　) 9. 預付費用已過期的部份為 (A) 資產 (B) 負債 (C) 收益 (D) 費用。

(　　) 10. 預收收益已過期的部份為 (A) 資產 (B) 負債 (C) 收益 (D) 費用。

(　　) 11. 必勝美語雜誌社於今年 3 月 1 日收到訂戶劃撥的訂閱雜誌一年 12 期之預付款 $1,200，若該雜誌社採用權責發生基礎制，則下列分錄何者正確？
(A) 借記：現金 $1,200，貸記：預收貨款 $1,200
(B) 借記：現金 $1,200，貸記：銷貨收入 $1,200
(C) 借記：現金 $1,200，貸記：應收帳款 $1,200
(D) 借記：現金 $1,200，貸記：存貨 $1,200。

(　　) 12. 大豐公司今年 4 月 1 日支付一年期保險費，分錄為借：預付保險費 $ 12,000，貸：現金 $ 12,000。則今年底調整分錄應為 (A) 借：預付保險費 $ 3,000 (B) 貸：預付保險費 $ 9,000 (C) 借：保險費 $ 3,000 (D) 貸：保險費 $ 9,000 。

解答 1.(A) 2.(D) 3.(C) 4.(B) 5.(B) 6.(C) 7.(C) 8.(B) 9.(D) 10.(C) 11.(A) 12(B)

四、用品盤存的調整—針對辦公用品

企業平時會預先購買可供一段期間使用之文具、紙張等各種辦公用品（也稱文具用品），這些辦公用品會隨著企業使用而逐漸耗盡。其性質與預付費用相近，但二者仍存在差異。因文具用品為有形的物品，在期末需盤點才能求得耗用金額；而預付費用為無形的勞務，隨時間經過而變成費用。在過去傳統會計是以「預付文具用品」科目來處理，但基於兩者仍有差異，故以「用品盤存」取代「預付文具用品」科目。在會計期間終了時，調整分錄為借記「用品費用」貸記「用品盤存」。（用品盤存是有未來經濟效益的支出，屬於資產；用品費用則無未來經濟效益，屬於費損。）

釋例 3-8

2015 年 10 月 1 日購入文具用品 1,000 元，年底盤點，文具用品尚有價值 $ 300，試作購入及年底調整分錄？

解

	權責基礎
2015 年 10 月 1 日 購入分錄	用品盤存　　1,000 　現金　　　　　1,000
2015 年 12 月 31 日 調整分錄	用品費用　　700 　用品盤存　　　700

※ **辦公用品是屬於短期間使用的耗材，會隨著用品的耗用轉為費用；而辦公設備屬於長期使用的資產，隨著使用時間提列折舊費用。**

立即挑戰

(　　) 1. 義美公司購買辦公用品 $10,000，於帳上借記辦公用品盤存，當會計期間結束時，盤點辦公用品只剩下 $6,000，請問此時適當之調整分錄應為：

(A) 借記：辦公用品費用 $6,000，貸記：辦公用品 $6,000

(B) 借記：辦公用品 $6,000，貸記：辦公用品費用 $6,000

(C) 借記：辦公用品 $4,000，貸記：辦公用品費用 $4,000

(D) 借記：辦公用品費用 $4,000，貸記：辦公用品盤存 $4,000

(　　) 2. 宏基公司購買辦公用品 $6,000 並於帳上借記用品盤存；於會計期間結束時，盤點辦公用品只剩下 $1,000，請問此時適當之調整分錄應為：

(A) 借：辦公用品　$2,000　　貸：用品盤存　$2,000

(B) 借：用品盤存　$4,000　　貸：辦公用品　$4,000

(C) 借：用品費用　$5,000　　貸：用品盤存　$5,000

(D) 借：用品盤存　$2,000　　貸：辦公用品　$2,000

解答 1.(D)　2.(C)

五、資產評量的調整—關於呆帳及折舊

企業於期末應調整之帳項除了前述應計、預計事項外，還有些金額不確定的項目（其金額須視未來狀況的發展而估計），此類帳項稱為估計事項。例如呆帳是根據應收帳款（債權資產）餘額加以估計；而折舊是根據不動產廠房設備合理使用年限加以攤提。由於呆帳及折舊均屬資產項下，故本項調整統稱為資產評量之調整（過去稱為估計項目之調整）。

1. **債權資產**——呆帳之提列

凡屬有求償之權利者謂之債權資產，包括：應收票據，應收帳款、各項應收款等。

一般公認會計原則要求企業採用權責基礎作損益的認定，故企業於提供商品或勞務後就可認列應收帳款及收入。應收帳款難免會發生無法收回之情事，根據收益認列原則及收益與費損配合原則，於會計期間終了時估計應收帳款期末餘額中可能無法收回的金額，以借記「呆帳費用」貸記「備抵呆帳」調整入帳，使得本期的費損能與本期的收益相配合，並合理表示損益。「呆帳」為營業費用屬費損項下；而「備抵呆帳」為資產之抵銷科目，於財務狀況表中應列於應收帳帳款項下作為減項。

釋例 3-9

東方餐飲專辦大型宴會餐飲，提供婚宴及公司員工聚餐，東方餐飲允許客戶賒帳。今年 12 月 20 日有一筆賒帳金額 100,000 元，年底時估計約有 2% 之帳款無法回收，試做賒帳及年底提列呆帳的調分錄，另外，備抵呆帳在財務狀況表上的表示方式？

解

12 月 20 日賒銷分錄	應收帳款	100,000	
	餐飲收入		100,000
12 月 31 日調整分錄	呆帳	2,000	
	備抵呆帳		2,000

財務狀況表

應收帳款	100,000		
減：備抵呆帳	2,000		
應收帳款帳面價值	$ 98,000	餐飲收入	$ 100,000
		減：呆帳	2,000
		本期淨利	$ 98,000

※ **收益、費損為權益的明細，為便於了解暫以本期淨利型式出現於權益項下。**

提列呆帳時：借記呆帳費用，貸方不直接貸記應收帳款帳戶，而另設一備抵呆帳科目，作為應收款項之抵銷科目。其主要原因為：

(1) 呆帳是根據收益與費損配合原則而估計的事項，故在未實際發生前不能將債權沖銷以免誤以為放棄或喪失債權。

(2) 期末呆帳調整是以總應收帳款餘額作初步估計，尚無法確定是那些客戶會發生呆帳，因此無法決定應沖銷那些顧客的應收帳款明細帳。

2. **不動產廠房設備資產**——折舊的提列

企業的不動產廠房設備（除土地以外）在使用期間內，不斷地提供其效益而耗損，終至報廢或處分，故應將其成本分攤於使用期間，亦即將其成本逐期轉為費用。此種成本分攤的過程稱為**折舊**，其目的在於計算合理的損益。過去稱固定資產。

折舊方法有很多種，其中直線法較為簡單，實務上應用最廣，其公式為：

每年應提列的折舊額＝(成本－估計殘值)／耐用年限

其中成本為購入時所有的支出，估計殘值為預估使用年限終了處分時所能得到的淨現金流入。耐用年限是指設備預期可使用的年限。

釋例 3-10

亞力山大健康俱樂部於2015年初現購運動器材一台，成本300,000元，估計可用3年，無殘值，採直線法提列折舊。試做購入設備分錄及年底提列折舊的調整分錄，另外，累計折舊在財務狀況表上的表示方式為何？

解

	分錄	借	貸
1月1日購入分錄	運動設備	300,000	
	現金		300,000
12月31日調整分錄	折舊	100,000	
	累計折舊		100,000

財務狀況表第一年	
運動設備	300,000
減：累計折舊	100,000
帳面價值	200,000

財務狀況表第二年	
運動設備	300,000
減：累計折舊	200,000
帳面價值	100,000

財務狀況表第三年	
運動設備	300,000
減：累計折舊	300,000
帳面價值	0

※ 第一年年底耗用＄100,000 剩餘使用價值＄200,000；第二年年底總耗用＄200,000 剩餘使用價值＄100,000；至第三年年底耗用完畢。

提列折舊時：借記折舊費用，貸方不直接貸記不動產廠房設備帳戶，而另設一累計折舊科目，作為不動產廠房設備之抵銷，主要是報表上可保留原始購入成本資訊，且「累計折舊」為固定設備已消耗的價值，由累計折舊金額的多寡可看出設備的新舊程度。固定資產的帳面價值（根據繼續經營假定）係為固定資產的繼續使用價值（未耗用成本），而非目前出售價格。

立即挑戰

( ) 1. 年底估計應收帳款中無法回之部分提列壞帳，是那一個會計原則的應用？ (A) 收益費損配合原則 (B) 報導期間假定 (C) 收益實現原則 (D) 企業個體假定。

( ) 2. 年底估計應收帳款餘額＄100,000，估計 2% 無法回收，適當的處理方式為：
(A) 借：銷貨退回＄2,000 貸：應收帳款 ＄2,000
(B) 借：銷貨退回＄2,000 貸：備抵銷貨退回＄2,000
(C) 借：壞帳 ＄2,000 貸：應收帳款 ＄2,000
(D) 借：壞帳 ＄2,000 貸：備抵壞帳 ＄2,000。

( ) 3. 備抵壞帳在財務報表上應如何表達？ (A) 在財務狀況表上列為權益 (B) 在財務狀況表上列為應收帳款之減項 (C) 在綜合損益表上列為利得 (D) 在綜合損益表上列為壞帳費用之減項。

( ) 4. 提列折舊的主要目的在於： (A) 有系統的將資產成本在使用年限中加以分攤，作為各期間的費用 (B) 對資產重新評價 (C) 具有節稅效果 (D) 提供將來重置資產的資金 。

( ) 5. 下列有關「累計折舊」科目之敘述，何者正確？ (A) 為負債類項目 (B) 在財務狀況表上列為總資產之減項 (C) 增加時應記入借方 (D) 為折舊性資產之抵銷科目，正常餘額為貸餘。

(　　) 6. 西餐廳於年初購入餐廚設備成本為 $ 110,000，估計使用年限為 5 年，估計殘值為 $ 10,000。該企業採直線法提列折舊，則該年度提列折舊金額為： (A) $ 22,000 (B) $ 20,000 (C) $ 10,000 (D) $ 11,000。

(　　) 7. 一項折舊性資產的帳面價值，是指： (A) 資產的原始取得成本 (B) 資產的已折舊成本與其估計殘值之總和 (C) 資產目前之市價 (D) 資產成本中未曾攤提為折舊的部分。

解答 1.(A) 2.(D) 3.(B) 4.(A) 5.(D) 6.(B) 7.(D)

3-7-4 調整與編製財務報表的實例（按甲乙丙丁戊之順序進行）

(甲) 以前述振洋管理顧問社為例，就 3-28 頁其已完成的調整前試算表（如下，同表 3-6）分析：

表 3-6 調整前試算表

	會計項目	借方餘額	貸方餘額	
資產	現　金	284,000		
資產	應收帳款	20,000		
資產	預付租金	36,000		
資產	辦公設備	150,000		
	其他應付款		50,000	負債
	銀行借款		120,000	負債
	業主資本		300,000	權益
	業主提取	20,000		
	服務收入		100,000	收益
費用	薪資費用	50,000		
費用	廣告費	10,000		
	合　計	$570,000	$570,000	

分析上列試算表，發現有下列項目需要調整：

1. 估計期末應收帳款餘額的 2% 將無法回收。
2. 12 月 1 日預付一年店面租金 36,000 元，至 12 月底已經經過 1 個月。
3. 12 月 1 日購買辦公設備，此設備可使用 5 年，無殘值，至 12 月底已經使用 1 個月。
4. 12 月 21 日向銀行舉借 1 年期借款，利率 3%，至 12 月底共產生 10 天的應計利息。

(乙) 根據應調整事項製作轉帳傳票：

1. 分析：**本交易屬轉帳交易，應編製轉帳傳票**。無法回收的應收帳款應轉為呆帳費用，借方為「呆帳」，貸方為「備抵呆帳」，金額為＄20,000×2%=＄400。此交易為估計事項無原始憑證。

振洋管理顧問社
轉帳傳票
中華民國XX年12月31日
總數 10　轉帳號數 3

會計項目	摘要	金額	會計項目	摘要	金額	
呆帳	提列呆帳	400	備抵呆帳	提列呆帳	400	附單據0張
合計		400	合計		400	

經理　核准　會計　覆核　出納　登帳　製單

2. 分析：**本交易屬轉帳交易，應編製轉帳傳票**。已過期的預付租金應轉為租金費用，借方為「租金費用」，貸方為「預付租金」，金額為 36,000÷12 個月 =3,000。此交易根據 12 月 1 日簽訂的租約計算，此調整分錄無原始憑證。

振洋管理顧問社
轉帳傳票
中華民國XX年12月31日
總數 11　轉帳號數 4

會計項目	摘要	金額	會計項目	摘要	金額	
租金費用	攤銷本月租金	3,000	預付租金	攤銷本月租金	3,000	附單據0張
合計		3,000	合計		3,000	

經理　核准　會計　覆核　出納　登帳　製單

3. 分析：**本交易屬轉帳交易，應編製轉帳傳票**。已使用的辦公設備應轉為折舊費用，借方為「折舊」，貸方為「累計折舊」，金額為 150,000÷5 年 ÷12 個月 =2,500。此交易根據 12 月 1 日購買的辦公設備，估計其使用年限、及殘值計算而得，此調整分錄無原始憑證。

振洋管理顧問社
轉帳傳票
中華民國XX年12月31日
總數 12　轉帳號數 5

會計項目	摘要	金額	會計項目	摘要	金額	
折舊	攤提本月折舊	2,500	累計折舊	攤提本月折舊	2,500	附單據0張
合計		2,500	合計		2,500	

經理　核准　會計　覆核　出納　登帳　製單

4. 分析：**本交易屬轉帳交易，應編製轉帳傳票**。12 月 20 日向銀行舉借一年期借款，利率 3%，至 12 月底共將產生 10 天的應計利息。借方為「利息費用」，貸方為「應付利息」，金額為 120,000×3%×10/360=100。此交易根據 12 月 21 日簽訂的借款契約計算，此調整分錄無原始憑證。

振洋管理顧問社
轉帳傳票
中華民國XX年12月31日
總數 13　轉帳號數 6

會計項目	摘要	金額	會計項目	摘要	金額	
利息費用	12月份利息	100	應付利息	12月份利息	100	附單據0張
合計		100	合計		100	

經理　核准　會計　覆核　出納　登帳　製單

(丙)將傳票內容登入日記簿中成調整分錄，繼而過入分類帳：（如：表 3-8、3-9）

表 3-8 日記簿 第 2 頁

XX 年 月	日	傳票總號	會計項目	摘要	類頁	借方金額	貸方金額
			承前頁				
12	31	轉帳 3	呆帳 備抵呆帳	按帳款餘額 2% 提列呆帳 20,000×2%=400		400	400
	31	轉帳 4	租金費用 預付租金	預付一年租金，每月租金為 36,000÷12 月 =3,000		3,000	3,000
	31	轉帳 5	折舊 累計折舊	可使用 5 年、無殘值，每月折舊 =150,000÷5 年 ÷12 月 =2,500		2,500	2,500
	31	轉帳 6	利息費用 應付利息	一年借款利率 3%，10 天利息 =120,000×3%÷10/360=100		100	100

表 3-9 （調整後）分類帳

現金 第 1 頁

XX 年 月	日	摘要	日頁	借方金額	貸方金額	借或貸	餘額
12	1	略	1	300,000		借	300,000
	1		1		50,000	借	250,000
	1		1		36,000	借	214,000
	15		1	60,000		借	274,000
	18		1		50,000	借	224,000
	20		1	120,000		借	344,000
	25		1	20,000		借	364,000
	30		1		60,000	借	304,000
	31		1		20,000	借	284,000

應收帳款 第 2 頁

XX 年 月	日	摘要	日頁	借方金額	貸方金額	借或貸	餘額
12	15	略	1	40,000		借	40,000
	25		1		20,000	借	20,000

備抵呆帳 第 3 頁

XX 年 月	日	摘要	日頁	借方金額	貸方金額	借或貸	餘額
12	31	調整	2		400	貸	400

預付租金 第 4 頁

XX 年 月	日	摘要	日頁	借方金額	貸方金額	借或貸	餘額
12	1	略	1	36,000		借	36,000
	31	調整	2		3000	借	33,000

辦公設備 第 5 頁

XX 年 月	日	摘要	日頁	借方金額	貸方金額	借或貸	餘額
12	1	略	1	150,000		借	150,000

應付利息 第 9 頁

XX 年 月	日	摘要	日頁	借方金額	貸方金額	借或貸	餘額
12	31	調整	2		100	貸	100

業主資本 第 10 頁

XX 年 月	日	摘要	日頁	借方金額	貸方金額	借或貸	餘額
12	1	略	1		300,000	貸	300,000

業主提取 第 20 頁

XX 年 月	日	摘要	日頁	借方金額	貸方金額	借或貸	餘額
12	31	略	1	20,000		借	20,000

服務收入 第 11 頁

XX 年 月	日	摘要	日頁	借方金額	貸方金額	借或貸	餘額
12	15	略	1		100,000	貸	100,000

薪資費用 第 12 頁

XX 年 月	日	摘要	日頁	借方金額	貸方金額	借或貸	餘額
12	30	略	1	50,000		借	50,000

廣告費 第 13 頁

XX 年 月	日	摘要	日頁	借方金額	貸方金額	借或貸	餘額
12	30	略	1	10,000		借	10,000

呆帳 第 14 頁

XX 年 月	日	摘要	日頁	借方金額	貸方金額	借或貸	餘額
12	31	調整	2	400		借	400

累計折舊　第6頁

XX年 月	日	摘要	日頁	借方金額	貸方金額	借或貸	餘額
12	31	調整	2		2,500	貸	2,500

租金費用　第15頁

XX年 月	日	摘要	日頁	借方金額	貸方金額	借或貸	餘額
12	31	調整	2	3,000		借	3,000

其他應付款　第7頁

XX年 月	日	摘要	日頁	借方金額	貸方金額	借或貸	餘額
12	1	略	1		100,000	貸	100,000
	18		1	50,000		貸	50,000

折舊　第16頁

XX年 月	日	摘要	日頁	借方金額	貸方金額	借或貸	餘額
12	31	調整	2	2,500		借	2,500

呆帳　第17頁

XX年 月	日	摘要	日頁	借方金額	貸方金額	借或貸	餘額
12	31	調整	2	100		借	100

銀行借款　第8頁

XX年 月	日	摘要	日頁	借方金額	貸方金額	借或貸	餘額
12	20	略	1		120,000	貸	120,000

(丁)根據分類帳製作(調整後)試算表(如表3-10):

(註:表3-6為調整前之試算表,供作比較)

表3-6

振洋管理顧問社
試算表(調整前)
XX年12月31日

會計項目	借方餘額	貸方餘額
現　金	284,000	
應收帳款	20,000	
預付租金	36,000	
辦公設備	150,000	
其他應付款		50,000
銀行借款		120,000
業主資本		300,000
業主提取	20,000	
服務收入		100,000
薪資費用	50,000	
廣告費	10,000	
合　計	$ 570,000	$ 570,000

表3-10

振洋管理顧問社
試算表(調整後)
XX年12月31日

會計項目	借方餘額	貸方餘額
現　金	284,000	
應收帳款	20,000	
備抵呆帳		400
預付租金	33,000	
辦公設備	150,000	
累計折舊		2,500
其他應付款		50,000
銀行借款		120,000
應付利息		100
業主資本		300,000
業主提取	20,000	
服務收入		100,000
薪資費用	50,000	
廣告費	10,000	
呆帳	400	
租金費用	3,000	
折舊	2,500	
利息費用	100	
合　計	$573,000	$573,000

※比較振洋管理顧問社調整前後試算表發現,兩張試算表之間的差異為調整分錄。資產的減少或負債的增加都與調整分錄中費用增加有關。

(戊)根據(調整後)試算表編製:綜合損益表、權益變動表、財務狀況表。(如表 3-12)

(註:表 3-11 係以調整前之試算表資料編成,純供比較用,實務上不編調整前報表)

表 3-11(調整前)報表

綜合損益表

收入		100,000
費用		
薪資費用	50,000	
廣告費用	10,000	60,000
本期淨利		$40,000

權益變動表

期初權益	300,000
加:本期淨利	40,000
減:業主提取	(20,000)
期末權益	$320,000

財務狀況表

資產		負債及權益	
現金	284,000	其他應付款	50,000
應收帳款	20,000	銀行借款	120,000
預付租金	36,000	負債總額	170,000
辦公設備	150,000	權益	320,000
資產總計 $	490,000	負債及權益總計 $	490,000

表 3-12(調整後)報表

綜合損益表

收入		100,000
費用		
薪資費用	50,000	
廣告費用	10,000	
呆　帳	400	
租金費用	3,000	
折　舊	2,500	
利息費用	100	66,000
本期淨利		$34,000

權益變動表

期初權益	300,000
加:本期淨利	34,000
減:業主提取	(20,000)
期末權益	$314,000

財務狀況表

資產			負債及權益	
現金		284,000	其他應付款	50,000
應收帳款	20,000		銀行借款	120,000
減:備抵呆帳	400	19,600	應付利息	100
預付租金		33,000	負債總額	170,100
辦公設備	150,000		權益	314,000
減:累計折舊	2,500	147,500		
資產總計		$ 484,100	負債及權益總計	$ 484,100

說明:

1. **上述綜合損益表中費用共增加 6,000 元,本期淨利也少了 6,000 元,業主資本也跟著少了 6,000 元;財務狀況表中資產少了 5,900 元(包括備抵呆帳增加 400 元、預付租金少了 3,000 元、累計折舊增加 2,500 元),負債中的應付利息增加 100 元。**
2. 本單元僅概述財務報表之編製程序與基本型式,有關財務報表之詳細內容請見第五章。

從上述實例中，可綜合整理出「調整的主要特徵」如下：

1. 調整是對收益和費損，**按權責基礎**，在期末所進行的會計處理。
2. 調整是對收益和費損在一段時間的變化（不是一個時點）來處理。因為，**這些收益和費損在報導期間是連續性或逐步發生變化（不是一次性發生）**。
3. **調整分錄沒有可依據的原始憑證**，而是對已發生的事項作事後的會計處理。
4. 每一個調整分錄**必定包括一個財務狀況表項目（實帳戶）和一個綜合損益表項目**（虛帳戶）。即將『虛實混合帳』分為未實現的「實帳」及已實現的「虛帳」。
5. 為檢查調整分錄、過帳及調整帳戶餘額計算是否有誤，調整後有必要再編製一份調整後試算表以驗證借貸是否平衡，亦可作為編製財務報表的依據。

表 3-13　調整分錄觀念的彙總

調整事項		定　義	分　錄	對財務報表的影響
應計項目	應收事項	先提供財貨勞務後收款	應收收入　XXX 　各項收入　XXX	資產增加；收入增加
	應付事項	先享受財貨勞務後付款	各項費用　XXX 　應付費用　XXX	費用增加；負債增加
預計項目	預收事項	先收款 後提供財貨勞務	預收收入　XXX 　各項收入　XXX	負債減少；收入增加
	預付事項	先付款 後享受財貨勞務	各項費用　XXX 　預付費用　XXX	費用增加；資產減少
	用品盤存	先付款 後使用文具用品	用品費用　XXX 　用品盤存　XXX	費用增加；資產減少
估計項目	呆帳提列	估計無法回收的應收帳款	呆帳　XXX 　備抵呆帳　XXX	費用增加；資產減少
	折舊提列	不動產廠房設備因使用而價值下降	折舊　XXX 　累計折舊　XXX	費用增加；資產減少

※ 收益費損之調整歸納成下述二類：

(1) 當貸方收益增加時，則借方資產會增加或負債會減少；

(2) 當借方費損增加時，則貸方的資產會減少或負債會的增加。

釋例 4-11

就下列交易，作所有**發生時、年底調整**相關分錄：（假定報導期間為一年）

1. 12 月 1 日銷貨收到附年息 12% 面額 200,000 元，三個月期本票乙紙。
2. 10 月 1 日進貨開出附年息 12% 面額 200,000 元，六個月期本票乙紙。
3. 11 月 1 日收到一年房租 120,000 元，該企業會計以「預收租金」入帳。
4. 10 月 1 日現付一年保險費 12,000 元，該企業會計以「預付保險費」入帳。
5. 10 月 1 日購文具用品 $6,000，該企業會計以「用品盤存」入帳，年底盤存結果未耗用者 $1,000。
6. 12 月 20 日提供服務開出帳單 $ 400,000 尚未收現，年底估計約有 1% 帳款無法回收。
7. 1 月 1 日購買機器設備一件，成本 $800,000，估計可用四年，殘值 $0，該企業會計以「直線法」提列折舊。

解 ▷▷

交易	發生時分錄	年底調整分錄
1	應收票據 200,000 　銷貨收入 200,000	應收利息 2,000 　利息收入 2,000
2	存貨 200,000 　應付票據 200,000	利息費用 6,000 　應付利息 6,000
3	現金 120,000 　預收租金 120,000	預收租金 20,000 　租金收入 20,000
4	預付保險費 12,000 　現金 12,000	保險費 3,000 　預付保險費 3,000
5	用品盤存 6,000 　現金 6,000	用品費用 5,000 　用品盤存 5,000
6	應收帳款 400,000 　服務收入 400,000	呆帳 4,000 　備抵呆帳 4,000
7	機器設備 800,000 　應付設備款 800,000	折舊 200,000 　累計折舊 -- 機器設備 200,000

※ 在電腦記帳系統中，若調整分錄與時間經過有關（例如折舊），透過系統中資產取得日期及使用年限、殘值等資料，就可自動產生正確的調整分錄；或先行設定調整項目之條件，則可於條件吻合時自動產生調整分錄。然而調整事項若涉及人爲判斷或無法在電腦中建立自動調整功能者，仍需以人工建檔入帳。

3-8 結帳與開帳

3-8-1 結帳的意義

收益與費損是從權益項下衍生出來的，為了明確計算每一會計期間的損益，通常於期末將本期各項損益項目轉入權益並將各項損益科目歸零，以便重新計算下期損益。若不結清各期損益，將分不清各年度損益及經營績效。就如同超商人員在交班時必需把帳目結清以便交給下一接班人員一樣。

為了分開各期財務狀況與經營成果，每期帳冊應分開並獨立。若為電腦記帳則每期資料檔案應獨立。故結帳具有下列兩種意義：

1. 基於報導期間假設（通常為一年）：企業於每報導期間終了時，都會將收益與費損兩類項目結清，其差額轉至權益類項目中，謂之「結帳（或結算）」。因結帳所作的分錄就稱為「結帳分錄」。收益與費損兩類型項目，因期末必須結清，故稱為「虛帳戶」、「暫時性帳戶」或「臨時性帳戶」。
2. 基於繼續經營假設：企業於報導期間終了後仍將繼續存在，故資產、負債、權益科目期末餘額會轉至下一期並逐年累積，謂之「結轉」也稱為「結帳」。因期末餘額會結轉至下期期初繼續營運，故資產、負債、權益三類型科目又稱為「實帳戶」或「永久性帳戶」。

※ **綜合言之，期末結帳其實就是從一個帳戶轉至另一個帳戶的過程；收益與費損帳戶為當期概念，而資產、負債、權益帳戶為累計概念。**

3-8-2 結帳的步驟

在結帳時，為使淨利、淨損能明白顯示，並簡化「權益」之細節，另設立「本期損益」或「損益彙總」帳戶，作為結帳的過渡性帳戶。損益彙總只是暫時性項目，之後會把損益彙總之的項目結清轉入「權益」。再將資產、負債、權益科目結轉下期，故結帳的步驟為：

一、虛帳戶之結清

1. 先將收入類項目轉入「損益彙總」項目：在正常情形下，收入類帳戶為貸餘，為使收入類餘額結清，故結帳時收入類帳戶在借方，而「本期損益」便在貸方。
2. 再將費用類項目轉入「本期損益」項目：在正常情形下，費用類帳戶必為借餘，為使費用類餘額結清，故結帳時費用類帳戶在貸方，而「本期損益」便在借方。

二、實帳戶之結轉：

我國會計實務中各實帳戶餘額之結帳，一律在分類帳上結轉，不需作任何結帳分錄。結轉實帳戶可以直接在摘要欄內註明「結轉下期」，然後把餘額抄錄在次年的新帳冊中。

至於實際進行結帳作業之流程為：

1. 編製傳票：結帳分錄不涉及現金帳故編製**轉帳傳票，且無原始憑證**。
2. 分錄：根據轉帳傳票以結帳分錄記入日記簿。
3. 過帳：將日記簿的結帳分錄過入分類帳。
4. 試算：根據各分類帳餘額編製結帳後試算表。

3-8-3 結帳及結帳後試算表的實例

以前述振洋管理顧問社為例：

1. 編製傳票：編製下列轉帳傳票（表 3-14）。

表 3-14 轉帳傳票

振洋管理顧問社 轉帳傳票 中華民國XX年12月31日（總數 14，轉帳號數 7）

(借方)會計項目	摘要	金額	(貸方)會計項目	摘要	金額	附單據
服務收入	結清收益帳	100,000	本期損益	結清收益帳	100,000	0張
合計		100,000	合計		100,000	

經理　核准　會計　覆核　出納　登帳　製單

振洋管理顧問社 轉帳傳票 中華民國XX年12月31日（總數 15，轉帳號數 8）

(借方)會計項目	摘要	金額	(貸方)會計項目	摘要	金額	附單據
本期損益	結清費損帳	66,000	薪資費用	結清費損帳	50,000	0張
			廣告費		10,000	
			呆帳		400	
			租金費用		3,000	
			折舊		2,500	
			利息費用		100	
合計		66,000	合計		66,000	

經理　核准　會計　覆核　出納　登帳　製單

振洋管理顧問社 轉帳傳票 中華民國XX年12月31日（總數 16，轉帳號數 9）

(借方)會計項目	摘要	金額	(貸方)會計項目	摘要	金額	附單據
本期損益	結清本期損益	34,000	業主資本	結清本期損益	34,000	0張
合計		34,000	合計		34,000	

經理　核准　會計　覆核　出納　登帳　製單

振洋管理顧問社 轉帳傳票 中華民國XX年12月31日（總數 17，轉帳號數 10）

(借方)會計項目	摘要	金額	(貸方)會計項目	摘要	金額	附單據
業主資本	結清業主提取	20,000	業主提取	結清業主提取	20,000	0張
合計		20,000	合計		20,000	

經理　核准　會計　覆核　出納　登帳　製單

2. 分錄：根據轉帳傳票記入日記簿（表 3-15）作成結帳分錄。

表 3-15 日記簿 第 3 頁

XX 年		傳票總號	會計項目	摘　要	類頁	借方金額	貸方金額
月	日						
			承前頁				
12	31	轉帳 7	服務收入	結清收益類項目		100,000	
			本期損益	轉至本期損益項目			100,000
	31	轉帳 8	本期損益	結清費損類項目		66,000	
			薪資費用	轉至本期損益項目			50,000
			廣告費				10,000
			呆帳				400
			租金費用				3,000
			折舊				2,500
			利息費用				100
	31	轉帳 9	本期損益	結清本期損益		34,000	
			業主資本	轉至業主資本項目			34,000
	31	轉帳 10	業主資本	結清業主提取		20,000	
			業主提取	轉至業主資本項目			20,000

3. 過帳 --：將日記簿的結帳分錄過入分類帳（表 3-16）。

表 3-16 分類帳

現金 第 1 頁

XX 年		摘要	日頁	借方金額	貸方金額	借或貸	餘額
月	日						
12	1	略	1	300,000		借	300,000
	1		1		50,000	借	250,000
	1		1		36,000	借	214,000
	15		1	60,000		借	274,000
	18		1		50,000	借	224,000
	20		1	120,000		借	344,000
	25		1	20,000		借	364,000
	30		1		60,000	借	304,000
	31		1		20,000	借	284,000
	31	結轉下期	3		284,000	平	0

應收帳款 第 2 頁

XX 年		摘要	日頁	借方金額	貸方金額	借或貸	餘額
月	日						
12	15	略	1	40,000		借	40,000
	25		1		20,000	借	20,000
12	31	結轉下期	3		20,000	平	0

備抵呆帳 第 3 頁

XX 年		摘要	日頁	借方金額	貸方金額	借或貸	餘額
月	日						
12	31	調整	2		400	貸	400
12	31	結轉下期	3	400		平	0

預付租金 第 4 頁

XX 年		摘要	日頁	借方金額	貸方金額	借或貸	餘額
月	日						
12	1	略	1	36,000		借	36,000
	31	調整	2		3,000	借	33,000
12	31	結轉下期	3		36,000	平	0

業主資本 第 10 頁

XX 年		摘要	日頁	借方金額	貸方金額	借或貸	餘額
月	日						
12	1	略	1		300,000	貸	300,000
12	31	本期損益	3		34,000	貸	334,000
12	31	業主提取	3	20,000		貸	314,000
12	31	結轉下期	3	314,000		平	0

業主提取 第 20 頁

XX 年		摘要	日頁	借方金額	貸方金額	借或貸	餘額
月	日						
12	31	略	1	20,000		借	20,000
13	31	結轉業主資本			20,000	平	0

本期損益 第 21 頁

XX 年		摘要	日頁	借方金額	貸方金額	借或貸	餘額
月	日						
12	31	服務收入轉入	3		100,000	貸	100,000
12	31	各項費用轉入	3	66,000		貸	34,000
12	31	結轉業主資本	3	34,000		平	0

服務收入 第 11 頁

XX 年		摘要	日頁	借方金額	貸方金額	借或貸	餘額
月	日						
12	15	略	1		100,000	貸	100,000
12	31	結轉本期損益	3	100,000		平	0

薪資費用 第 12 頁

XX 年		摘要	日頁	借方金額	貸方金額	借或貸	餘額
月	日						
12	30	略	1	50,000		借	50,000
12	31	結轉本期損益	3		50,000	平	0

辦公設備 第5頁

XX年 月	日	摘要	日頁	借方金額	貸方金額	借或貸	餘額
12	1	略	1	150,000		借	150,000
12	31	結轉下期	3		150,000	平	0

累計折舊 第6頁

XX年 月	日	摘要	日頁	借方金額	貸方金額	借或貸	餘額
12	31	調整	2		2,500	貸	2,500
13	31	結轉下期	3	2,500		平	0

其他應付款 第7頁

XX年 月	日	摘要	日頁	借方金額	貸方金額	借或貸	餘額
12	1	略	1		100,000	貸	100,000
	18		1	50,000		貸	50,000
12	31	結轉下期	3	50,000		平	0

銀行借款 第8頁

XX年 月	日	摘要	日頁	借方金額	貸方金額	借或貸	餘額
12	20	略	1		120,000	貸	120,000
12	31	結轉下期	3	120,000		平	0

應付利息 第9頁

XX年 月	日	摘要	日頁	借方金額	貸方金額	借或貸	餘額
12	31	調整	2		100	貸	100
12	31	結轉下期	3	100		平	0

廣告費 第13頁

XX年 月	日	摘要	日頁	借方金額	貸方金額	借或貸	餘額
12	30	略	1	10,000		借	10,000
12	31	結轉本期損益	3		10,000	平	0

呆帳 第14頁

XX年 月	日	摘要	日頁	借方金額	貸方金額	借或貸	餘額
12	31	調整	2	400		借	400
12	31	結轉本期損益	3		400	平	0

租金費用 第15頁

XX年 月	日	摘要	日頁	借方金額	貸方金額	借或貸	餘額
12	31	調整	2	3,000		借	3,000
12	31	結轉本期損益	3		3,000	平	0

折舊 第16頁

XX年 月	日	摘要	日頁	借方金額	貸方金額	借或貸	餘額
12	31	調整	2	2,500		借	2,500
12	31	結轉本期損益	3		2,500	平	0

利息費用 第17頁

XX年 月	日	摘要	日頁	借方金額	貸方金額	借或貸	餘額
12	31	調整	2	100		借	100
12	31	結轉本期損益	3		100	平	0

4. 試算：根據各分類帳餘額編製結帳後試算表（表 3-17）

表 3-17　試算表

振洋管理顧問社
結帳後試算表
XXX 年 12 月 31 日

會計項目	借方餘額	貸方餘額
現　金	$ 284,000	
應收帳款	20,000	
備抵呆帳		400
預付租金	33,000	
辦公設備	150,000	
累計折舊		2,500
其他應付款		50,000
銀行借款		120,000
應付利息		100
業主資本		314,000
合　計	$ 487,000	$ 487,000

※ 結帳後試算表與結帳前試算表之差別為虛帳戶已結清，只剩下實帳戶。

※ 有關結帳相關法規
我國稅捐稽徵機關管理營利事業會計帳簿憑證辦法第 21 條第 2 項： 期末調整及結帳，與結帳後轉入次期之帳目，得不檢附原始憑證。
大陸會計基礎工作規範第 64 條：各單位應當按照規定定期結帳。 1. 結帳前，必須將本期內所發生的各項經濟業務全部登記入帳。 2. 結帳時，應當結出每個帳戶的期末餘額。需要結出當月發生額的，應當在摘要欄內註明「本月合計」字樣，併在下面通欄劃單紅線。需要結出本年累計發生額的，應當在摘要欄內註明「本年累計」字樣，併在下面通欄劃單紅線；12 月末的「本年累計」就是全年累計發生額。全年累計發生額下面應當通欄劃雙紅線。年度終了結帳時，所有總帳帳戶都應當結出全年發生額和年末餘額。 3. 年度終了，要把各帳戶的餘額結轉到下一會計年度，並在摘要欄註明「結轉下年」字樣；在下一會計年度新建有關會計帳簿的第一行餘額欄內填寫上年結轉的餘額，並在摘要欄註明「上年結轉」字樣。

※ 在電腦系統中經過(1)結清虛帳戶及(2)結轉實帳戶的作業後，即可產生結帳後試算表。

3-8-4 開帳

下一年度開始時，將原帳戶之上期餘額轉入本期新設帳戶，並在摘要欄中註明「上期結轉」字樣。此種將上期末各實帳戶餘額，結轉入本期帳戶之工作稱「開帳」。

現　金　　　　第 1 頁

XXX 年		摘　要	日頁	借方金額	貸方金額	借或貸	餘　額
月	日						
1	1	**上期結轉**	1	284,000		借	284,000

立即挑戰

(　) 1. 結帳分錄是為了：(A) 結清實帳戶 (B) 免做調整分錄 (C) 預為下期調整做準備 (D) 結清收益、費損類帳戶。

(　) 2. 下列那一帳戶在編製結帳分錄結清其餘額時，需要借記本期損益？ (A) 服務收入 (B) 應付帳款 (C) 業主提取 (D) 租金費用。

(　) 3. 下列那一帳戶在編製結帳分錄結清其餘額時，需要貸記本期損益？ (A) 服務收入 (B) 應付帳款 (C) 股利 (D) 租金費用。

(　) 4. 結帳後佣金收入帳戶餘額為：(A) 無餘額 (B) 借餘 (C) 貸餘 (D) 可能借餘也可能貸餘。

(　　) 5. 結帳後租金費用帳戶餘額為：　(A) 無餘額　(B) 借餘　(C) 貸餘　(D) 可能借餘也可能貸餘。

(　　) 6. 收益及費損科目結清後，本期損益科目之餘額為：　(A) 無餘額　(B) 借餘　(C) 貸餘　(D) 可能借餘也可能貸餘。

(　　) 7. 在結帳時，必須將餘額轉入下期之帳戶是：　(A) 虛帳戶　(B) 實帳戶　(C) 實帳戶與虛帳戶　(D) 混合帳戶。

(　　) 8. 調整後試算表的內容包含：　(A) 資產、負債、權益、收益及費損　(B) 資產及負債　(C) 資產、負債、權益及「本期損益」　(D) 資產、負債及權益。

(　　) 9. 結帳後試算表的內容包含：　(A) 資產、負債、權益、收益及費損　(B) 資產及負債　(C) 資產、負債、權益及「本期損益」　(D) 資產、負債及權益。

(　　) 10. 電腦系統要進行一個新年度會計處理前，需先作？　(A) 重新過帳 (B) 年底結帳 (C) 將所有會計項目餘額結清歸零 (D) 編製試算表。

解答 1.(D)　2.(D)　3.(A)　4.(A)　5.(A)　6.(D)　7.(B)　8.(A)　9.(D)　10.(B)

3-9 人工記帳與電腦作業的差異

企業使用電腦處理會計事務時，關於原始憑證之取得、審核及會計資料之保存等作業與人工處理時並無不同。電腦作業與人工作業主要差異如下：

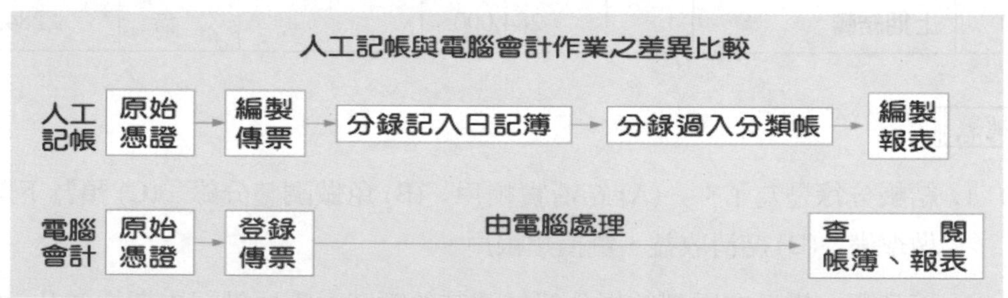

圖 3-8　人工記帳與電腦會計作業的差異

1. 電腦在處理速度和正確性方面較人工作業為佳。
2. 電腦在資料處理、儲存時均透過磁帶、磁碟等媒材，其處理過程較不易由人工偵測、查核。人工作業則因為各個處理步驟皆有跡可循，較容易查核。

3. 在人工處理作業上，大多集中於定期性、例行性的報表編製，對於管理階層所需的決策、規劃所需的報告，能提供的範圍較為有限。而電腦記帳可以節省龐大的人力及時間，隨時提供各式各樣對管理決策有幫助之會計資訊，以提昇企業整體的競爭優勢。

4. 當企業採行會計資訊系統後，企業的組織結構、人員的分工、帳務的處理程序、資料的儲存方式及審計軌跡的保存等方面，均會產生重大的改變。此時應注意內部控制制度，以防電腦資料被竄改而產生錯誤的訊息。

我國法令對於電腦記帳並未規定需定期列印傳票、帳簿及會計報表（但必要時，企業應列印供查核），但基於管理上需要，建議企業仍應每日、每旬或每月列印傳票清單，逐一與傳票內容、編號核對是否相符，以防人為疏失或舞弊。另外，帳簿及會計報表則視各企業需要自行列印呈核後存檔，使帳簿、報表與電腦資料，兩者並行存檔，以利於資料查閱。

※ 有關使用電子方式處理會計資料相關法規
我國商業使用電子方式處理會計資料辦法第 7 條：商業之會計憑證、會計帳簿及財務報表等，得以電子方式輸出或以資料儲存媒體儲存。 商業使用電子方式輸出之會計帳簿，應按順序編號，彙訂成冊。 使用資料儲存媒體保存會計資料之商業，應提供處理會計資料之會計軟體及資料儲存媒體，並列印資料儲存媒體內之會計資料，以供查核。 **我國商業使用電子方式處理會計資料辦法**第 9 條：資料儲存媒體內所儲存之各項會計憑證，除應永久保存或有關未結會計事項者外，應於年度決算程序辦理終了後，至少保存五年。 資料儲存媒體內所儲存之各項會計帳簿及財務報表，應於年度決算程序辦理終了後，至少保存十年。但有關未結會計事項者，不在此限。
大陸會計基礎工作規範第 58 條：實行會計電算化的單位，用電腦列印的會計帳簿必須連續編號，經審核無誤後裝訂成冊，並由記帳人員和會計機構負責人、會計主管人員簽字或者蓋章。 **大陸會計基礎工作規範**第 61 條：實行會計電算化的單位，總帳和明細帳應當定期列印。

■ 附錄：預計事項的另一種調整方式——聯合基礎

前面敘述預計事項及辦公用品的調整是採**權責基礎**：也就是發生現金收付時，先以資產、負債的實帳戶入帳，之後逐漸實現時再轉至收益、費損的虛帳戶，稱為「先實後虛法」；不過，也有些企業是採**聯合基礎**，也就是發生現金收付時，先以收益、費損的虛帳戶入帳，期末再把未實現部分轉回資產、負債的實帳戶，又稱為「先虛後實法」。

如：原購買文具用品預計在一個會計期間內用完，故購買時以「費用」科目入帳，至期末才發現有部分文具尚未用完，此時應將剩餘文具用品轉回「資產」科目。

以前（釋例 3-8）為例：2015 年 10 月 1 日購入文具用品 1,000 元，年底盤點，文具用品尚餘＄300，試以權責基礎、聯合基礎分別作購入及年底調整分錄？

	權責基礎（先實後虛）	聯合基礎（先虛後實）
2015 年 10 月 1 日 購入分錄	用品盤存　1,000 　現金　　　1,000	用品費用　1,000 　現金　　　1,000
2015 年 12 月 31 日 調整分錄	用品費用　700 　用品盤存　　700	用品盤存　300 　用品費用　　300

※ 上列的聯合基礎是購入時採現金基礎，期末以權責基礎調整，故又稱「改良的現金基礎」或「混合基礎」。但不論採何種基礎，在作完調整分錄之後，兩者的結果一樣，例如上例調整完後，用品盤存餘額為 300 元，而用品費用 700 元，現金同樣為支出 1,000 元。

以前（釋例 3-7）為例：大東建設公司於 2015 年 11 月 1 日簽訂租賃契約，將大樓部分樓層出租給南方旅行社作為辦公室，租期 6 個月，總租金為 120,000 元。但契約言明於訂約時一次付清。試以權責基礎、聯合基礎分別作大東建設公司與南方旅行社 2015 年及 2016 年相關租金收入與租金費用的分錄？

	大東公司權責基礎（先實後虛）	大東公司聯合基礎（先虛後實）
2015 年 11 月 1 日 收現分錄	現金　120,000 　預收租金　　120,000	現金　120,000 　租金收入　　120,000
2015 年 12 月底 調整分錄	預收租金　40,000 　租金收入　　40,000	租金收入　80,000 　預收租金　　80,000
2016 年 4 月底 租約到期分錄	預收租金　80,000 　租金收入　　80,000	預收租金　80,000 　租金收入　　80,000

	南方旅行社權責基礎（先實後虛）	南方旅行社聯合基礎（先虛後實）
2015 年 11 月 1 日 付現分錄	預付租金　120,000 　現金　　　　120,000	租金費用　120,000 　現金　　　　120,000
2015 年 12 月底 調整分錄	租金費用　40,000 　預付租金　　　40,000	預付租金　80,000 　租金費用　　　80,000
2016 年 4 月底 租約到期分錄	租金費用　80,000 　預付租金　　　80,000	租金費用　80,000 　預付租金　　　80,000

二種基礎在第一年調整過後，各帳戶餘額相同，故第二年二種基礎的分錄相同。

商業會計法第 10 條：會計基礎採用權責發生制；在平時採用現金收付制者，俟決算時，應照權責發生制予以調整。

■ 專有名詞中英文對照表

會計循環	Accounting Cycle
交易事項	Transactional Events
會計憑證	Accounting documents
記帳憑證	Bookkeeping Vouchers
轉帳傳票	Transfer Vouchers
轉帳交易	Non-cashTransaction
簡單交易	Simple Transaction
過帳	Posting
標準式分類帳	Standard Account
總分類帳	General Ledger
試算表	Trial Balance
配合原則	Matching Principle
收入認列原則	Revenue Recognition Principle
應計項目	Accrual Items
應收收入	Accrued Pevenue
預收收入	Unearned Revenue
資產抵銷帳戶	Contra-asset Account
折舊	Depreciation Expense

累計折舊	Accumulated Depreciation
調整後試算表	Adjusted Trial Balance
會計事項	Accounting Event
非交易事項	Non-Transactional Events
原始憑證	Source Document
傳票	Slip；Voucher
現金交易	Cash Transaction
混合交易	Mixed Transaction
複雜交易	Compound Transaction
分類帳	Ledger
餘額式分類帳	Balance Account
明細分類帳	Subsidiary Ledger
調整分錄	Adjusting Entry
遞延項目	Deferred Items
應付費用	Accrued Expense
預付費用	Prepaid Expense
帳面價值	Book Value
呆帳	Bad Debts Expense
備抵呆帳	Allowance for Bad Debts
結帳	Closing the Book

Questions

一、分析下列各項憑證屬於何種原始憑證？

憑證型式	憑證種類	憑證型式	憑證種類
付款收到對方開來收據		收到對方款項所開的收據	
進貨收到的進貨發票		銷貨開給客戶的發票	
客戶退貨單		本企業開的進貨退貨單	
繳稅之收據		向外借款所出具的借據	
客戶訂購商品之訂購單		向供應商訂購商品的訂購單	
銀行對帳單		銷貨明細表	
已付款薪資印領清冊		折舊計算表	
水電費收據		商品盤存單	

二、下列交易應編製 何種傳票？ (1) 現金收入傳票 (2) 現金支出傳票 (3) 轉帳傳票

交易事項	傳票種類
1. 業主投資現金 100,000 元，設立商店。	
2. 購買運輸設備 400,000 元，付現 80,000 元，餘暫欠。	
3. 現付一年保險費 6,000 元。	
4. 賒購文具用品 3,000 元。	
5. 現收運費 50,000 元。	
6. 運費收入 100,000 元，客戶賒欠。	
7. 現付本月份薪資 30,000 元。	
8. 應收帳款餘額 $ 20,000，預估 5% 無法回收。	
9. 結帳分錄。	

三、友達公司於會計年度終了時有下列事項尚未調整入帳：

1. 已賺得但尚未開立帳單給客戶的服務收入 $ 150,000。
2. 12 月份有薪資費用 $ 70,000，將於明年 1 月支付。
3. 預付租金 $ 120,000 中有 $ 50,000 於本年度到期。

4. 預收收益 $ 80,000 中有 $ 30,000 已於本年度提供完服務。
5. 購文具用品 $2,000，當時以「用品盤存」項目入帳，年底盤點文具用品，尚餘 $ 500。
6. 應收帳款餘額 $ 40,000，預估 5% 無法回收。
7. 本期機器設備折舊費用 $ 30,000。

試作：上列各項年底調整分錄？

四、下列為台中管理顧問公司於 2015 年底之調整前與調整後試算表。

請作：台中管理顧問公司 2015 年底之調整分錄？

台中管理顧問公司
試算表
2015 年 12 月 31 日

	調整前		調整後	
會計項目	借方	貸方	借方	貸方
現金	80,000		80,000	
應收帳款	50,000		50,000	
預付租金	20,000		10,000	
用品盤存	10,000		6,000	
設備	300,000		300,000	
累計折舊－設備		25,000		50,000
應付帳款		27,000		27,000
應付票據		130,000		130,000
應付薪資				10,000
預收收入		60,000		40,000
股本		158,000		158,000
服務收入		80,000		100,000
薪資費用	20,000		30,000	
租金費用			10,000	
用品費用			4,000	
折舊費用			25,000	
合計	$480,000	$480,000	$515,000	$515,000

五、下列係海山商店 2015 年 12 月底調整後試算表：試作：

(1)該店 2015 年 12 月底結帳分錄　(2) 該店 2015 年 12 月底結帳後試算表

海山商店調整後試算表

2015 年 12 月 31 日

	借　方	貸　方
現　金	$1,083,000	
應收帳款	40,000	
預付保險費	44,000	
設　備	320,000	
累計折舊－設備		$80,000
用品盤存	20,000	
短期借款		100,000
應付利息		250
業主資本		1,300,000
服務收入		294,000
租金費用	18,000	
薪資費用	160,000	
保險費	4,000	
折舊費用	80,000	
辦公用品費用	5,000	
利息費用	250	
合計	$1,774,250	$1,774,250

六、中和洗衣店於 2015 年 11 月 1 日成立，11 月份完成下列各項交易：

11/01　黃麗萍投資現金 500,000 元，設立中和洗衣店

11/01　購買洗衣設備 360,000 元，付現 110,000 元，餘賒欠，該設備耐用年限 5 年，估計殘值為 0。

11/10　洗衣收入 120,000 元，收到 3 個月期票，利率 3%。

11/12　賒購一年份洗衣物料 50,000 元。

11/14　償還設備欠款 150,000 元。

11/15　將租來的多餘房屋空間出租，預收 3 個月房租共 30,000 元。

11/15　支付當月水電費 20,000 元、當月租金費用 50,000 元。

11/20　現收洗衣收入 100,000 元，

11/30　業主提取現金 10,000 元

（本題報導期間假定為一個月）

11 月底相關調整事項如下：

1. 預收租金 11/15 至 11/30 已實現 15 天。30,000÷3 個月 ×15/30=5,000 元
2. 以直線法提列 11 月份折舊。一個月折舊 =360,000÷5 年 ÷12 個月 =6,000 元
3. 11 月底盤點洗衣物料還剩 10,000 元，故本月共耗洗衣物料 40,000 元
4. 11 月份應收票據利息。20 天利息 =120,000 元 ×3%×20/360=200 元
5. 11 月薪資費用 30,000 元，次月 5 日支付。

試根據上列資料作：

(1) 日記簿：含平時分錄、調整分錄、結帳分錄（不必作傳票）
(2) 過入分類帳（以簡易 T 字帳即可）
(3) 編製調整後試算表
(4) 11 月份綜合損益表、權益變動表及 11 月 30 日財務狀況表

買賣業會計與存貨

企業的型態大致可分為服務業、買賣業及製造業三種。本書前三章均以服務業為例來介紹會計的基本觀念，本章將以買賣業為主。買賣業的主要營業活動為商品交易，其會計處理的內容和服務業類似，只是多了「進貨、銷貨、存貨」等交易事項，此外損益表的表現方式也略有不同。至於製造業則歸於「成本會計」之範疇，本書不作討論。

本章大綱

4-1　企業經營型態及其綜合損益表

4-2　存貨的定義與認列

4-3　存貨數量的盤存制度

4-4　永續盤存制進貨之會計處理

4-5　永續盤存制銷貨之會計處理

4-6　永續盤存制存貨之期末調整、結帳、編表

4-7　永續盤存制存貨之評價

4-8　永續盤存制存貨的期末評價

4-9　存貨的估計方法

4-10　存貨錯誤對財務報表的影響

附錄：定期盤存制下的進、銷、存之會計處理

4-1 企業經營型態及其綜合損益表

4-1-1 企業的經營型態

企業經營的型態分為：製造業、買賣業及服務業三大類。

1. **製造業：**主要營業活動為購入原料或半成品，將之加工、改變型態後出售，如：台積電、台塑、統一食品等。其會計處理屬成本會計的範疇，本書不作討論。
2. **買賣業：**買賣業係以買賣商品來賺取利益。例如：自批發商與零售商購入商品，不改變商品型態即轉售給消費者，其會計處理較服務業複雜。如：超商、大賣場、百貨公司、電子產品專賣店等皆屬之。
3. **服務業：**服務業的營業活動係以提供勞務來賺取利益，服務業的會計事務較為簡單。如：醫院診所、管理顧問公司、律師或會計師事務所、航空運輸業、旅行社、不動產仲介商等。

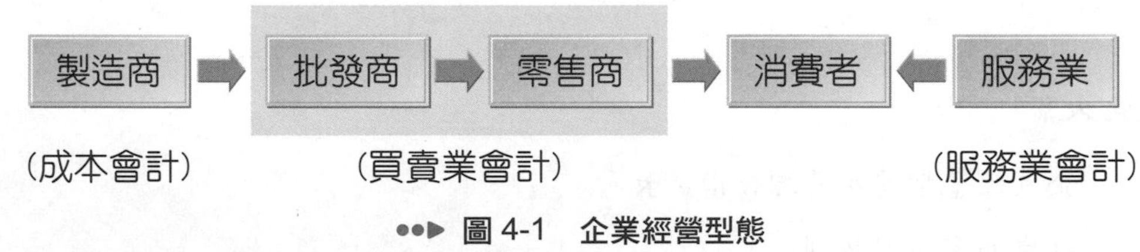

圖 4-1 企業經營型態

4-1-2 綜合損益表的比較

服務業的收入包括：因提供勞務而賺取的「服務收入」或稱「勞務收入」。及非因提供勞務而賺得的「營業外收入」。其費損包括：因提供勞務所需的花費稱為「營業費用」，及非因提供勞務而支出的「營業外費用」。

買賣業的收入包括：因銷售商品所賺得的「銷貨收入」或簡稱「銷貨」，及非因銷貨產生之「營業外收入」，如利息收入、投資收入。買賣業的費損包括：因銷售商品所產生的「銷貨成本」及「營業費用」，及非因銷貨產生之「營業外費用」，如利息費用、投資損失等。

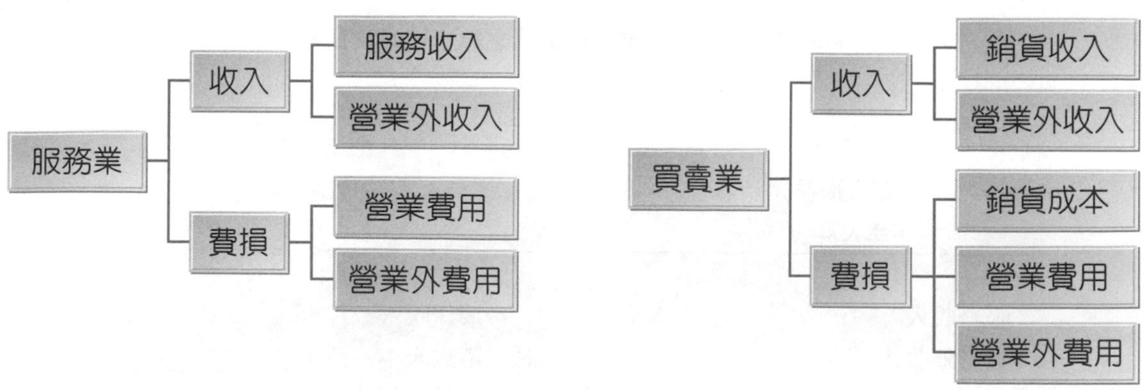

圖 4-2　服務業與買賣業之收入、費損比較

損益表的其表達方式有二種：一是單站式損益表；另一是多站式損益表。

1. 單站式損益表：係指其計算損益只需一個步驟，將同期之各項收入總額減去各項費損總額可得其損益。**小規模買賣業或服務業常採用之**。

   即「總收入－總費損＝本期損益」

2. 多站式損益表：分成數個階段來計算其損益，**可以提供更多的會計資訊給報表使用者，以助其決策之制定**。一般買賣業、製造業常採用之。

   (1) 第一階段：**銷貨收入－銷貨成本＝銷貨毛利**；由此可得知買賣商品的損益。

   銷貨成本：指本期所銷售商品之總成本。

   ※ 統一超商 (2912)2014 年銷貨成本占銷貨收入比率為 68%，

   故銷貨毛利占銷貨收入比率為 32%；

   全家超商 (5903)2014 年銷貨成本占銷貨收入比率為 65%，

   故銷貨毛利占銷貨收入比率為 35%。

   服務業因無銷售商品所以無此項目。

   (2) 第二階段：**銷貨毛利－營業費用＝營業損益**；由此可得知本業的營業狀況。

   營業費用：指與銷售商品有關係之間接費用，如薪資、水電費、折舊等。

   ※ 統一超商 (2912)2014 年營業費用占銷貨收入之比率為 27%；

   全家超商 (5903)2014 年營業費用占銷貨收入之比率為 33%。

   買賣業、服務業均有營業費用，只是發生原因不同而已。

   (3) 第三階段：**營業損益 ± 營業外收支＝本期損益**。由此可得知全企業的損益狀況。

   營業外收支：非因銷貨產生之收益及費損，如：利息、租金、投資之損益等。

   營業損益通常較為穩定，而營業外收支則較不穩定且與業務無直接關係，在綜合損益表中常單獨列為一個項目，以便報表閱讀者來分辨企業的本業損益與業外損益；就如同個人的專職與副業的收支一樣。

表 4-1　服務業與買賣業之綜合損益表比較

服務業	
企業名稱	
綜合損益表	
XX 年度	
收入	
服務收入	XX
營業外收入	XX
費用	
營業費用	(XX)
營業外費用	(XX)
本期淨利	$XX

買賣業	
企業名稱	
綜合損益表	
XX 年度	
銷貨收入	XX
減：銷貨成本	(XX)
銷貨毛利	XX
減：營業費用	(XX)
營業淨利	XX
營業外收支淨額	XX
本期淨利	$XX

＊本章介紹簡易的多站式損益表，更詳盡的多站式損益表請詳見第五章。

釋例 4-1

屏東公司 2015 年度的期末損益表有下列相關資料：

營業費用	$ 50,000	投資收入	$ 30,000
銷貨成本	120,000	房租收入	10,000
利息費用	10,000	銷貨收入	220,000

試編屏東公司 2015 年度的單站式損益表及多站式損益表：

解

屏東公司
單站式損益表
2015年度

收入		
銷貨收入	$ 220,000	
投資收入	30,000	
房租收入	10,000	$ 260,000
費用		
銷貨成本	$ 120,000	
營業費用	50,000	
利息費用	10,000	180,000
本期淨利		$ 80,000

屏東公司
多站式損益表
2015年度

銷貨收入		$ 220,000
減：銷貨成本		(120,000)
銷貨毛利		$ 100,000
減：營業費用		(50,000)
營業淨利		$ 50,000
非營業收支		
投資收入	$ 30,000	
房租收入	10,000	
利息費用	(10,000)	
非營業收支淨額		30,000
本期淨利		$ 80,000

立即挑戰

( ) 1. 以收益總額減除費損總額,以列示本期損益的損益表格式為 (A) 多站式 (B) 報告式 (C) 單站式 (D) 帳戶式。

( ) 2. 多站式綜合損益表的表達方式，何者為非？ (A) 將營業收入與非營業收入分類列報 (B) 列報銷貨毛利 (C) 將營業費用與非營業費用分類列報 (D) 直接以總收入減總費用。

( ) 3. 銷貨收入減去銷貨成本稱為 (A) 銷貨淨利 (B) 銷貨毛利 (C) 營業淨利 (D) 本期淨利。

( ) 4. 營業淨利等於 (A) 本期損益 + 營業外收益 - 營業外費損 (B) 銷貨淨額 - 銷貨成本 (C) 銷貨毛利 - 營業費用 (D) 銷貨毛利 + 營業費用。

( ) 5. 北方公司年底財務報表上列有銷貨毛利 5,000 萬元，營業費用 1,000 萬元，營業外收入 200 萬元，營業外費用 1,000 萬元，所得稅費用 500 萬元，則其營業淨利為 (A)2,700 萬元 (B)3,200 萬元 (C)4,000 萬元 (D)4,200 萬元。

( ) 6. 東東公司年底銷貨淨額 $100,000，毛利率 40%，營業費用 $30,000，則其營業淨利為何？ (A)$40,000 (B)$20,000 (C)$30,000 (D)$10,000。

解答 ▷▷ 1.(C) 2.(D) 3.(B) 4.(C) 5.(C) 6.(D)

4-2 存貨的定義與認列

存貨在買賣業中為重要資產，例如：統一超商 (2912)2014 年底存貨金額達 110 億元，佔資產總額 13%；全家超商 (5903)2014 年底存貨金額為 31 億元，佔資產總額 14%。故合理衡量存貨對於表達企業的財務狀況及經營績效有重大影響。

■ 4-2-1 存貨的定義

「存貨」指企業所擁有，供正常營業出售（非自用），而於期末尚未出售者。各行業因特性不同，其存貨也有差異。如買賣業之存貨為商品，而製造業的存貨為原料、在製品或製成品。一項資產是否視為存貨，係以企業「正常營業活動」來考量。如：對汽車經銷商而言，備供出售之汽車為存貨；但對一般買賣業、製造業而言，其購入之汽車係供營業使用，應列為運輸設備。又如：房地產公司購入供出售的土地、建物為存貨；但一般買賣業、製造業所購入供辦公使用的土地、建物則為不動產、廠房設備（固定資產）。即企業供自用非為營業出售之商品不應列為存貨。

在資產負債表中，存貨應列為「流動資產」。因為存貨是預期可在一年或一營業週期內出售變現的。

※ 有關存貨定義相關法規：

國際會計準則第 2 號「存貨」(IAS 2) 第 6 段：存貨係指符合下列任一條件之資產：

(1) 持有供正常營業過程中之出售者

(2) 正在製造過程中以供前述銷售者；或

(3) 將於製造過程或勞務提供過程中消耗之原料或物料 (耗材)

國際財務報導準則 18 號「收入」(IAS 18) 第 3 段：商品包括企業為銷售目的所生產之商品及為再出售所購買之商品，如零售商購買之商品或持有供再出售之土地及其他不動產。

我國商業會計處理準則 15 條第 7 項：存貨：指持有供正常營業過程出售者；或正在製造過程中供正常營業過程出售者；或將於製造過程或勞務提供過程中消耗之原料或物料。(2014/11/9 修正)

大陸企業會計制度第 20 條：存貨，是指企業在日常生產經營過程中持有以備出售，或者仍然處在生產過程，或者在生產或提供勞務過程中將消耗的材料或物料等，包括各類材料、商品、在產品、半成品、產成品等。

大陸企業會計準則第 1 號第 3 條：存貨，是指企業在日常活動中持有以備出售的產成品或商品、處在生產過程中的在產品、在生產過程或提供勞務過程中耗用的材料和物料等。

※ 大陸企業會計準則第 1 號於 2006 年 2 月 27 日公布實施

立即挑戰

(　　) 1. 大同公司以銷售為目的之彩色電視機為 (A) 存貨 (B) 不動產、廠房設備 (C) 遞延資產 (D) 其他資產。

(　　) 2. 大同公司以自製之彩色電視機，撥充員工娛樂設備，該彩色電視機為 (A) 存貨 (B) 不動產、廠房設備 (C) 遞延資產 (D) 其他資產。

(　　) 3. 下列何者不可列為公司的存貨？ (A) 汽車供應商自用之汽車 (B) 房地產商待售之土地 (C) 汽車供應商待售之汽車 (D) 文具用品店供出售的文具。

(　　) 4. 某工程公司承包尚未完工的長期工程，應列為 (A) 存貨 (B) 不動產、廠房設備 (C) 遞延資產 (D) 其他資產。

(　　) 5. 在財務狀況表中，存貨被歸類為 (A) 流動資產 (B) 不動產、廠房設備 (C) 長期性投資 (D) 無形資產。

解答 1.(A)　2.(B)　3.(A)　4.(A)　5.(A)

4-2-2 存貨的認列

不動產所有權之取得係以登記為主。而存貨為動產，其所有權之取得在正常情形下（根據民法規定）為移轉占有。但在特殊情況下並非以移轉占有而定，同時也和存貨在盤點時位於何處無關。下列為所有權判斷較為複雜的情況：

一、運送中的商品（在途存貨）

商品（在途存貨）之所有權的歸屬因交貨條件而異：

1. **起運點交貨**：是指賣方將貨品移交運送人（如船運公司或快遞公司）後，貨品即歸屬買方所有，經濟效益的控制權亦移轉給買方，故買方雖未收到貨品卻已歸屬為其存貨。
2. **目的地交貨**：商品應運到買方指定的地點交給買方，其所有權及經濟效益才算移轉。故在尚未將商品移交買方指定地點前的在途存貨應屬於賣方。

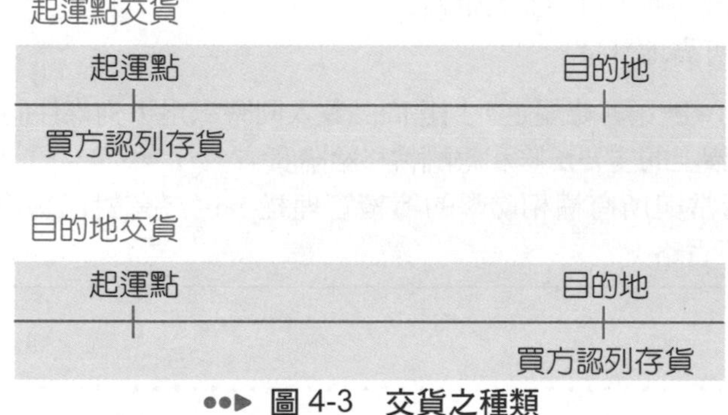

圖 4-3　交貨之種類

二、寄銷品與承銷品

1. **寄銷品**：委託他人代銷之商品不論存放何處，其經濟效益和所有權仍屬於原公司，必須等商品出售給第三者時，所有權才移轉出去，因此寄銷品不論存放何處均屬於寄銷人的存貨。（寄銷即俗稱的寄售）
2. **承銷品**：企業接受他人委託而代為銷售之商品稱為承銷品。承銷品即使存放在企業內，其所有權仍屬於委託人而非承銷商。（承銷即俗稱的代銷）

三、分期付款出售之商品

以分期付款銷售之貨品在顧客未付清貨款前，仍有帳款無法收回的不確定性，雖然貨品的所有權仍屬於賣方，但由於商品已供買方使用，商品的經濟效益已移轉予買方，故商品應認列為買方之存貨。（此乃以所有權為判斷存貨之例外，亦即賣方雖擁有商品之所有權，但卻不列為賣方存貨）。

四、分支店尚未出售的商品：仍屬總店的存貨。

※ 通常在判定存貨歸屬時，會同時考量下列三項標準：

1. 經濟效益的控制權；2. 所有權；3. 商品實體的佔有情形

※ 有關存貨所有權認定的相關法規
我國民法 761 條：動產物權之讓與，非將動產交付，不生效力。但受讓人已占有動產者，於讓與合意時，即生效力。 **我國民法** 801 條：動產之受讓人占有動產，而受關於占有規定之保護者，縱讓與人無移轉所有權之權利，受讓人仍取得其所有權。 **國際財務報導準則** 18 號「收入」(IAS 18) 第 17 段：若企業僅保留所有權之非重大風險，則此交易為銷售並應認列收入。例如：賣方可能純為保障到期金額之收現性而保留商品之法定所有權。於此情形下，若企業已移轉所有權之重大風險及報酬，則此交易為銷售並應認列為收入。
大陸企業會計準則第 1 號第 4 條規定，存貨同時滿足下列條件的，才能予以確認： 1. 與該存貨有關的經濟利益很可能流入企業。 2. 該存貨的成本能夠可靠地計量。 **大陸企業會計準則**第 14 號第 4 條規定，銷售商品收入同時滿足下列條件的，才能予以確認： 1. 企業已將商品所有權上的主要風險和報酬轉移給購貨方。 2. 企業既沒有保留通常與所有權相聯繫的繼續管理權，也沒有對已售出的商品實施有效控制；--------------（以下省略）

釋例 4-2

請判斷下列在途存貨，其存貨所有權究竟歸屬於**買方或賣方**？

項目	是否為存貨的原因
1. **訂購**貨物收到；但發票未寄達。	貨物既已收到，所有權已移至買方，故應列在買方的存貨內。
2. **訂購**商品一批； 起運點交貨；已收到發票，貨亦已運出但年底仍未收到。	貨物既已起運，就應列在買方的存貨內，不論年底貨物是否已收到。
3. **訂購**商品一批；目的地交貨；已收到發票，貨亦已運出但年底仍未收到。	商品尚未運達目的地，故不應列在買方的存貨，仍為賣方的存貨。
4. 一批**進貨**已由驗收部檢驗，但損壞嚴重，將予以退回，年底尚未運出。	驗收不通過，將予以退回的進貨，不應列在買方的存貨內，雖年底尚未運出。
5. 一批**銷貨**已移送至運貨部準備裝運，尚未寄出發票。	貨物尚未運出，仍存放在賣方的倉庫，自然應列為賣方的存貨。

項目	是否為存貨的原因
6. **銷售**商品一批,FOB 起運點交貨；貨及發票已寄出,年底尚未運達買方。	貨物一經起運，所有權已移至買方，故不應列在賣方的存貨內。
7. **銷售**商品一批,FOB 目的地交貨；貨及發票已寄出,年底尚未運達買方。	因年底貨物尚未運達買方，故不屬於買方的存貨，而應列於賣方的存貨。
8. 一批**銷貨**遭退回，但未接到退貨通知，目前尚在賣方的驗收部。	貨物已遭退回，故應列在賣方的存貨內。

※ 請注意每小題的敘述是站在買方或賣方立場，否則容易做錯。

釋例 4-3

甲公司期末盤點商品，合計成本 $300,000。另知悉下列資料：

(1)將乙公司寄銷之商品 $10,000 列入上列盤點金額中。

(2)將本公司商品 $20,000 委由丙公司代銷，因未存放公司，故盤點時未列入。

(3)期末進貨 $30,000，起運點交貨，因在運輸途中，盤點時未列入。

(4)期末進貨 $40,000，目的地交貨，因在運輸途中，盤點時未列入。

(5)期末銷售商品一批成本 $50,000，起運點交貨，因在運輸途中盤點時未列入。

(6)期末銷售商品一批成本 $60,000，目的地交貨，因在運輸途中盤點時未列入。

(7)一筆分期付款銷貨成本 $70,000，因已售出未存放公司，盤點時未列入。

(8)商品一批成本 $80,000，決定留為員工自用作為職工福利，盤點時列入存貨。

試問：其正確的存貨金額為何？

解 ▷▷

(1)承銷品雖存放公司，但所有權不屬於公司，故不應列入本公司期末存貨。但公司盤點時有包括此項承銷品是錯誤的，應從期末存貨減除。

(2)寄銷品雖未存放公司，但所有權屬於公司，故應列入本公司期末存貨。但公司盤點時未包括此項承銷品是錯誤的，應從期末存貨加上。

(3)起運點購入的在途存貨，雖未收到商品但所有權已屬於公司，應列入期末存貨。但公司盤點時未包括此項在途存貨是錯誤的，應從期末存貨加上。

(4)目的地購入的在途存貨，商品尚未到達，所有權不屬於公司，不應列入期末存貨。而公司盤點時未包括此項在途存貨是正確的，不必調整。

(5) 起運點銷售的在途存貨，所有權已屬於買方，故不應列入本公司期末存貨。而公司盤點時未包括此項在途存貨是正確的，不必調整。

(6) 目的地銷售的在途存貨，商品尚未到達買方，所有權仍屬於銷售公司，應列入期末存貨。但公司盤點時未包括此項在途存貨是錯誤的，應從期末存貨加上。

(7) 分期付款銷貨，商品的經濟效益已移轉予買方，故商品不應列入本公司期末存貨。公司盤點時未包括此項在途存貨是正確的，不必調整。

(8) 非為公司出售商品，留為員工自用商品，應從存貨轉為不動產、廠房設備（固定資產），故應從期末存貨減除轉至不動產、廠房設備項目。

※ 故正確的存貨金額為：

$300,000 − $10,000 ＋ $20,000 ＋ $30,000 ＋ $60,000 − $80,000 ＝ $320,000

立即挑戰

※　在作下列題目時應注意各項敘述是站在寄銷人、承銷人、買方或賣方立場。

(　　) 1. 下列何者應列入計算期末存貨的數量中，歸屬為公司之存貨？ (A) 承銷他公司所寄銷的商品　(B) 銷貨條件為起運點交貨的在途商品　(C) 進貨條件為起運點交貨之在途商品　(D) 進貨條件為目的地點交貨之在途商品。

(　　) 2. 甲公司年底盤點存貨時，並未計入一批向乙公司購買且正在運送途中之進貨，此批進貨之條件為起運點交貨，下列敘述何者正確？ (A) 此批在途存貨不計入甲及乙公司之期末存貨　(B) 此批在途存貨應計入甲公司之期末存貨　(C) 此批在途存貨應計入乙公司之期末存貨　(D) 此批在途存貨計入負責運送之貨運公司的期末存貨。

(　　) 3. 丙公司年底存貨包含一批寄銷於丁公司的商品，年底這批商品仍未出售，而丁公司也將這批商品列為其存貨，下列敘述何者正確？ (A) 兩家公司的存貨紀錄正確，待出售後兩家都要將存貨轉出　(B) 丙公司存貨高估，丁公司存貨正確　(C) 丙公司存貨正確，丁公司存貨高估　(D) 兩家公司都錯誤，應為寄銷品不是存貨。

(　　) 4. 下列哪一項不可列入期末存貨？ (A) 起運點交貨的一項購貨，已在運送途中　(B) 目的地交貨的一項銷貨，已在運送途中　(C) 委託別人銷售，但尚未售出的寄銷品　(D) 寄放本企業代銷，但仍未售出之承銷品。

(　　) 5. 下列那一項是以所有權歸屬作為存貨認定標準之可能例外情況？ (A) 寄銷品 (B) 起運點交貨之在途存貨 (C) 製成品 (D) 分期付款銷貨。

解答 1.(C)　2.(B)　3.(C)　4.(D)　5.(D)

4-3 存貨數量的盤存制度

存貨之總金額決定於數量與單位成本（單價）。存貨數量的盤點制度有：定期盤存制、永續盤存制兩種。單位成本的計價方法有：個別辨認法、平均法、先進先出法等。不同的存貨計價方法會使存貨金額與銷貨成本之結果有所不同。

本單元先討論存貨數量盤存制度，4-7 節再討論存貨計價方法。

1. **永續盤存制**：是按商品存貨實際進出情況，隨時更新每項商品的進、銷、存數量與成本記錄，因此可隨時由帳上得知存貨的數量，故又稱為帳面盤存制。永續盤存制對高價位的商品特別適用，例如汽、機車等。其**優點**為可隨時提供現況資料，有助於對存貨做較佳的控制。**缺點**為大量的記錄工作與帳務處理成本。
2. **定期盤存制**：適用於銷量大、價位低的行業，如文具用品業。在定期盤存制下，平時進貨時僅記錄進貨成本，且銷貨時未隨時更新存貨記錄，故無法隨時得知庫存或已售出商品的數量與成本，必需於期末進行實地盤點，才能得知期末存貨數量，故又稱為實地盤點制。定期盤存制的**優點**在於帳務處理簡單。**缺點**為無法確知存貨餘額所以無法對存貨進行精確的控制。

永續盤存制度雖然能夠提供商品在任何時間點的詳細帳務資料，但可能因為帳務資料錯誤或因發生意外災害、偷竊等存貨損失狀況，使得帳上所列存貨數量與實際的庫存結果產生差異。「一般公認會計原則」規定所有企業，不管採用永續或定期盤存制，每年至少必須實地盤點存貨一次，以確認存貨的帳面資料是否正確以及是否發生存貨損失。在永續盤存制下因有帳面記錄，若與期末實際盤點存貨數量不同，將產生存貨盤盈或盤虧；而定期盤存制因無帳面記錄，常直接以當期所有可銷售商品總額扣除期末實際盤點存貨就是銷貨成本，所有的意外災害、偷竊等存貨損失將隱藏於銷貨成本中。

※ 在人工記帳階段，永續盤存制因需大量記錄工作與帳務處理成本，故只有大企業及商品單價高的企業才採用。然而拜電腦科技與條碼、掃瞄技術進步之賜，採行永續盤存制的代價大幅降低，為了健全存貨管理，多數買賣業都已採用永續盤存制。故本章以下單元之介紹係以永續盤存制為主，定期盤存制之相關介紹則置於附錄，僅供參考。

釋例 4-4

國內上市、上櫃公司存貨盤存制度為永續盤存制、定期盤存制？

解

根據證券交易法36條之規定：上市、上櫃公司應編製季報、半年報及年報；又證券交易法14-1條規定：公開發行公司、證券交易所、證券商應建立財務、業務之內部控制制度。雖未明白表示存貨應採永續盤存制，但由上述條文推知，只有永續盤存制符合此要件。

且我國營利事業所得稅查核準則第58條規定：製造業已依稅捐稽徵機關管理營利事業會計帳簿憑證辦法設置帳簿，平時對進料、領料、退料、產品、人工、製造費用等均作成紀錄，有內部憑證可稽，並編有生產日報表或生產通知單及成本計算表，經內部製造及會計部門負責人員簽章者，其製品原料耗用數量，應根據有關帳證紀錄予以核實認定。

國內上市、上櫃公司不但要遵守證券交易法的規定，也深受稅務法規的影響。其實不只國內上市、上櫃公司存貨採永續盤存制，就連中小企業因電腦科技與條碼、掃描技術之進步，採行永續盤存制的代價降低，爲健全存貨管理與控制也逐漸採用。可預見定期盤存制因電腦記帳廣泛採用而將逐漸式微。

立即挑戰

(　　) 1. 相較於存貨永續盤存制，存貨採定期盤存制，下列敘述何者正確？ (A) 使用起來花費較多之人力物力 (B) 能對存貨提供較嚴密之控制 (C) 較適合應用於高單價商品情況 (D) 不會產生存貨盤盈或盤虧。

(　　) 2. 存貨採用永續盤存制者，下列敘述何者是對的？ (A) 無須設立存貨明細分類帳 (B) 帳列存貨數量與實際存貨數量絕對相符 (C) 可以隨時得知帳上存貨餘額 (D) 存貨品質絕對可靠。

解答 1.(D) 2.(C)

4-4 永續盤存制進貨之會計處理

本節將以永續盤存制、買方立場來介紹買賣業進貨的會計處理。

進貨之會計處事項除了「購入商品（進貨）」外，還有會減少存貨成本的「進貨退回及折讓」、「進貨折扣」；以及會增加存貨成本的「進貨運費」。說明如下：

進貨 － 進貨退回及折讓 － 進貨折扣 ＋ 進貨運費 ＝ 進貨淨額

4-4-1 購入商品

在權責基礎下，若賣方已將商品之顯著風險及報酬移轉予買方，即視為進貨，而不必考慮現金為已付或未付。因此，現購（銀貨兩訖）應承認為存貨，賒購（先貨後款）亦可承認為存貨；但預付貨款（先款後貨），則先以「預付貨款」入帳，待收到貨品時再轉為「存貨」。

釋例 4-5

台北商店的眾多供應商有著不同的進貨條件，該商店採永續盤存制，試作（買方）進貨相關分錄？

1. 台北商店向甲供應商購貨少，故甲供應商要求「銀貨兩訖」。
2. 台北商店與乙供應商往來多年且進貨量多，故乙供應商同意「先貨後款」。
3. 台北商店與丙供應商第一次交易，故丙供應商要求台北商店「先款後貨」。

下列是台北商店 12 月份的三筆進貨交易，試作相關進貨的分錄：

1. 台北商店於 12 月 1 日向甲供應商購貨 $100,000，隨即付現。
2. 台北商店於 12 月 1 日向乙供應商購貨 $100,000，約定 12/5 付現。
3. 台北商店於 12 月 1 日向丙供應商預付全部貨款 $100,000，約定 12/5 提貨。

解 ▷▷

日期	銀貨兩訖（甲）	先貨後款（乙）	先款後貨（丙）
12/1	存貨 100,000 　現金 100,000	存貨 100,000 　應付帳款 100,000	預付貨款 100,000 　現金 100,000
12/5		應付帳款 100,000 　現金 100,000	存貨 100,000 　預付貨款 100,000

4-4-2 進貨退回及折讓

買方因商品品質有瑕疵或規格不符，會將商品退回給賣方而發生進貨退回，此時買方可要求賣方退回已付之款項，或從賒欠貨款扣除。若購買之商品，因瑕疵或規格不符因而賣方同意減少價款者，稱為進貨折讓。在永續盤存制下，因為存貨金額隨時在更新，故進貨退回及折讓會直接從商品存貨成本中減除。

釋例 4-6

（沿釋例 4-5）台北商店 12 月份的三筆購貨交易，因故進貨退回，台北商店採永續盤存制。

試作（買方）進貨退回相關分錄？

1. 台北商店於 12 月 1 日向甲供應商現購 $100,000，於 12 月 5 日退回 $20,000。
2. 台北商店於 12 月 1 日向乙供應商賒購商品 $100,000，於 12/5 退回 $20,000 後，餘額付現。
3. 台北商店於 12 月 1 日向丙供應商預付全部貨款 $100,000，並於 12/5 收貨後發現規格不符，便退回商品 $20,000，丙供應商隨即退回 $20,000 現金。

解

日期	現購進貨退回	賒購進貨退回	預付貨款進貨退回
12/1	存貨 100,000 現金 100,000	存貨 100,000 應付帳款 100,000	預付貨款 100,000 現金 100,000
12/5	現金 20,000 存貨 20,000	應付帳款 20,000 存貨 20,000 應付帳款 80,000 現金 80,000	存貨 100,000 預付貨款 100,000 現金 20,000 存貨 20,000

買方收到商品，若發現商品品質有瑕疵或規格不符時，買方會發出借項通知單，正本給賣方，副本自行留存。買方發出借項通知單是用來通知賣方準備在其會計記錄中減少對賣方的應付帳款，應付帳款減少在借方，故稱借項通知單。

立即挑戰

(　　) 1. 採永續盤存制的公司，在賒購時應作之分錄為：
(A) 借：存貨；貸：應付帳款　(B) 借：應付帳款；貸：存貨。
(C) 借：購貨；貸：應付帳款　(D) 借：應付帳款；貸：購貨 。

(　　) 2. 買方的借項通知單一般在下列何種情況發出　(A) 員工表現良好　(B) 賒銷貨物　(C) 賒銷之貨物被退回　(D) 賒購之貨物被退回。

(　　) 3. 買方採永續盤存制，於發出借項通知單後，則帳上的記錄為　(A) 借記：存貨，貸記：應收帳款　(B) 借記：銷貨退回與折讓，貸記：應收帳款　(C) 借記：應收帳款，貸記：銷貨收入　(D) 借記：應付帳款，貸記：存貨。

(　　) 4. 永續盤存制中，記錄賒帳購入商品之退回將貸記　(A) 應付帳款　(B) 購貨退回與折讓　(C) 存貨　(D) 銷貨。

解答 ▷▷　1.(A)　2.(D)　3.(D)　4.(C)

■ 4-4-3　進貨折扣

折扣一般可分商業折扣、數量折扣與現金折扣三種。

在交易時賣方常會提供低於目錄上所列定價給買方，即所謂的「商業折扣」及「數量折扣」，分述如下：

1. **商業折扣**：一般賣方商品目錄上定的價格為訂價或建議售價，有時會針對交易對象（如：大客戶）或交易時間（如：換季）將商品售價給予折扣（例如：打 8 折），此為商業折扣。
2. **數量折扣**：除了商業折扣外，賣方也常對大量採購的顧客提供數量折扣（例如：買 100 送 1）。

根據成本原則，買方須依「實際成交價格」入帳，即發票金額應以扣除商業折扣及數量折扣後之實際交易金額開立。買賣雙方於交易完成時，由賣方開立發票作為交易憑證，正本交給買方，作為買方的進貨憑證，副本自行留存即為賣方的銷貨憑證。實際上因買方並未支付折扣部分的金額，**故商業折扣及數量折扣並不入帳，既不入帳自然無此二項會計項目的產生。**

3. **現金折扣**：買賣交易若非以現金形式進行則稱為賒購或賒銷，而賣方為鼓勵顧客提早還款，常會給予「現金折扣」。這對買方而言為進貨折扣；相對的在賣方便為銷貨折扣。現金折扣付款條件表達方式如下：

表 4-2　現金折扣付款條件的表達方式

條件	說明
2／10，N／30	成交日起 10 日內付款可享 2% 的現金折扣，10 日後無折扣，30 日內需付清。
2/10，1/20，N/30	成交日起 10 日內付款有 2%的現金折扣，第 10 日至 20 日間付款則有 1%的現金折扣，20 日後便無折扣，30 日內需付清。
2/EOM，N/60	表示本月底前付款有 2%的現金折扣，之後無折扣，60 日內必需付清。
2/10/EOM，N/60	表示成交日起至次月 10 日前付款有 2%的現金折扣，之後無折扣，60 日內必需付清。

在永續盤存制下，買方因為存貨金額會隨時更新，故進貨折扣直接從商品存貨成本減掉。但在賣方立場，為明瞭「銷貨折扣」情形，故銷貨折扣發生時並不直接沖轉「銷貨收入」科目，而以「銷貨折扣」科目記載，使報表能顯示銷貨折扣金額，供管理人員參考。定期盤存制分錄請參見附錄。

釋例 4-7

台中商店於 1 月 1 日向台南商店賒購商品一批，定價 $100,000，九折成交。付款條件 2/10、N/30，台中商店於 1 月 10 日付清貨款。假設買賣雙方都採永續盤存制。試作台中商店及台南商店所有相關的分錄？

解

	台中商店（買方）	台南商店（賣方）
1 月 1 日	存貨　90,000 　應付帳款　90,000	應收帳款　90,000 　銷貨收入　90,000
1 月 10 日	應付帳款　90,000 　存貨　1,800 　現金　88,200	現金　88,200 銷貨折扣　1,800 　應收帳款　90,000

※ 有關銷貨折扣之相關法規：
我國營利事業所得稅查核準則第 19 條：銷貨退回已在帳簿記錄沖轉並依統一發票使用辦法第二十條規定取得憑證，或有其他確實證據證明銷貨退回事實者，應予認定。未能取得有關憑證或證據者，銷貨退回不予認定，其按銷貨認定之收入，並依同業利潤標準核計其所得額。 **我國營利事業所得稅查核準則**第 20 條：銷貨折讓已於開立統一發票上註明者，准予認定；統一發票開交買受人後始發生之折讓應依統一發票使用辦法第二十條規定辦理；營利事業依經銷契約所取得或支付之獎勵金者，應按進貨或銷貨折讓處理。
大陸企業會計準則 14 號公報第 7 條：銷售商品涉及商業折扣的，應當按照扣除商業折扣後的金額確定銷售商品收入金額。 商業折扣，是指企業為促進商品銷售而在商品標價上給予的價格扣除。 **大陸企業會計準則** 14 號公報第 6 條：銷售商品涉及現金折扣的，應當按照扣除現金折扣前的金額確定銷售商品收入金額。現金折扣在實際發生時計入當期損益。 現金折扣，是指債權人為鼓勵債務人在規定的期限內付款而向債務人提供的債務扣除。 **大陸企業會計準則** 14 號公報第 8 條：企業已經確認銷售商品收入的售出商品發生銷售折讓的，應當在發生時沖減當期銷售商品收入。 銷售折讓是指企業因售出商品的質量不合格等，而在售價上給予的減讓。 **大陸企業會計準則** 14 號公報第 9 條：企業已經確認銷售商品收入的售出商品發生銷售退回的，應當在發生時沖減當期銷售商品收入。 銷售退回，是指企業售出的商品由於質量、品種不符合要求等原因而發生的退貨。 ※ 大陸企業會計準則 14 號公報為「收入」。

立即挑戰

( ) 1. 商品一批定價 $100,000，以九折購入，付款條件為 3/10, n/30。於交貨後第 10 天付款，則此商品的進貨成本為何？ (A)$100,000 (B)$97,000 (C)$90,000 (D)$87,300。

( ) 2. 南投公司以發票價 $600,000 購入貨物，付款條件為 1/10, n/30。假定 10 天後付現金，則此交易應支付金額為多少？ (A)$594,000 (B)$600,000 (C)$606,000 (D)$6,000。

( ) 3. 若賒購商品一批定價為 $100,000，商業折扣 20%，付款條件為 2/10, n/30。在折扣期限內付一半帳款，則折扣期限內應付現金為？ (A)$78,000 (B)$78,400 (C)$39,200 (D)$39,000。

( ) 4. 賒購貨物 $100,000，其後退回貨物 $20,000，在折扣期限內獲得進貨折扣 $4,000，此一交易的進貨折扣率為？ (A)0.5% (B)5% (C)4% (D)20%。

( ) 5. 甲公司賒銷定價 $100,000 商品並打七折給乙公司，以公司於折扣期限 20 天內付款，付款金額額為 $69,300，付款期限為 30 天，則付款條件為 (A)1/15, n/30 (B)1/20, n/30 (C)2/20, n/30 (D) 2/15, n/30。

( ) 6. 彰化公司於 11 月 10 日賒購商品 $37, 500，商業折扣 20%，付款條件為 2/10, n/30。11 月 12 日退回商品 $2,000，若顧客於 11 月 20 日付清帳款，則公司應付多少現金？ (A)$27,400 (B)$28,000 (C)$27,440 (D)$29,400。

( ) 7. 賣方為早日收到賒銷商品款項，而給予買方之折扣稱為 (A) 現金折扣 (B) 商業折扣 (C) 數量折扣 (D) 拍賣折扣。

( ) 8. 企業在什麼時候記錄進貨折扣？ (A) 進貨時 (B) 帳款在折扣期限前償還時 (C) 每月月底 (D) 帳款在折扣期限後償還時。

解答▷▷ 1.(D) 2.(A) 3.(C) 4.(B) 5.(B) 6.(C) 7.(A) 8.(B)

4-4-4 進貨運費

購買商品的運費通常會在銷售合約中約定由買方或賣方支付。我國因交通便利運費金額不大，所以大部分賣方都免費運送商品至買方處。但在領域大的國家或外銷時，有關運費的條件就分兩種：一是起運點交貨，另一個是目的地交貨。

1. **起運點交貨**：賣方在其廠區、門市部或倉庫交付商品，或在起運港口將商品交給承運人。此時商品的所有權已由賣方移轉至買方，故貨品的運費及運送責任由買方負責。買方可以自己運送、或委由運輸公司運送、亦可委託賣方協尋運輸公司運送。期間的運輸風險，由買方負擔，與賣方無涉。由於運費是取得商品的必要直接成本，公認會計原則認定為存貨成本的增加。
2. **目的地交貨**：賣方必需將商品送達至買方營業所在地或買方指定的港口，到達目的地後，商品的所有權才由賣方移轉至買方。因此到達目的地之前的運費及運輸風險由賣方負擔。銷貨運費為賣方的營業費用，不可作為銷貨收入的減項，因為銷貨收入是賣方可由買方回收的金額，而銷售運費是支付於貨運公司或船公司，故銷售收入不可包括銷售運費，而是當作賣方的營業費用。此點與進貨運費作為存貨成本的加項有很大的不同。

釋例 4-8

1. 甲公司向乙公司進貨的運時條件是起運點交貨，因此，甲公司支付 $1,000 給貨運公司。
2. 甲公司向乙公司進貨的運時條件是目的地交貨，因此，乙公司支付 $1,000 給貨運公司。

就上列兩種獨立狀況，分別作甲公司進貨運費、乙公司銷貨運費的分錄？

解

	買方	賣方
1. 起運點交貨	存貨 1,000 現金 1,000	賣方未支付運費款項，故不必作分錄
2. 目的地交貨	買方未支付運費款項，故不必作分錄	銷貨運費 1,000 現金 1,000

立即挑戰

( ) 1. 東方公司（買方）向喜相逢公司（賣方）訂購貨品，並簽訂起運點交貨條款，則運輸途中的運費將由哪一方負擔？ (A) 賣方 (B) 買方 (C) 貨運公司 (D) 賣方或買方均可。

( ) 2. 東方公司（買方）向喜相逢公司（賣方）訂購貨品，並簽訂目的地交貨條款，則運輸途中的運費將由哪一方負擔？ (A) 賣方 (B) 買方 (C) 貨運公司 (D) 賣方或買方均可。

( ) 3. 永續盤存制進貨運費於綜合損益表上應列為 (A) 銷貨成本的增加 (B) 銷貨成本的減少 (C) 存貨成本的增加 (D) 營業費用。

( ) 4. 銷貨運費於綜合損益表上應列為 (A) 銷貨成本的增加 (B) 銷貨成本的減少 (C) 存貨成本的增加 (D) 營業費用。

( ) 5. 雲林公司於 11 月 1 日向嘉義公司賒購商品，定價 $90,000，商業折扣 10%，付款條件為 2/10, 1/20, n/30，交貨條件為起運點交貨，運費為 $5,000。雲林公司於 11 月 6 日退回商品 9,000，雲林公司於 11 月 7 日付清帳款，則公司之進貨成本為 (A)$76,442 (B)$70,560 (C)$75,560 (D)$71,442。

解答 1.(B) 2.(A) 3.(C) 4.(D) 5.(C)

4-5 永續盤存制銷貨之會計處理

本節將以永續盤存制、賣方立場來介紹買賣業銷貨的會計處理。銷貨的內容包含：「銷貨收入」及其抵銷科目的「銷貨退回及折讓」、「銷貨折扣」。

銷貨收入 − 銷貨退回及折讓 − 銷貨折扣 = 銷貨淨額

※公認會計原則將**進**貨運費列為存貨成本，而銷貨運費則列在營業費用。

4-5-1 銷貨收入

在權責基礎下，只要商品已交付，風險與報酬已移轉，價格確定且收現性亦可合理確定，即視為收入已實現，便可記錄銷貨收入，而不必考慮現金為已收或未收。因此，現銷（銀貨兩訖）應承認為銷貨收入，賒銷（先貨後款）亦可承認為銷貨收入；但預收貨款（先款後貨），則先以「預收貨款」入帳，待在送交貨品時再轉為「**銷貨收入**」。另根據收入費損配合原則，在承認收入的同時也必需承認銷貨成本。

釋例 4-9

高雄商店針對不的同的顧客有不同的銷貨條件：

1. 一般的個人消費者採銀貨兩訖。
2. 往來頻繁的大型公司行號顧客群採先貨後款。
3. 對新往來的大型公司行號顧客群採先款後貨。

下列是高雄商店 12 月份的三筆銷貨交易，高雄商店商品成本占售價的 60%，試作相關分錄：

1. 高雄商店於 12 月 1 日現銷商品 $100,000 給甲先生，隨即收到現金。
2. 高雄商店於 12 月 1 日賒銷商品 $100,000 給舊客戶乙公司，約定 12/5 收現。
3. 高雄商店於 12 月 1 日向新客戶丙公司預收貨款 $100,000，約定 12/5 送貨。

解

日期	銀貨兩訖（甲）	先貨後款（乙）	先款後貨（丙）
12/1	現金 100,000 銷貨收入 100,000 銷貨成本 60,000 存貨 60,000	應收帳款 100,000 銷貨收入 100,000 銷貨成本 60,000 存貨 60,000	現金 100,000 預收貨款 100,000
12/5		現金 100,000 應收帳款 100,000	預收貨款 100,000 銷貨收入 100,000 銷貨成本 60,000 存貨 60,000

立即挑戰

( ) 1. 賣方賒銷定價$5,000的商品，給30%的商業折扣，賣方帳上應記分錄為 (A)借記：應收帳款 3,500 商業折扣 1,500，貸記：銷貨收入 5,000 (B)借記：應收帳款 3,500 銷貨折扣 1,500，貸記：銷貨收入 5,000 (C)借記：應收帳款 5,000，貸記：銷貨收入 5,000 (D)借記：應收帳款 3,500，貸記：銷貨收入 3,500。

( ) 2. 採永續盤存制的公司，在賒銷時應作之分錄為 (A)借：銷貨收入、貸：應收帳款 (B)借：銷貨收入、貸：應收帳款；借：銷貨成本、貸：存貨 (C)借：應收帳款、貸：銷貨 (D)借：應收帳款、貸：銷貨收入；借：銷貨成本、貸：存貨。

解答 1.(D) 2.(D)

4-5-2 銷貨退回及折讓

企業銷售商品給顧客，顧客於收到商品驗收時，發現品質有瑕疵或規格不符，要求退回商品及退回已付款項，或將賒欠貨款扣除，此種情形稱為銷貨退回；若售給顧客之商品，因瑕疵或規格不符而同意減少價款者，稱為銷貨折讓。有些企業會將此二種性質接近的會計項目合併為「**銷貨退回及折讓**」。

釋例 4-10

高雄商店 12 月份的三筆銷貨交易，因故退回，該店商品成本占售價的 60%，試作相關分錄：

1. 12 月 1 日現銷商品 $100,000 給甲先生。甲先生於 12/5 退回商品 $20,000。
2. 12 月 1 日賒銷商品 $100,000 給乙公司。乙公司於 12/5 退回商品 $20,000，餘款付清。
3. 12 月 1 日向新客戶丙公司預收 $100,000，丙公司於於 12/5 收貨後發現規格不符，便退回商品 $20,000，隨即退回現金予丙公司。

日期	甲先生			乙公司			丙公司		
12/1	現金	100,000		應收帳款	100,000		現金	100,000	
	銷貨收入		100,000	銷貨收入		100,000	預收貨款		100,000
	銷貨成本	60,000		銷貨成本	60,000				
	存貨		60,000	存貨		60,000			
12/5	銷貨退回	20,000		銷貨退回	20,000		預收貨款	100,000	
	現金		20,000	應收帳款		20,000	銷貨收入		100,000
	存貨	12,000		存貨	12,000		銷貨成本	60,000	
	銷貨成本		12,000	銷貨成本		12,000	存貨		60,000
				現金	80,000		銷貨退回	20,000	
				應收帳款		80,000	現金		20,000
							存貨	12,000	
							銷貨成本		12,000

※ 銷貨退回及折讓會損及企業商譽，故銷貨退回及折讓於發生時並不直接沖轉「銷貨收入」科目，而以「銷貨退回」或「銷貨折讓」記載，使報表能顯示銷貨退回及折讓金額，提醒管理人員注意，並採取適當對策。「銷貨退回及折讓」為「銷貨收入」的抵銷科目。另外，銷貨退回所退回的商品成本亦應減少並增加存貨。

當賣方收到買方的借項通知單時，表示買方發生進貨退回與折讓。規模較大的企業，退貨需有倉儲部門驗收退回的商品以及主管部門同意退回的單據。為內部管理及通知顧客所需，賣方會發出貸項通知單，通知買方準備貸記「應收帳款」。在台灣的實務中，賣方會直接使用買方寄來的「借項通知折讓單」入帳，並不再另外開立貸項通知單，以簡化帳務處理。

立即挑戰

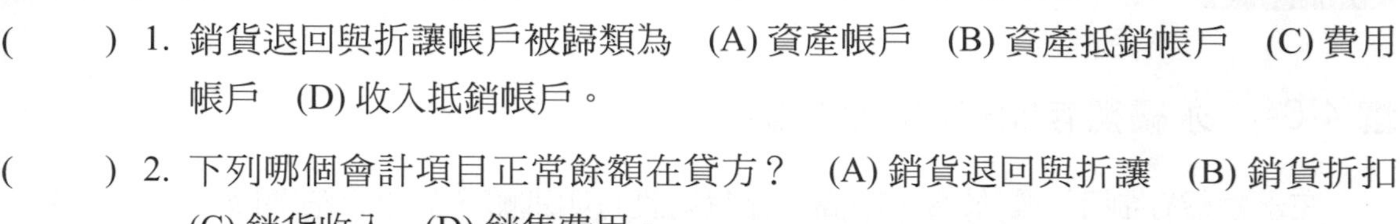

(　　) 1. 銷貨退回與折讓帳戶被歸類為 (A) 資產帳戶 (B) 資產抵銷帳戶 (C) 費用帳戶 (D) 收入抵銷帳戶。

(　　) 2. 下列哪個會計項目正常餘額在貸方？ (A) 銷貨退回與折讓 (B) 銷貨折扣 (C) 銷貨收入 (D) 銷售費用。

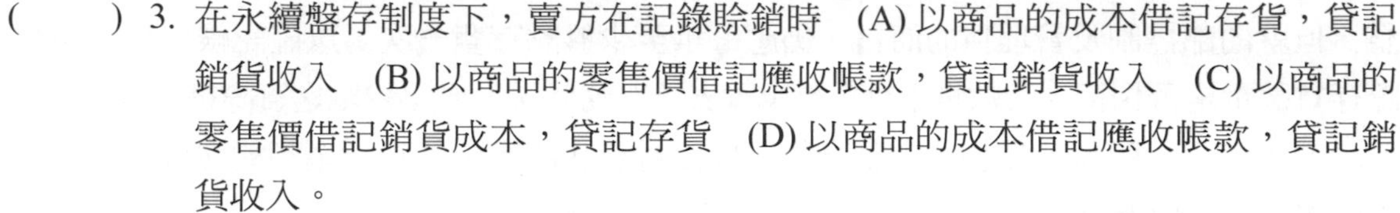

(　　) 3. 在永續盤存制度下，賣方在記錄賒銷時 (A) 以商品的成本借記存貨，貸記銷貨收入 (B) 以商品的零售價借記應收帳款，貸記銷貨收入 (C) 以商品的零售價借記銷貨成本，貸記存貨 (D) 以商品的成本借記應收帳款，貸記銷貨收入。

(　　) 4. 採永續盤存制的公司，當發生銷貨退回的情況時，應作之分錄為： (A) 借：銷貨收入，貸：應收帳款 (B) 借：存貨，貸：應收帳款 (C) 借：銷貨退回，貸：應收帳款；借：存貨，貸：銷貨成本 (D) 借：銷貨收入，貸：應收帳款；借：銷貨成本，貸：進貨。

(　　) 5. 賣方的貸項通知單一般在下列何種情況發出？ (A) 員工表現良好 (B) 賒銷貨物 (C) 賒銷之貨物被退回 (D) 賒購之貨物被退回。

(　　) 6. 公司收到顧客寄來的借項通知單，代表？
(A) 另一公司向公司借錢　(B) 另一公司要向公司進貨
(C) 另一公司要向公司銷貨　(D) 另一公司要向公司退貨。

(　　) 7. 公司向顧客發出貸項通知單，代表？
(A) 另一公司向公司借錢　(B) 另一公司要向公司進貨
(C) 另一公司要向公司銷貨　(D) 另一公司要向公司退貨

(　　) 8. 若賣出方發出貸項通知單後，賣方應於帳上記錄？ (A) 借記：存貨，貸記：應收帳款 (B) 借記：銷貨退回與折讓，貸記：應收帳款 (C) 借記：應收帳款，貸記：銷貨收入 (D) 借記：應付帳款，貸記：進貨退回。

(　　) 9. 在永續盤存制下，銷貨成本決定的基礎為下列何者？ (A) 每日之基礎 (B) 每月之基礎 (C) 每年之基礎 (D) 每一筆銷貨時。

解答 1.(D) 2.(C) 3.(B) 4.(C) 5.(C) 6.(D) 7.(D) 8.(B) 9.(D)

4-5-3 銷貨折扣、銷貨運費：如 4-4-3 及 4-4-4 節所述。

4-6 永續盤存制存貨之期末調整、結帳、編表

4-6-1 永續盤存制存貨之期末調整

在永續盤存制下，對於每一項商品存貨均設有明細帳，於平日隨著購入、出售逐一記載其增減，故帳上之餘額應即為當時存貨的真正餘額，本無須作期末存貨的盤點與調整。但就內部控制及管理目的而言，仍應每年至少盤點存貨一次，以確認帳上存貨與實際存貨數量是否相符，若數量不符，為忠實表達財務狀況，應以盤點之實際數量來填報，並於期末作存貨盤盈或盤損的調整分錄，以使財務狀況表上的存貨金額能與現況相符，提高報表的可信度。

存貨之所以會有盤盈、盤損的情形發生，大致是因為存貨種類繁多、收發頻繁，在日常的收發過程中可能發生計量錯誤、記錄錯誤，及自然損耗、損壞變質以及貪污盜竊等情況，造成帳實不符而形成存貨的盤盈、盤損。分述如下：

1. 存貨盤損（虧）：是指盤存數量小於帳上數量。會發生此種情形大部分是自然損耗、變質、滅失或竊盜…造成存貨短少。**過去會計處理直接將存貨減少轉入其他損失；現在國際會計準則將存貨減少轉入銷貨成本。**
2. 存貨盤盈：是指盤存數量大於帳上數量。可能因計量錯誤、計算錯誤或顧客付款後未將商品提走…等原因。**過去會計處理直接借記存貨增加，另貸記其他收入；現在國際會計準則將之作成存貨增加並減少銷貨成本。**

表 4-3

	存貨盤損	存貨盤盈
期末調整分錄	借：銷貨成本　XXX 　貸：存貨　XXX	借：存貨　XXX 　貸：銷貨成本　XXX

有些公司為清楚調整銷貨成本的原因，達到充分表達原則，會先以「商品盤盈」或「商品盤損」代替「銷貨成本」。惟此二帳戶只是過渡性帳戶，最後仍會結轉至「銷貨成本」。若直接以「銷貨成本」取代「商品盤盈」及「商品盤損」，雖會計處理較簡單，但公司管理當局則無法瞭解銷貨成本增減的原因。

※ 有關存貨盤盈盤損之相關法規
我國加值型及非加值型營業稅法施行細則第 35 條：營業人之商品、原物料、在製品、半製品及製成品有盤損或災害損失情事，經報請主管稽徵機關核准有案者，准予認定。 **我國營利事業所得稅查核準則**第 52 條：期末存貨數量，經按進貨、銷貨、原物料耗用、存貨數量核算不符，而有漏報、短報所得額情事者，依所得稅法第一百十條規定辦理。但如係由倉儲損耗、氣候影響或其他原因，經提出正當理由及證明文件，足資認定其短少數量者應予認定。 **我國營利事業所得稅查核準則**第 101 條規定： 1. 商品盤損之科目，僅係對於存貨採永續盤存制或經核准採零售價法者 適用之。 2. 商品盤損，已於事實發生後十五日內檢具清單報請該管稽徵機關調 查，或經會計師盤點並提出簽證報告，經查明屬實者，應予認定。 3. 商品盤損，依商品之性質可能發生自然損耗、變質、或滅失情事，無法提出證明文件者，如營利事業會計制度健全，經實地盤點結果，其商品盤損率在**百分之一**以下者，得予認定。
大陸企業會計準則第 1 號—存貨第 21 條：企業發生的存貨毀損，應當將處置收入扣除帳面價值和相關稅費後的金額計入當期損益。存貨盤虧造成的損失，應當計入當期損益。 **大陸企業財務會計報告條例**第 20 條：企業在編製年度財務會計報告前，應當按照下列規定，全面清查資產、核實債務：（條文甚長，只摘錄與本段有關的第二項內容） 二、原材料、在產品、自製半成品、庫存商品等各項存貨的實存數量與帳面數量是否一致，是否有報廢損失和積壓物資等；---（其餘省略） **大陸企業會計制度**第 20 條第 4 項：存貨應當定期盤點，每年至少盤點一次。盤點結果如果與帳面記錄不符，應於期末前查明原因，並根據企業的管理許可權，經股東大會或董事會，或經理（廠長）會議或類似機構批准後，在期末結帳前處理完畢。盤盈的存貨，應沖減當期的管理費用；盤虧的存貨在減去過失人或者保險公司等賠款和殘料價值之後，計入當期管理費用，屬於非常損失的，計入營業外支出。盤盈或盤虧的存貨，如在期末結賬前尚未經批准的，應在對外提供財務會計報告時先按上述規定進行處理，併在會計報表附註中作出說明；如果其後批准處理的金額與已處理的金額不一致，應按其差額調整會計報表相關項目的年初數。

立即挑戰

(　　) 1. 在何種存貨制度下，公司帳上會出現存貨盤盈、存貨盤虧的會計項目？ (A) 永續盤存制 (B) 定期盤存制 (C) 先進先出制 (D) 後進先出制。

(　　) 2. 採永續盤存制於期末盤點存貨，若產生盤損，帳上應如何記錄？ (A) 借記：存貨，貸記：其他損失 (B) 借記：存貨，貸記：銷貨成本 (C) 借記：銷貨成本，貸記：存貨 (D) 借記：其他損失，貸記：存貨。

(　　) 3. 「存貨盤虧」科目在損益表中如何表示？ (A) 為非營業收入 (B) 為非營業費用 (C) 為銷貨成本的增加 (D) 為銷貨成本的減少。

(　　) 4. 採永續盤存制於期末盤點存貨，若產生盤盈，帳上應如何記錄？ (A) 借記：存貨，貸記：其他損失 (B) 借記：存貨，貸記：銷貨成本 (C) 借記：銷貨成本，貸記：存貨 (D) 借記：其他損失，貸記：存貨。

(　　) 5. 「存貨盤盈」科目在損益表中如何表示？ (A) 為非營業收入 (B) 為非營業費用 (C) 為銷貨成本的增加 (D) 為銷貨成本的減少。

(　　) 6. 「存貨盤盈」科目會出現在下列何種財務報表？ (A) 財務狀況表表 (B) 權益變動表 (C) 現金流量表 (D) 綜合損益表。

(　　) 7. 若帳上存貨餘額與實際盤點數不符，基於忠實表達原則，應以何者為主？ (A) 帳上存貨餘額 (B) 實際盤點數 (C) 擇兩者孰高 (D) 擇兩者孰低。

解答 1.(A) 2.(C) 3.(C) 4.(B) 5.(D) 6.(D) 7.(B)

4-6-2 永續盤存制存貨之結帳、編表

買賣業的結帳方法與服務業大致相同，結帳程序也大同小異。先將虛帳戶結清，然後於實帳戶結轉下期。

表 4-4

程序	分錄	借	貸
1. 結清銷貨及其相關科目	銷貨收入	XXX	
	銷貨退回與折讓		XXX
	銷貨折扣		XXX
	本期損益		XXX
2. 結清銷貨成本與營業費用等費損類科目	本期損益	XXX	
	銷貨成本		XXX
	營業費用		XXX
3. 將本期損益結轉業主資本（獨資、合夥）	本期損益	XXX	
	業主資本		XXX

買賣業的主要財務報表同服務業，只有綜合損益表大部分採多站式損益表，釋例如下：

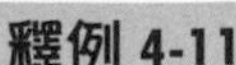

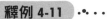

釋例 4-11

大華商店於 2015 年 12 月 1 日成立，對於存貨採永續盤存制，12 月份投入資金及進銷交易如下：

日期	交易內容
12 月 1 日	業主以現金投入資本 $100,000。
12 月 4 日	賒購商品 2,200 單位，每單位 $30，付款條件 2/10，n/30。
12 月 7 日	退回 12/4 所購商品 200 單位。
12 月 14 日	付清所有賒購商品的貨款。
12 月 18 日	賒銷商品 1,600 單位，每單位售價 $50，收款條件 1/10，n/30。
12 月 20 日	顧客退回 12/18 所購商品 100 單位。
12 月 28 日	收到顧客還清帳款餘額。
12 月 30 日	支付營業費用 $20,000。
12 月 31 日	盤點期末存貨，尚存商品 490 單位。

假設採大華商店採月結制，試作大華商店 12 月份交易分錄、並過入分類帳、編製試算表、綜合損益表、權益變動表、財務狀況表。

解

日　記　簿　　第 1 頁

月	日	會計科目	摘要	借方金額	貸方金額
12	1	現金	（略）	100,000	
		業主資本			100,000
	4	存貨	（略）	66,000	
		應付帳款			66,000
	7	應付帳款	（略）	6,000	
		存貨			6,000
	14	應付帳款	（略）	60,000	
		存貨			1,200
		現金			58,800
	18	應收帳款	（略）	80,000	
		銷貨收入			80,000
		銷貨成本		47,040	
		存貨			47,040
	20	銷貨退回	（略）	5,000	
		應收帳款			5,000
		存貨		2,940	
		銷貨成本			2,940
	28	現金	（略）	74,250	
		銷貨折扣		750	
		應收帳款			75,000
	30	營業費用	（略）	20,000	
		現金			20,000
	31	銷貨成本	調整分錄	294	
		存貨			294
	31	銷貨收入	結帳分錄	80,000	
		銷貨退回			5,000
		銷貨折扣			750
		本期損益			74,250
	31	本期損益	結帳分錄	64,394	
		銷貨成本			44,394
		營業費用			20,000
	31	本期損益	結帳分錄	9,856	
		業主資本			9,856

現金

12/01	100,000	12/14	58,800
12/28	74,250	12/30	20,000
合計	174,250	合計	78,800
餘額	$95,450	結轉下期	$96,450

應收帳款

12/18	80,000	12/20	5,000
		12/28	75,000
合計	80,000	合計	80,000
餘額	0		

存貨

12/04	66,000	12/07	6,000
12/20	2,940	12/14	1,200
		12/18	47,040
		12/31	294
合計	68,940	合計	54,534
餘額	$14,406	餘額	$14,406

應付帳款

12/07	6,000	12/04	66,000
12/14	60,000		
合計	66,000	合計	66,000

業主資本

		12/01	100,000
		12/31 本期損益轉來	9,856
結轉下期	$109,856	合計	109,856

銷貨收入

12/31 結轉本期損益	80,000	12/18	80,000

銷貨退回

12/20	5,000	12/31 結轉本期損益	5,000

銷貨折扣

12/28	750	12/31 結轉本期損益	750

銷貨成本

12/18	47,040	12/20	2,940
12/31	294		
合計	47,334	合計	2,940
餘額	$44,394	12/31 結轉本期損益	$44,394

營業費用

12/30	20,000	12/31 結轉本期損益	20,000

本期損益

12/31	64,394	12/31	74,250
12/31 結轉業主資本	$9,856	餘額	9,856

大華商店
試算表
2015 年 12 月 31 日

	借	貸
現金	94,450	
存貨	14,406	
業主資本		100,000
銷貨收入		80,000
銷貨退回	5,000	
銷貨折扣	750	
銷貨成本	44,394	
營業費用	20,000	
合計	$180,000	$180,000

大華商店
綜合損益表
2015 年 12 月份

銷貨收入	80,000	
減：銷貨退回	(5,000)	
銷貨折扣	(750)	
銷貨淨額		74,250
減：銷貨成本		(44,394)
銷貨毛利		29,856
減：營業費用		(20,000)
本期淨利		$9,856

大華商店
權益變動表
2015 年 12 月份

期初資本	100,000
加：本期淨利	9,856
期末資本	$109,856

大華商店
財務狀況表
2015 年 12 月 31 日

現金	95,450		
存貨	14,406	業主資本	109,856
資產總計	$ 109,856	負債及權益總計	$ 109,856

※ 此例題只存貨購入一次，購入單價只有一個，故售出時不會產生 4-7-2 所謂的「個別認定法」、「先進先出法」及「平均法」之採用問題。

4-7 永續盤存制存貨之評價

4-7-1 存貨之原始取得成本

根據商業會計法第 41 條規定：資產及負債之原始認列，以成本衡量為原則。

存貨的成本包括所有讓商品達到可供銷售狀態、地點的主要及附加成本。

1. **主要成本**：取得存貨之貨價，即依定價減折扣後之實際購入價（發票金額）。
2. **附加成本**：其他為使商品達到可供銷售狀態所發生的必要支出，包括：進口關稅、運費、倉儲、保險及時間成本…等。

下列兩項非為使商品達到可供銷售狀態所發生的必要支出，故不列入存貨成本，而列為費損：

1. **外幣兌換損益**：國際會計準則第 21 號（IAS21）第 25 段，資產以外幣衡量時，以交易日之匯率作為入帳基礎。故外幣兌換損益不可列為存貨之取得成本。故國際會計準則亦不允許兌換損益的資本化。

2. **利息支出**：依據國際會計準則第 2 號公報存貨之 18 段規定，企業可能以遞延付款條件購買存貨，該融資要素（例如依正常信用條件下之購買價格與所支付金額之間的差額）於融資期間認列為利息費用。

※ 有關存貨取得成本相關法規
國際會計準則第 2 號「存貨」(IAS 2) 第 10 段：存貨成本應包括購買成本、加工成本及為使存貨達到目的前之地點及狀態所發生之其他成本。 第 11 段：存貨之購買成本包括購買價格、進口稅捐及其他稅捐，以及運輸、處理與直接可歸屬於取得製成品、原料及勞務之其他成本。交易折扣、議價及其他類似項目應於決定購買成本時減除。 **我國商業通用會計制度規範**第 7 章：存貨入帳基礎以取得時之實際成本為其入帳基礎。包含購進時之購價成本及取得並為適於營業上使用而支付之必要費用，如購進之稅捐、規費、倉租、保險費、公證費、運費等有關費用。
大陸企業會計準則第 1 號第 5 條：存貨應當按照成本進行初始計量。存貨成本包括採購成本、加工成本和其他成本。 **大陸企業會計準則**第 1 號第 8 條：存貨的其他成本，是指除採購成本、加工成本以外的，使存貨達到目前場所和狀態所發生的其他支出。 **大陸企業會計準則**第 1 號第 6 條：存貨的採購成本，包括購買價款、相關稅費、運輸費、裝卸費、保險費以及其他可歸屬於存貨採購成本的費用。

立即挑戰

(　　) 1. 南方公司自印度進口貨物一批，條件為起運點交貨。該批貨品定價 $200,000，商業折扣 20%，船運費 $20,000，進口關稅 $5,000，貨物稅 $500，則該批貨品之帳列進貨成本應為多少？ (A)$225,500 (B)$185,500 (C)$185,000 (D)$200,000。

(　　) 2. 皇冠公司購買一批成本 $150,000 起運點交貨之商品，運費 $300、保險費 $500、並於折扣期限內支付款項以取得 2% 之現金折扣，則該批商品成本為：(A)$147,000 (B)$147,294 (C)$147,800 (D)$150,000。

(　　) 3. 下列何者不得用來調整存貨成本？ (A) 進貨折扣 (B) 運費 (C) 運送途中的保險費 (D) 匯率變動造成的成本增加。

(　　) 4. 向銀行借款購買商品存貨的利息，應列為 (A) 存貨成本 (B) 銷貨成本 (C) 營業費用 (D) 利息費用。

解答 1.(B)　2.(C)　3.(D)　4.(D)

4-7-2 以成本為基礎之存貨評價方法

欲了解各種存貨評價方法，必先了解「成本流動假設」。所謂「成本流動」係指購買商品時的成本流入及出售商品時的成本流出。成本的流入流出差額代表期末庫存的存貨成本。在登帳作業上：購入存貨時以實際成本入帳，出售時依收入費損配合原則，應將存貨成本轉入費損帳下的「銷貨成本」科目，以便與銷貨收入配合計算銷貨毛利。企業的進貨常是分批購入，在物價波動時期每批購入成本不同，應如何選擇單位成本以與收益配合，以決定期末存貨成本，將影響綜合損益表的淨利及財務狀況表的存貨金額，不可不慎。

一般「存貨成本」的成本流動假定有「個別認定法」、「先進先出法」及「平均法」。但欲瞭解存貨評價之前，必須先區別成本流程及商品流程之差異：

＊成本流程：指買賣商品時的成本流入、流出次序，屬於會計作業之範疇。

＊商品流程：指商品實體的流入、流出順序，屬於倉管作業之範疇。

成本與商品之流動情形不一定相關或一致，**會計人員著眼的是成本的流程**。

※ 有關存貨成本流動之相關法規
我國營利事業所得稅查核準則第 51 條：前條之成本，得按存貨之種類或性質，採用個別辨認法、先進先出法、加權平均法、移動平均法，或其他經主管機關核定之方法計算之。在同一會計年度內，同一種類或性質之存貨不得採用不同估價方法。 **國際會計準則**第 2 號「存貨」(IAS 2) 第 23 段：通常不可替換之存貨項目及依專案計畫生產且能區隔之商品或勞務，期存貨成本之計算應採用成本個別認定法。 第 24 段：成本個別認定法係將特定成本歸屬至所辨認之存貨項目。此法是用於依專案計畫區隔之項目，且不論該項目係購入或生產而得。但可替換之大量存貨項目不宜採用成本個別認定法。在此情況下，選擇何者保留於存貨項目之方法，可能被用於達成影響損益之預設效果。 第 25 段：第 23 段所述以外，存貨成本應採用先進先出或加權平均成本公式分配。企業對性質及用途類似之所有存貨，應採用相同成本公式。對性質或用途不同之存貨，得採用不同成本公式。
大陸企業會計準則第 14 條：企業應當採用先進先出法、加權平均法或者個別計價法確定發出存貨的實際成本。 對於性質和用途相似的存貨，應當採用相同的成本計算出存貨的成本。 對於不能替代使用的存貨、為特定項目專門購入或製造的存貨以及提供勞務的成本，通常採用個別計價法確定出存貨的成本。對於已售存貨應當將其成本結轉為當期損益，相應的存貨跌價準備也應予以結轉。 存貨是指企業在日常活動中持有以備出售的產成品、處在生產過程中的在產品、在生產過程或提供勞務過程中耗用的材料和物料等。

一、個別認定法

個別認定法又稱為「個別辨認法」，係按貨品實際流動順序，決定存貨成本的方法。當某件商品出售時能個別辨認該商品的進貨成本，而尚未出售之存貨，亦能明確辨認其實際購入成本時可採此法。在此法下商品流程與會計帳務的成本流程一致，但進貨時逐一記錄購入時間與成本，會增加帳務處理的時間與費用，故僅適於外觀易辨認、價值較昂貴、進貨數量與次數不多、存貨種類少的商品，例如：汽車、飛機或輪船等大型商品，可根據其引擎號碼或生產序號，歸屬實際成本、銷貨成本與期末存貨成本。

國際會計準則第 2 號「存貨」規定：不可替換之項目及依專案計畫生產（或購買）且能區隔之產品或勞務，其存貨成本之計算應採用個別認定法。然而採用此法，易生經營者操縱損益之弊。例如：公司有二件完全相同的商品，售價 $10,000，但因進貨時間不同，第一件進貨成本 $7,000，另一件為 $7,500，當公司銷售其中一件時，可選擇讓銷貨毛利成為 $3,000 或 $2,500，這就是個別認定法為人詬病的地方。故公認會計原則禁止可替換項目採用個別認定法，以避免企業操縱損益。

表 4-5

優點	缺點
存貨與損益金額最能符合實況	1. 有些商品個別認定不易 2. 企業可利用「認定」之便，任意操縱當期損益。

※ 個別認定法適用於永續盤存制及定期盤存制，且兩者計算出的金額相同。

二、先進先出法

當商品種類相同或可替換、每次進貨之單位成本不同、進貨數量與次數頻繁時，會採取先進先出法。就是將同種類或同性質之商品，會計帳上按照取得次序以其先購進部分之成本，作為先售出部分之成本，而其期末存貨成本會取決於最近所購入之商品的成本，與倉管存貨收發作業無涉。

採用此法：因早期成本已轉入銷貨成本，而期末存貨成本為最近購入商品的價格較接近現價，故**財務狀況表之資產評價會較符合現況**；但是綜合損益表之收入為最近售價卻配合早期購入成本，損益失真。惟目前會計準則的觀念已從過去注重損益轉向注重財務狀況，故此法為國際會計準則及我國財務會計準則所認定。

在餐飲、食品業，因原料、貨品有使用期限，物流傾向於先進先出原則，如此成本流程與實際狀況接近，損益表達更合理。

表 4-6

優點	缺點
1. 成本流程與一般商品實際流動情形較為相符。 2. 計算銷貨成本與期末存貨有一定的規則，企業較無法操縱損益。 3. 財務狀況表的期末存貨在物價波動時，較接近目前的市價。	1. 在物價上漲時期，會造成以過去低成本與現在的高售價配合，高估本期損益。 2. 在物價上漲時期，因淨利較高，營利事業所得稅負也較重。

※ 先進先出法適用於永續盤存制及定期盤存制，且兩者計算出的金額相同。

三、平均法

當商品種類相同或可替換、每次進貨之單位成本不同、進貨數量與次數也多時，除了先進先出法外，亦可採用平均法。平均法係假設商品為均勻混合出售，以同種類或同性質產品的進貨平均成本來評定期末存貨與銷貨成本的方法。

根據 IAS 2 第 27 段規定：依加權平均成本公式，各項目之成本係按期初級當期購入或生產類似項目之加權平均成本決定。企業可能依其情況，定期或於每次新進貨時計算加權平均成本。

在永續盤存制之下的平均法，因為每次進貨都要重新計算平均單位成本，因此平均單位成本常因購貨而變動，所以稱為「**移動加權平均法**」。在人工記帳階段，永續盤存制之下的平均法，因每次進貨都要重新計算平均單位成本，耗時費力。不過，現在採電腦記帳時「移動加權平均法」變得簡單易行。

表 4-7

優點	缺點
1. 商品實際流動情形很可能就是混合出售，在此情形下加權平均法亦不失為能反映商品實際流動情況的好方法。 2. 計算簡單、客觀，可避免企業操縱損益。 3. 由於已將全期物價變動的影響加以平均，故不論物價上漲或下跌，依此法所決定的銷貨成本或期末存貨，其結果差異不大。	1. 平均法所決定的銷貨成本或期末存貨成本並非存貨的真正進貨成本，與目前的市價常有差距。

※ 平均法適用於永續盤存制及定期盤存制，在定期盤存制的平均為「年加權平均」，與永續盤存制之「移動加權平均法」不同，兩者計算出的金額也不同。

4-7-3 存貨成本評價法之比較

釋例 4-12

台南商店採永續盤存制，2015 年 12 月 31 日成立，業主投資 $100,000，隨即以現金購入 1,000 單位，每單位價格 $10 之存貨。

2015 年進貨與銷貨資料如下：

期初存貨與進貨					銷貨			
日期	單位	單位成本	總成本		日期	單位	單位售價	總收入
1/1	1,000	$10	$10,000					
4/5	3,000	12	36,000		5/1	2,000	$20	$ 40,000
9/10	4,000	13	52,000		11/1	5,500	25	137,500
12/10	2,000	14	28,000					
合計	10,000		$126,000		合計	7,500		$177,500

試按下列各種存貨成本流程方法，計算 2015 年銷貨成本、期末存貨金額？

(1) 個別認定法（相關資料如下）

- 5/1 出售的 2,000 單位為 1/1 期初的 500 單位及 4/5 進貨的 1,500 單位。
- 11/1 出售的 5,500 單位為 4/5 進貨的 1,500 單位及 9/10 進貨的 4,000 單位。

(2) 先進先出法　(3) 移動加權平均法

解

(1) 個別認定法——存貨明細帳內容：

表 4-8

日期 2015 年 月	日	收入 數量	收入 單價	收入 金額	發出 數量	發出 單價	發出 金額	結存 數量	結存 單價	結存 金額
1	1	1,000	10	10,000				1,000	10	10,000
4	5	3,000	12	36,000				1,000 3,000	10 12	10,000 36,000
5	1				500 1,500	10 12	5,000 18,000	500 1,500	10 12	5,000 18,000
9	10	4,000	13	52,000				500 1,500 4,000	10 12 13	5,000 18,000 52,000
11	1				1,500 4,000	12 13	18,000 52,000	500	10	5,000
12	10	2,000	14	28,000				500 2,000	10 14	5,000 28,000
合計		10,000		126,000	7,500		93,000	2,500		33,000
					銷貨成本			期末存貨		

※ 期末存貨應爲 1/1 的 500 單位及 12/10 的 2,000 單位，共 2500 單位之成本。

※ 結存欄中若有二種以上的進貨單價時，應分層次（批次）記錄存貨數量與單價。

※ 各項目之相互關係：（表 4-9）

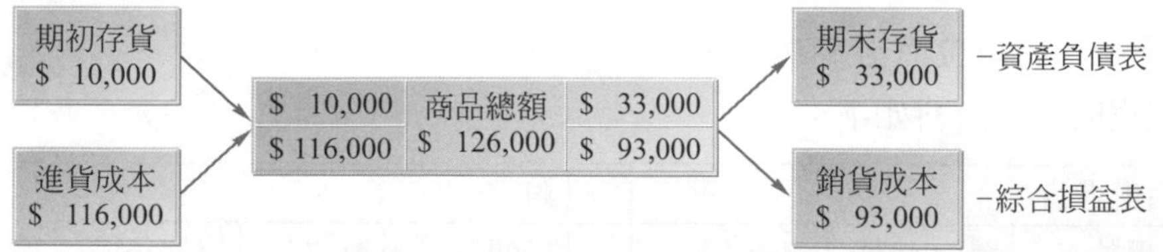

【註】上表中數字係以「個別認定法」為例，其他二法亦同

(2) 先進先出法——存貨明細帳內容：

表 4-10

日期		收入			發出			結存		
2015 年		數量	單價	金額	數量	單價	金額	數量	單價	金額
月	日									
1	1	1,000	10	10,000				1,000	10	10,000
4	5	3,000	12	36,000				1,000	10	10,000
								3,000	12	36,000
5	1				1,000	10	10,000			
					1,000	12	12,000	2,000	12	24,000
9	10	4,000	13	52,000				2,000	12	24,000
								4,000	13	52,000
11	1				2,000	12	24,000			
					3,500	13	45,500	500	13	6,500
12	10	2,000	14	28,000				500	13	6,500
								2,000	14	28,000
合計		10,000		126,000	7,500		91,500	2,500		34,500
					銷貨成本			期末存貨		

※ 期末存貨應為 12/10 的 2000 單位及 9/10 的 500 單位，共 2500 單位之成本。

※ 存貨中若有二種以上的進貨單價，亦應應分層次（批次）記錄存貨數量與單價。

(3) 移動加權平均法——存貨明細帳內容：

表 4-11

日期		收入			發出			結存		
2015 年		數量	單價	金額	數量	單價	金額	數量	單價	金額
月	日									
1	1	1,000	10	10,000				1,000	10	10,000
4	5	3,000	12	36,000				4,000	11.5	46,000
5	1				2,000	11.5	23,000	2,000	11.5	23,000
9	10	4,000	13	52,000				6,000	12.5	75,000
11	1				5,500	12.5	68,750	500	12.5	6,250
12	10	2,000	14	28,000				2,500	13.7	34,250
合計		10,000		126,000	7,500		91,750	2,500	13.7	34,250
					銷貨成本			期末存貨		

※ 此法於每次進貨後都要重新計算平均單位成本，銷售時再按最近一次的平均單位成本乘以銷售數量來扣減總成本。在計算存貨平均單價時，若無法整除，通常取至小數點下第二位，以下四捨五入。但總成本欄一般至元位止，採用此法時應注意小數點四捨五入所引起的金額誤差。

※ 根據表 4-8、4-10、4-11 三種評價方法下之銷貨成本、期末存貨金額比較：

表 4-12

	個別認定法	先進先出法	平均法
銷貨成本	$ 93,000	$ 91,500	$ 91,750
期末存貨	$ 33,000	$ 34,500	$ 34,250
合　計	$ 126,000	$ 126,000	$ 126,000

※ 三種存貨成本評價方法之分錄及金額比較：

表 4-13

日期	會計科目	個別認定法		先進先出法		移動加權平均法	
2014/12/31	現金	100,000		100,000		100,000	
	業主資本		100,000		100,000		100,000
	存貨	10,000		10,000		10,000	
	現金		10,000		10,000		10,000
2015/04/05	存貨	36,000		36,000		36,000	
	現金		36,000		36,000		36,000
05/01	現金	40,000		40,000		40,000	
	銷貨收入		40,000		40,000		40,000
	銷貨成本	23,000		22,000		23,000	
	存貨		23,000		22,000		23,000
09/10	存貨	52,000		52,000		52,000	
	現金		52,000		52,000		52,000
11/01	現金	137,500		137,500		137,500	
	銷貨收入		137,500		137,500		137,500
	銷貨成本	70,000		69,500		68,750	
	存貨		70,000		69,500		68,750
12/10	存貨	28,000		28,000		28,000	
	現金		28,000		28,000		28,000

三種存貨成本評價方法在存貨取得成本與銷貨收入入帳均相同，只差別在售出存貨時，應由那一批次的進貨成本轉入銷貨成本金額不同。

※ 三種存貨成本評價方法之財務報表金額比較：

表 4-14

綜合損益表　個別認定法

銷貨收入	$177,500
減：銷貨成本	$93,000
銷貨毛利	$84,500

綜合損益表　先進先出法

銷貨收入	$177,500
減：銷貨成本	$91,500
銷貨毛利	$86,000

綜合損益表　移動加權平均法

銷貨收入	$177,500
減：銷貨成本	$91,750
銷貨毛利	$85,750

財務狀況表　個別認定法

現金	$151,500		
存貨	33,000	業主資本	$184,500
合計	$184,500	合計	$184,500

財務狀況表　先進先出法

現金	$151,500		
存貨	34,500	業主資本	$186,000
合計	$186,000	合計	$186,000

財務狀況表　移動加權平均法

現金	$151,500		
存貨	$34,250	業主資本	$185,750
合計	$185,750	合計	$185,750

根據上述比較得知：不論採用何法，其本期可供出售商品總額均相同。不同計價法若分配至銷貨成本金額高，則分配至期末存貨金額便低，反之亦然。

不論採用何種存貨評價方法，總損益是固定的只是各期損益不同，若一年損益高則另一年損益便低；一年損益低則另一年損益便高。公認的會計原則爲避免企業利用不同的存貨評價方法來操縱各期損益，故規定會計方法一經選定後應持續使用，非有正當理由不得變更，會計學稱爲「一致原則」，如有變更，應充分揭露變更之理由及其影響。我國上市公司 90% 以上的的公司對存貨計價採平均法。

【註】 後進先出法：由於後進先出法係假設企業所出售之存貨爲最新之進貨，但此假設無法合理表達存貨實際流動狀況，且易造成財務報告期末存貨成本與財務狀況表日當時市價偏離，故國際會計準則已刪除。

※ 有關存貨成本流動之相關法規

我國營利事業所得稅查核準則第 51 條：前條之成本，得按存貨之種類或性質，採用個別辨認法、先進先出法、加權平均法、移動平均法，或其他經主管機關核定之方法計算之。
在同一會計年度內，同一種類或性質之存貨不得採用不同估價方法。

我國營利事業所得稅查核準則第 46 條：本法第 44 條所定實際成本之估價方法如下：
一、採個別辨認法者，應以個別存貨之實際成本，作為存貨之取得價格。
二、採先進先出法者，應依存貨之性質分類，其屬於同一類者，分別依其取得之日期順序排列彙計，其距離年度終了最近者，列於最前，以此彙列之價格，作為存貨之取得價格。
三、採加權平均法者（屬於定期盤存制）--- 省略
四、採移動平均法者，應依存貨之性質分類，其屬於同一類者，於每次取得時，將其數量及取得價格與上次所存同一類之數量及取得價格合併計算，以求得每一單位之平均價格，下次取得時，依同樣方法求得每一單位之平均價格，以當年度最後一次取得時調整之單位取得價格，作為存貨之取得價格。
營利事業之存貨成本估價方法，採先進先出法或移動平均法者，應採用永續盤存制。

大陸企業會計準則第 1 號第 14 條：企業應當採用先進先出法、加權平均法或者個別計價法確定發出存貨的實際成本。
對於性質和用途相似的存貨，應當採用相同的成本計算方法確定發出存貨的成本。
對於不能替代使用的存貨、為特定項目專門購入或製造的存貨以及提供勞務的成本，通常採用個別計價法確定發出存貨的成本。
-------------- 以下省略 --------------

立即挑戰

(　　) 1. 依據我國財務會計準則公報，有關存貨之衡量方法，下列何者正確？ (A) 個別認定法、先進先出法、後進先出法 (B) 加權平均法、先進先出法、後進先出法 (C) 個別認定法、先進先出法、加權平均法 (D) 個別認定法、後進先出法、加權平均法。

( ) 2. 存貨成本流動假設，對可替換之大量存貨而言，何者最容易造成管理當局操縱損益？ (A) 個別認定法 (B) 先進先出法 (C) 加權平均法 (D) 移動加權平均法。

( ) 3. 下列那何種存貨成本流動與商品實際流動**完全一致**？ (A) 個別認定法 (B) 後進先出法 (C) 加權平均法 (D) 先進先出法。

( ) 4. 下列那何種存貨成本流動與商品實際流動**較為一致**？ (A) 個別認定法 (B) 後進先出法 (C) 加權平均法 (D) 先進先出法。

( ) 5. 下列那一種方法計算的期末存貨成本最接近現時取得成本？ (B) 移動平均法 (B) 後進先出法 (C) 加權平均法 (D) 先進先出法。

( ) 6. 在物價上漲期間，那種存貨成本流動方法能產生最高淨利 ？ (C) 移動平均法 (B) 後進先出法 (C) 加權平均法 (D) 先進先出法。

( ) 7. 國際會計準則與目前我國關於第 10 號會計準則公報「存貨會計處理準則」對於存貨的成本流動假設禁止使用下列何項？ (D) 個別認定法 (B) 後進先出法 (C) 加權平均法 (D) 先進先出法。

( ) 8. 以下為某公司 4 月份之進銷貨資料如下：

4 月 1 日 初存 200 件，單位成本 @\$10，總成本 \$2,000。

4 月 4 日 進貨 300 件，單位成本 @\$12，總進貨成本 \$3,600。

4 月 8 日 銷貨 200 件，單位售價 @\$20，總銷貨收入 \$4,000。

4 月 13 日 進貨 200 件，單位成本 @\$14，總成本 \$2,800。

4 月 18 日 銷貨 400 件，單位售價 @\$22，總銷貨收入 \$8,800。

若該公司採永續盤存制移動平均法，試問：4 月底該公司存貨餘額為何？ (A)\$12,800 (B)\$5,632 (C)\$1,232 (D)\$7,168。

( ) 9. 承第 8 題，試問：4 月份該公司銷貨成本金額為何？ (A)\$12,800 (B)\$5,632 (C)\$1,232 (D)\$7,168。

( ) 10. 承第 8 題，試問：4 月份該公司銷貨毛利金額為何？ (A)\$12,800 (B)\$5,632 (C)\$1,232 (D)\$7,168。

(　　) 11. 公司採永續盤存制，在 6 月份期間，有某一存貨項目發生如下變動：

期初存貨與進貨			
日期	單位	單位成本	總成本
6/1	1,400	$24	$33,600
6/14	800	36	28,800
6/24	800	30	24,000
合計	3,000		$86,400

銷貨			
日期	單位	單位售價	總收入
6/8	400	$40	$ 16,000
6/18	1,000	45	45,000
6/28	600	40	24,000
合計	2,000		$85,000

試利用先進先出法，計算該項存貨於 6 月 30 日之期末存貨成本　(A)$86,400　(B)$29,800　(C)$31,200　(D)$55,200。

(　　) 12. 承第 11 題，試問：6 月份該公司銷貨成本金額為何？　(A)$86,400　(B)$29,800　(C)$31,200　(D)$55,200。

(　　) 13. 承第 11 題，試問：6 月份該公司銷貨毛利金額為何？　(A)$86,400　(B)$29,800　(C)$32,100　(D)$55,200。

(　　) 14. 甲公司採永續盤存制下的先進先出成本流動假設，本年度進銷資料為：1 月 1 日存貨 800 單位 @$25，2 月 15 日進貨 1,000 件 @$24，9 月 30 日進貨 600 件 @$28。5 月 20 日銷貨 1,200 件，售價 @$50，11 月 30 日銷貨 800 件，售價@$55，則銷貨毛利為　(A)$54,400　(B)$53,200　(C)$49,600　(D)$48,400。

(　　) 15. 下列存貨成本流動假設之敘述，何者正確？　(A) 先進先出法只適用於永續盤存制　(B) 移動平均法適用於定期盤存制　(C) 採用個別認定法不會造成管理當局操縱損益的機會　(D) 先進先出法下，採用永續盤存制或定期盤存制，期末存貨金額均會相同。

解答　1.(C)　2.(A)　3.(A)　4.(D)　5.(D)　6.(D)　7.(B)　8.(C)　9.(D)　10.(B)　11.(C)　12.(D)　13.(B)　14.(A)　15.(D)

4-8 永續盤存制存貨的期末評價

目前我國財務會計準則第十號公報「存貨之會計處理準則」係根據國際會計準則之規定：存貨之期末評價應採「成本與淨變現價值孰低法」。

4-8-1 成本與淨變現價值孰低法的理論

成本與淨變現價值孰低法下的「成本」為：採用個別認定法、先進先出法或平均法下所計算出的期末存貨成本。而「淨變現價值」是指：在正常情況下商品之估計售價減去至完工尚須投入之成本和銷售費用後的餘額，也就是說，企業未來可由存貨回收之金額。故有個別認定成本與淨變現價值孰低、先進先出成本與淨變現價值孰低、平均法成本與淨變現價值孰低三種情況。而所謂「成本與淨變現價值孰低法」，係指期末存貨的衡量是以成本與淨變現價值的較低者為基礎。當淨變現價值較成本為低時，按淨變現價值衡量，承認跌價損失；當淨變現價值較成本高時，按收益認列原則，不承認漲價利益。本法之所以採孰低者，**主要是根據審慎性、資產評價與收益認列三原則**，說明如下：

1. **審慎性原則**：國際財務報導準則「財務報表編製及表達之架構」第 37 段：審慎性係在不確定情況下作出估計時，在所需之判斷中納入一定程度的謹慎，使資產或收益不被高估及負債或費損不被低估。惟審慎性的運用並不允許如創造秘密準備或過多負債準備，蓄意低估資產或收益或蓄意高估負債或費損，因為財務報表將不中立，並因而不具可靠性品質。
2. **資產評價原則**：資產評價時，資產的帳面價值不得高於淨變現價值。因為根據定義，資產必需具有未來的經濟效益，故財務狀況表中所列報的資產金額，不得超過企業未來可由存貨回收之金額，如有超過，則超過的部分因不具有未來的經濟效益，就不符合資產的定義，應加以沖銷。
3. **收益認列原則**：存貨增值時，不應認列存貨增值之利益。因為在存貨未出售前此項增值利益並未實現，故不可認定。

4-8-2 成本與淨變現價值孰低法的會計處理

成本與淨變現價值孰低法之比較可分為「逐項比較」及「分類比較」兩種，亦即存貨之成本逐項與淨變現價值比較，或同一類別之存貨作分類比較，惟其方法一經選定即需各期一致使用。此外，**原還有「總額比較法」，但新國際會計準則認為不應該將企業所有商品併為單一類別，故已刪除不用。**

在會計處理上，公司因持有跌價之存貨而發生損失時，應借記「銷貨成本」、貸記「備抵存貨跌價損失」，備抵存貨跌價損失列為存貨的減項。另外，當存貨發生跌價後若再度回升，則根據收益認列原則只能在原跌價範圍內承認回升利益，畢竟存貨尚未出售，根據收益認列原則，只能承認至原跌價範圍內回升。

釋例 4-13

某公司有存貨一批，假設 2014 年的這批存貨至 2015 年底尚未出售，其 2014 年及 2015 年底存貨淨變現價如下：（存貨金額沿用釋例 4-12）

	個別辨認法	先進先出法	移動加權平均法
2014 年底存貨成本	$33,000	$34,500	$34,250
2014 年底存貨淨變現價	$34,000	$34,000	$34,000
2015 年底存貨淨變現價	$34,400	$34,400	$34,400

試以個別認定法、先進先出法或平均法之成本與淨變現價值孰低，作 2014 及 2015 年底的會計分錄？

解

日期	會計項目	個別認定法	先進先出法		平均法	
2014/12/31	銷貨成本	無分錄	500		250	
	備抵存貨跌價損失			500		250
2015/12/31	備抵存貨跌價損失	無分錄	400		250	
	銷貨成本			400		250

釋例 4-14

某公司 X 年底有同類 A、B、C、D 四種商品存貨，其相關資料如下，試依逐項、分類比較法，決定「成本與淨變現價值孰低法」下的存貨評價？

商品品項	成本	淨變現價	存貨評價	
			逐項	分類
A 商品	$1,000	$ 800	$(200)	
B 商品	2,000	2,100		
C 商品	500	400	(100)	
D 商品	1,500	1,600		
合計	$5,000	$4,900	$(300)	$(100)

解

說明：採逐項比較時只承認 A、C 商品的跌價，不承認 B、D 商品的漲價，故提列 $300 的跌價損失。

採分類比較時取同類商品漲、跌相抵後之餘額，故提列 $100 的跌價損失。

※ 有關期末存貨成本與淨變現價值孰低法之相關法規

國際會計準則第 2 號「存貨」(IAS 2)

第 6 段：淨變現價值係指正常營業過程中之估計售價減除至完工尚須投入之估計成本及完成所需之估計成本後之餘額。

第 28 段：當或發生毀損、全部或部分過時或售價下跌時，該存貨成本可能無法回收。當至完工尚須投入之估計成本及銷售所需估計成本上升時，存貨成本可能亦無法回收。存貨之成本高於淨變現價值時將成本沖減至淨變現價值之處理，係符合資產帳面金額不得超過預期自銷售或使用可實現金額之觀點。

第 29 段：存貨通常逐項沖減至淨變現價值。但在某些情況下亦可將類似或相關之項目歸為同一類。與相同產品線相關之存貨項目，其目的或最終用途類似、於同一地區生產及銷售且實務上無法與該產品線之其他項目分別評估者，可能屬於前述情況。沖減某一存貨分類 (如製成品) 或特定營運部門之所有存貨並不適當。勞務提供者通常按具單獨價之各項勞務分別累計相關成本，故每一項具上述性質之勞務均以個別項目處理。

第 33 段：企業應於各後續期間重新評估淨變現價值。若先前導致存貨價值沖減至低於成本之情況已消失，或有明顯證據顯示經濟情況改變而使淨變現價值增加時，沖減金額應予迴轉 (即迴轉金額以原沖減金額為限)，故存貨之新帳面金額為成本與修改後之淨變現價值孰低者。例如，因售價曾下跌而以淨變現價值列報之存貨項目，後續仍持有而其售價已回升者，即屬於該情況。

我國商業會計法 43 條：存貨成本計算方法得依其種類或性質，採用個別認定法、先進先出法或平均法。
存貨以成本與淨變現價值孰低衡量，當存貨成本高於淨變現價值時，應將成本沖減至淨變現價值，沖減金額應於發生當期認列為銷貨成本。

大陸企業會計準則第 1 號第 15 條：資產負債表日，存貨應當按照成本與可變現淨值孰低計量。
存貨成本高於其可變現淨值的，應當計提存貨跌價準備，計入當期損益。
可變現淨值，是指在日常活動中，存貨的估計售價減去至完工時估計將要發生的成本、估計的銷售費用以及相關稅費後的金額。

大陸企業會計準則第 1 號第 16 條：企業確定存貨的可變現淨值，應當以取得的確鑿證據為基礎，並且考慮持有存貨的目的、資產負債表日後事項的影響等因素。為生產而持有的材料等，用其生產的產成品的可變現淨值高於成本的，該材料仍然應當按照成本計量；材料價格的下降表明產成品的可變現淨值低於成本的，該材料應當按照可變現淨值計量。

大陸企業會計準則第 1 號第 17 條：為執行銷售合同或者勞務合同而持有的存貨，其可變現淨值應當以合同價格為基礎計算。
企業持有存貨的數量多於銷售合同訂購數量的，超出部分的存貨的可變現淨值應當以一般銷售價格為基礎計算。

大陸企業會計準則第 1 號第 18 條：企業通常應當按照單個存貨項目計提存貨跌價準備。對於數量繁多、單價較低的存貨，可以按照存貨類別計提存貨跌價準備。
與在同一地區生產和銷售的產品系列相關、具有相同或類似最終用途或目的，且難以與其他項目分開計量的存貨，可以合併計提存貨跌價準備。

大陸企業會計準則第 1 號第 19 條：資產負債表日，企業應當確定存貨的可變現淨值。以前減記存貨價值的影響因素已經消失的，減記的金額應當予以恢復，並在原已計提的存貨跌價準備金額內轉回，轉回的金額計入當期損益。

立即挑戰

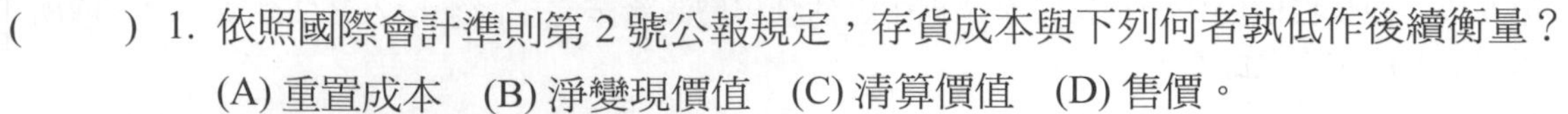

( ) 1. 依照國際會計準則第 2 號公報規定，存貨成本與下列何者孰低作後續衡量？ (A) 重置成本 (B) 淨變現價值 (C) 清算價值 (D) 售價。

( ) 2. 有關存貨淨變現價值的定義，下列何者為正確？ (A) 正常情況下商品之估計售價減去至完工尚須投入之成本後的餘額 (B) 正常情況下商品之估計售價減去至完工尚須投入之成本與銷售費用後的餘額 (C) 正常情況下商品之估計售價 (D) 正常情況下商品之重置成本。

( ) 3. 若期末存貨成本 $100、淨變現價值 $120，則財務狀況表期末存貨價值為 (A)$100 (B)$120 (C)$220 (D)$20。

( ) 4. 若期末存貨成本 $100、淨變現價值 $80，則財務狀況表期末存貨價值為 (A)$100 (B)$80 (C)$180 (D)$20。

( ) 5. 若期末存貨成本 $100、估計售價 $98，估計銷售費用 $10，若按成本與淨變現價值孰低法評價，則期末存貨價值為 (A)$100 (B)$98 (C)$88 (D)$90。

( ) 6. 下列有關成本與淨變現價值孰低法的敘述，何者正確？ (A) 帳列「存貨跌價損失」為銷貨成本的減項 (B) 帳列「存貨跌價損失」為銷貨成本的加項 (C) 帳列「備抵存貨跌價損失」為股東權益的減項 (D) 帳列「備抵存貨跌價損失」為存貨的加項。

( ) 7. 存貨發生跌價後，若淨變現價值再度回升，則 (A) 不可承認回升利益 (B) 可承認全部回升利益 (C) 只能在備抵跌價損失範圍內承認回升利益 (D) 視回升金額大小而定。

( ) 8. 成本與淨變現價值孰低法，係基於下列何項會計原則？ (A) 成本原則 (B) 審慎性 (C) 充分表達原則 (D) 收入費損配合原則。

( ) 9. 根據國際會計準則第 2 號公報。之規定，採成本與淨變現價值孰低法評估期末存貨價值時，不可採用何種比較法？ (A) 個別項目 (B) 分類項目 (C) 總額項目 (D) 沒有規定。

( ) 10. 下列係福星公司 2014 年及 2015 年存貨的成本與淨變現價值資料，該公司採淨變現價值孰低法記錄存貨跌價損失，請問福星公司 2015 年應認列多少存貨跌價損失？

2014 年存貨—成本 $50,000　2015 年存貨—成本 $52,000
2014 年存貨—淨變現價 $48,000　2015 年存貨—淨變現價 $47,000

(A)$0 (B)$2,000 (C)$3,000 (D)$5,000。

解答 1.(B) 2.(B) 3.(A) 4.(B) 5.(C) 6.(B) 7.(C) 8.(B) 9.(C) 10.(C)

4-9 存貨的估計方法

存貨成本的決定不論是採個別認定法、先進先出法或平均法均需經由實地盤點期末存貨數量並乘以單價所計算出。但有時期末存貨數量無法盤點或是實地盤點不符經濟效益，則需以估計的方式來推算存貨的金額。估計方式包括「毛利率法」及「零售價法」，但所計算出來的金額充其量只能說是接近實際的金額，故必須在特殊狀況或符合條件的特別行業，方為會計準則所允許。

4-9-1 毛利率法

一、毛利率法之意義及適用情況

毛利率法是運用過去的銷貨毛利率，來估計本期銷貨成本與期末存貨的一種方法。我國財務會計準則第 10 號存貨公報第 24 條：特殊情況例如因水災、火災等致會計憑證或帳簿毀損滅失，成本計算困難時，得採用毛利法評價。茲將毛利率法適用情況整理如下：

1. 因意外災害（如水災、火災）而使存貨受損時。可用毛利率法來估計存貨損失的金額，並作為保險賠償之參考。若存貨被火燒毀無法盤點存貨時，在於定期盤存制下，只能用毛利率法加以估計；或在永續盤存制下，當帳簿記錄遺失或毀損時，可用毛利率法作為永續盤存制的驗證。
2. 在定期盤存制下編製期中報表（月報、季報及半年報）時。可用毛利率法來估計當期的銷貨成本和期末存貨，無須加以盤點，以節省人力。
3. 會計師及內部稽核人員用以驗證公司存貨計價的合理性時，若以毛利率法估算結果有重大差異則應擴大追查。
4. 當銷貨預算編製完成時。可利用毛利率法以估計銷貨成本，並據以編製生產及採購、付款等預算。

二、以毛利率法估計期末存貨之計算步驟

1. 期初存貨＋本期進貨＝可供銷售商品之成本
2. 本期銷貨收入 ×【1- 過去平均毛利率】＝估計本期銷貨成本

$$\text{過去平均毛利率} = \frac{\text{過去若干年銷貨毛利之和}}{\text{過去若干年銷貨淨額之和}}$$

※ 毛利率通常取上年度或過去數年銷貨毛利率之平均數，但本期物價若有波動應調整本期已知之變動情況來計算毛利率，避免差異過大。

3. 可供銷售商品之成本 - 估計本期銷貨成本 = 估計本期期末存貨成本

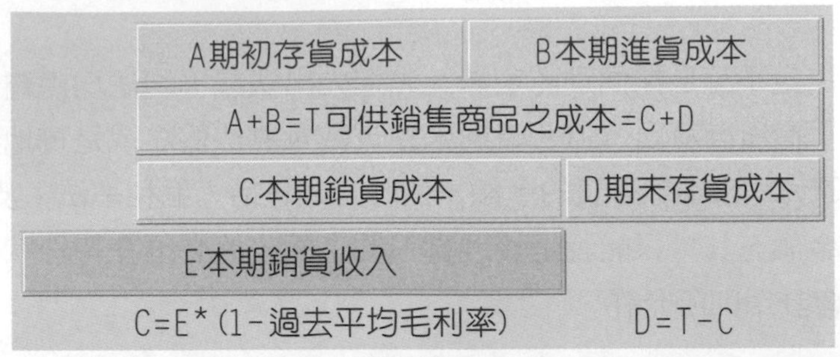

圖 4-4

三、毛利率法估計期末存貨使用之限制

1. 毛利率法所計算之期末存貨為估計數，不適用於正式財務報表。
2. 期中報表雖可用毛利率法，但應於財務報表附註中加以揭露。
3. 毛利率法是以過去年度的平均毛利率來計算本期期末存貨成本，若遇本期物價巨幅波動等因素時，應就過去毛利率作適當調整；或企業商品有多種類，且每種商品的毛利率差異大時，最好將各種商品以各別毛利率分開估計。

釋例 4-15

大安商店近 5 年來，每年度毛利占銷貨收入淨額均維持在 40% 左右，估計 2015 年度大致相同。

2015 年 11 月 31 日發生一場大火，將該商店的存貨及帳冊全部燒毀，該商店會計人員欲估計火災發生當時之存貨價值，以便向保險公司索賠，有關資料如下：

2015 年初存貨從去年期末存貨轉來為	$100,000
2015 年初至 11 月底統計向國稅局申報的進貨發票	300,000
2015 年初至 11 月底統計向國稅局申報的銷貨發票	600,000

解

期初存貨	$100,000
加：進貨淨額	300,000
可銷售商品總額	$400,000
減：估計銷貨成本「本期銷貨淨額 ×(1- 以前年度平均毛利率)	
600,000×(1-40%)	360,000
估計期末存貨	$40,000

※ 本題以單純內容爲例，若再遇有銷貨退回、折扣、運費或在途存貨等特殊狀況時，則請參閱中級會計學。

立即挑戰

( ) 1. 存貨毛利法是一種？ (A) 成本基礎 (B) 淨變現價基礎 (C) 市價基礎 (D) 估計基礎。

( ) 2. 下列各項存貨評價方式，何者已脫離成本基礎？ (A) 個別認定法 (B) 平均法 (C) 先進先出法 (D) 毛利法。

( ) 3. 虎尾公司今年 1 月底倉庫發生大火，導致倉庫內的存貨全部燒毀，根據帳簿記載，今年期初存貨餘額為 $60,000，1 月份的銷貨收入為 $120,000，1 月份的進貨成本為 $92,000 若過去平均毛利率為 30%，請問以毛利法估計的存貨損失是多少？ (A)$62,000 (B)$64,000 (C)$66,000 (D)$68,000。

( ) 4. 某公司期末存貨因火災毀損僅有殘餘價值 $20,000，根據帳冊得知期初存貨 $150,000，當年度銷貨淨額 $300,000，進貨淨額 $500,000，過去三年平均毛利率 40%，則在毛利法下期末存貨之火災損失？ (A)$450,000 (B)$470,000 (C)$527,000 (D)$530,000。

( ) 5. 丙公司銷貨收入是 $230,000，銷貨折扣是 $30,000，可供銷售商品成本為 $160,000，若過去平均毛利率 30%，則採毛利法估計期末存貨成本為何？ (A)$15,000 (B)$20,000 (C)$1,000 (D)$3,000。

解答 1.(D) 2.(D) 3.(D) 4.(A) 5.(B)

4-9-2 零售價法

一、零售價法之意義及適用情況

零售價法是運用成本比率，將期末存貨的零售價轉換為期末存貨成本。至於期末存貨零售價是以全部可銷售商品零售價扣除銷貨淨額而得。採用此法的基本原理是每種商品進貨時，均應在商品上標示零售價，且成本與售價間存在一定比率關係。

此法存貨為估計成本非實際成本，國際會計準則第 2 號存貨公報（IAS2）第 22 段規定：零售業對於大量快速週轉、毛利率類似之存貨項目，且採用其他成本計價方法於實務上不可行者，經常採用零售價法衡量。此類存貨之成本係以存貨售價減除適當比率之銷貨毛利決定。前述比率應考量已減價至低於原始售價之存貨。各零售部門經常採用個別的平均比率。茲將零售價法適用情況整理如下：

1. 百貨業和超級市場等零售業因商品種類繁多、交易次數頻繁，若對每一商品逐項記錄其進、銷、存貨，帳務處理成本甚高。故利用商品上所貼的零售價格，推究其與成本間有一定之比率關係來估計期末存貨之金額，可簡化帳務處理程序。
2. 編製期中報表時，可不經盤點存貨而利用期末存貨零售價估計淨利。

二、零售價法估計期末存貨成本之計算步驟

1. 期初存貨成本＋本期進貨成本＝本期可供銷售商品成本
2. 期初存貨零售價＋本期進貨零售價＝本期可供銷售商品總零售價

   ※ 本期進貨零售價會因市場情況作調整，故應調整所有淨加價與淨減價。
3. 可供銷售商品總零售價－本期銷貨收入＝期末存貨預估零售價
4. 期末存貨預估零售價 × 成本率＝期末存貨成本

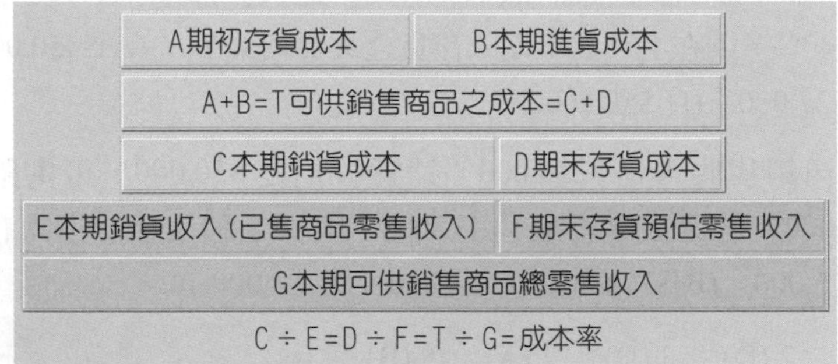

圖 4-5

※ 依存貨成本流程假設，計算成本比率（成本對零售價之比率）。

成本流程假設與成本率之關係，有「加權平均法成本比率」及「先進出法成本比率」兩種：

(1) 加權平均成本率是將期初存貨與本期進貨合併計算成本比率：

$$加權平均成本率=\frac{本期可供銷售商品成本}{本期可供銷售商品總零售收入}$$

(2) 先進先出法成本比率是將期初存貨與本期進貨分開計算成本比率，先進先出法假設期初存貨部分先轉入銷貨成本，期末存貨均為本期進貨部分。

$$本期進貨成本率=\frac{本期進貨商品成本}{本期進貨商品零售收入}$$

※若不同部門或不同產品加價不一致，國際會計準則第 10 號公報第 29 條規定各零售部門應採用個別之成本比率。

三、採零售價法應具備的條件

為避免採零售價法對淨利造成影響，依「營利事業以零售價法估定期末存貨應行注意要點」規定經營零售業之營利事業，採用零售價法估定其存貨價值者，應具備下列條件：

1. 應為股份有限公司組織者。
2. 經營零售業務，使用收銀機或電子計算機開立統一發票者。
3. 最近三年未發現違反所得稅法第 110 條規定逃漏營利事業所得稅者。
4. 訂有健全之會計制度，其對內部會計控制制度有明文規定，並經會計師出具「評估會計制度內部控制是否有效報告書」者。
5. 貨品須編號標價（零售價）並按標價出售者。
6. 營利事業所得稅結算申報，須委託稅務代理人查核簽證申報。

且申請採用零售價法者，並應提示商品分類之原則，且應依該原則分別記載。其存貨帳或進貨帳除應登載成本外，並需記載商品之零售價，以求得成本率。若商品分類原則變動時，應於每月底就當月變動情形，列表報請稽徵機關核備。

國稅局特別強調，違反上述規定者將被註銷採用零售價法之資格，甚至遭到依同業利潤標準核定營業成本之不利處分。

四、毛利率法與零售價法所採用比率的不同：

毛利率法與零售價法都可用來估計期末存貨成本，但零售價法是依當期的成本比率計算而來，而毛利率法是以過去平均毛利率來計算。

釋例 4-16

大福公司提供存貨資料如下：

	成 本	零售價
期初存貨	$70,000	$100,000
進貨	290,000	500,000
銷貨淨額		450,000

分別以加權平均零售價法及先進先出零售價法估計期末存貨。

解

(1)採加權平均零售價法估計期末存貨成本如下：

	成本	零售價
期初存貨	$70,000	$100,000
進貨	290,000	500,000
可銷售商品	$360,000	$600,000
平均法成本比率 $360,000÷$600,000= 60%		
銷貨淨額		450,000
期末存貨零售價		$150,000
期末存貨成本 $150,000× 60%	$90,000	

(2)採先進先出零售價法估計期末存貨：

採先進先出零售價假設：本期出售零售價 $450,000 將期初存貨零售價 $100,000 轉出至銷貨成本，故期末存貨零售價均爲本期進貨零售價，

本期進貨成本率 = 本期進貨商品成本 ÷ 本期進貨商品零售價

=$290,000÷$500,000= 58%

期末存貨成本 =$150,000× 58% = 87,000

※ 本題以單純內容爲例，若再遇有銷貨退回、折扣、運費或在途存貨等特殊狀況時，則請參閱中級會計學。

立即挑戰

( ) 1. 下列入那一種行業，採用零售價法來計算期末存貨比較適當？ (A) 農產品供應商 (B) 重型機械承銷商 (C) 兒童服裝店 (D) 電器修理店。

( ) 2. 和平公司為一百貨公司，期末盤點可能採取的方法為 (A) 零售價法 (B) 毛利法 (C) 成本法 (D) 淨額法 。

( ) 3. 存貨所使用的零售價法是解決 (A) 期末存貨成本估計問題 (B) 存貨售價決定問題 (C) 存貨成本評價問題 (D) 存貨損失估計問題。

( ) 4. 採平均成本零售價法估計期末存貨價值，須計算是成本比率，下列那一項是用來計算成本比率？ (A) 銷貨淨額 ÷ 可供銷售商品零售價 (B) 購貨成本 ÷ 購貨零售價 (C) 可供銷售商品零售價 ÷ 可供銷售商品成本 (D) 可供銷售商品成本 ÷ 可供銷售商品零售價。

( ) 5. 若甲公司採用零售價法來估計期末存貨，相關資料如下：
期初存貨成本 $40,000，零售價 $60,000，本期進貨成本 $260,000，零售價為 $440,000，本期銷貨淨額 $400,000，以平均成本零售價法估計期末存貨之成本為：
(A)$40,000 (B)$50,000 (C)$60,000 (D)$59,000。

( ) 6. 期初存貨成本 $100,000，零售價 $200,000，本期進貨成本 $400,000，原本零售價為 $850,000，後來調低零售價 $50,000，本期銷貨收入 $700,000，以平均成本零售價法估計期末存貨之成本為： (A)$300,000 (B)$150,000 (C)$145,600 (D)$100,000。

( ) 7. 下表大樂發公司本年度的存貨成本及零售價資料，請問按先進先出零售價法計算的期末存貨成本是多少？

	成 本	零售價
期初存貨	$ 210	$ 300
進貨淨額	3,600	4,800
銷貨淨額		4,500

(A)$420 (B)$435 (C)$448 (D)$450。

解答 1.(C) 2.(A) 3.(A) 4.(D) 5.(C) 6.(B) 7.(D)

4-10 存貨錯誤對財務報表的影響

存貨是企業資產中金額較大的科目，其評價正確與否將影響企業財務狀況表與綜合損益表的表達。定期盤存制下，因平時僅於進貨時記錄進貨成本，銷貨時並未隨著更新存貨記錄，故無法隨時得知庫存或已售出商品的數量與成本，必需於期末進行實地盤點。但盤點存貨時常因在途存貨與寄銷、承銷而在存放地點與所有權上有差異而造成存貨高估或低估。

（註：銷貨成本的計算公式：期初存貨＋進貨淨額－期末存貨＝銷貨成本）

本期期末存貨為下期的期初存貨，故本期期末存貨錯誤將影響本期及下期財務報表的正確性。期末存貨錯誤對兩期財務報表造成下述影響：

一、對兩期綜合損益表的影響

當本期期末存貨低估，將造成本期銷貨成本高估，銷貨毛利低估，本期淨利低估；下期的期初存貨低估，則造成下期銷貨成本低估，銷貨毛利高估，下期淨利高估。

二、對兩期財務狀況表的影響

當本期期末存貨低估，本期存貨資產低估，本期淨利低估轉入權益，權益也低估。次年底的財務狀況表存貨金額是屬於下期重新評估或盤點的存貨，除非次年底期末存貨又同樣盤點錯誤且金額與本期期末存貨盤點金額錯誤相同；否則下期期末存貨應是正確金額，若下期期末存貨有錯誤應是下期產生的錯誤，與本期期末存貨低估無關。

至於權益方面，本期期末存貨低估造成本期淨利低估，下期淨利高估，兩相抵銷後，第二年底權益正確。

存貨為流動性資產，存貨錯誤將影響二期損益，但只影響第一期的財務狀況，第二年的財務狀況因自動抵銷後便正確。就如同企業於第一年底薪資少計的錯誤，於是第二年初補發薪資，雖將造成二年淨利一高一低及第一期的財務狀況錯誤，但是第二期因補發完薪資後便歸為正確。若下期薪資有錯誤應是下期產生的錯誤，與前期薪資錯誤無關。

茲將存貨高估、低估錯誤對財務報表的影響，彙整列表如下：

表 4-15

對財務報表的影響／錯誤情況	當期損益			當期資產負債表	
	期末存貨	銷貨成本	淨利	資產(期末存貨)	權益
本期期末存貨高估	高估	低估	高估	高估	高估
本期期末存貨低估	低估	高估	低估	低估	低估

對財務報表的影響／錯誤情況	次期損益			次期資產負債表	
	期初存貨	銷貨成本	淨利	資產(期末存貨)	權益
上期期末存貨高估	高估	高估	低估	無影響	無影響
上期期末存貨低估	低估	低估	高估	無影響	無影響

釋例 4-17

大方公司第一年及第二年度相關財務資料正確金額如下：

	第一年度	第二年度
銷貨收入	$840,000	$950,000
期初存貨	150,000	160,000
期末存貨	160,000	200,000
進貨	600,000	700,000
營業費用	100,000	120,000

假設大方公司第一年底期末存貨少計 $20,000，試評論該項錯誤對兩年度報表的影響？

解

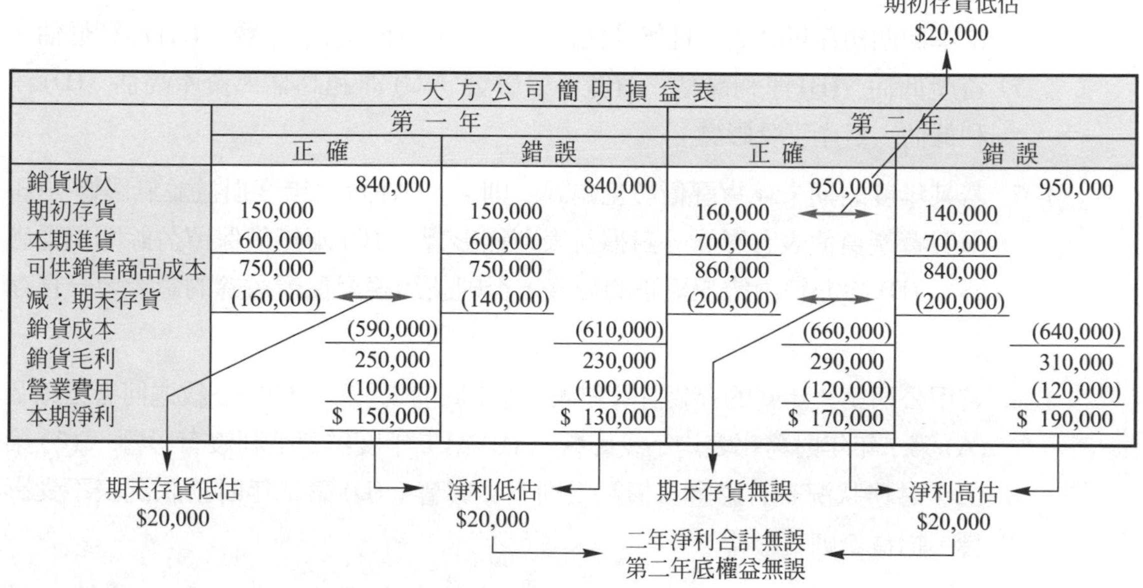

大方公司簡明損益表

	第一年 正確		第一年 錯誤		第二年 正確		第二年 錯誤	
銷貨收入		840,000		840,000		950,000		950,000
期初存貨	150,000		150,000		160,000		140,000	
本期進貨	600,000		600,000		700,000		700,000	
可供銷售商品成本	750,000		750,000		860,000		840,000	
減：期末存貨	(160,000)		(140,000)		(200,000)		(200,000)	
銷貨成本		(590,000)		(610,000)		(660,000)		(640,000)
銷貨毛利		250,000		230,000		290,000		310,000
營業費用		(100,000)		(100,000)		(120,000)		(120,000)
本期淨利		$ 150,000		$ 130,000		$ 170,000		$ 190,000

※本題以單純內容爲例，只假定期末存貨錯誤，其他項目正確。若有其他項目也同時時錯誤，請參閱中級會計學。

立即挑戰

( ) 1. 樹林公司此少計存貨計算出的本期淨利為 $110,000，期末存貨盤點時因寄銷品存放在承銷人處而少盤了 $180,000，如不計其他因素，則本年度正確損益為： (A) 淨損 $70,000 (B) 淨利 $70,000 (C) 淨利 $290,000 (D) 無影響。

(　　) 2. 甲公司期末存貨盤點時，將寄放在本公司的承銷品 $5,000 列入期末存貨，對公司當年營業利益的影響為：　(A) 營業利益高估 $5,000　(B) 營業利益低估 $5,000　(C) 銷貨成本高估 $5,000　(D) 股東權益低估 $5,000。

(　　) 3. 當期末存貨低估，且無其他錯誤存在時，淨利及資產會：　(A) 淨利低估、資產低估　(B) 淨利低估、資產不受影響　(C) 淨利高估、資產高估　(D) 淨利和資產都不受影響。

(　　) 4. 當期末存貨高估，且無其他錯誤存在時，淨利及資產會：　(A) 淨利低估、資產低估　(B) 淨利低估、資產不受影響　(C) 淨利高估、資產高估　(D) 淨利和資產都不受影響。

(　　) 5. 當本期期初存貨低估，且無其他錯誤存在時，則本期淨利及資產會：　(A) 淨利低估、資產低估　(B) 淨利高估、資產不受影響　(C) 淨利高估、資產高估　(D) 淨利低估、資產不受影響。

(　　) 6. 當本期期初存貨高估，且無其他錯誤存在時，淨利及資產會　(A) 淨利低估、資產低估　(B) 淨利高估、資產不受影響　(C) 淨利高估、資產高估　(D) 淨利低估、資產不受影響。

(　　) 7. 若某年度的期末存貨評價發生錯誤，則：　(A) 對次年度損益並無影響　(B) 僅對資產負債表有影響，對損益表則無影響　(C) 兩年後保留盈餘即不受影響　(D) 除非經由錯誤更正的分錄，否則該錯誤對保留盈餘的影響會一直存在。

(　　) 8. 若甲公司第一年底的存貨計算錯誤，且年底前未發現，則以下敘述何者正確？(A) 第二年年財務報表均不受影響　(B) 第二年度銷貨毛利沒有影響　(C) 第二年財務狀況表有影響，損益表則不受影響　(D) 第二年財務狀況表不受影響，損益表則有影響。

(　　) 9. 文山公司第一年底盤點期末存貨共計有存貨 $300,000 內含承銷商品 $100,000，則導致　(A) 第一年度銷貨成本低估 $100,000　(B) 第一年度稅前盈餘低估 $100,000　(C) 第二年度稅前盈餘高估 $100,000　(D) 第二年度銷貨成本低估 $100,000。

解答 1.(C)　2.(A)　3.(A)　4.(C)　5.(B)　6.(D)　7.(C)　8.(D)　9.(A)

■ 附錄：定期盤存制下的進、銷、存貨之會計處理

一、定期盤存之意義

採定期盤存制者，適用於商品種類多且單價低者，為節省帳務處理成本平時對於存貨之增減並未詳細記載，亦即平時買入商品時借記進貨，銷貨時不記錄銷貨成本，故欲知存貨數量得於固定時間（如每月、每季、年底）靠實地盤點才能得知，因此又稱「實地盤存制」。

二、定期盤存制下的進、銷、存貨之會計處理

由於定期盤存制並未對每種商品設立明細帳，是一種「總額」的概念。（而永續盤存制會為每種商品設立明細帳，是「個別」的概念。）在進貨時所有商品一起購入，所以進貨運費、進貨折扣、進貨退回都是「總額」概念，無法逐一分攤至各商品。因此另設「進貨運費」、「進貨退回與折讓」、「進貨折扣」等過渡性質的虛帳戶作為**「進貨」**科目的加減項，不像永續盤存制之直接增減「存貨」科目。

1. 進貨時：先以虛帳戶「進貨」科目入帳。

   借記：進貨　　　　　　　　　　XXX
   　　貸記：現金（應付帳款）　　　　　　XXX

2. 進貨運費：需另外獨立設科目，不與「進貨」科目混合，另列「進貨運費」，正常餘額在借方，是購入商品的一部分，所以是進貨成本的加項。

   借記：進貨運費　　　　　　　　XXX
   　　貸記：現金（應付帳款）　　　　　　XXX

3. 進貨退回與讓價：需另外獨立設科目，不與「進貨」科目混合，正常餘額在貸方，是「進貨」科目之減項。

   借記：現金（應付帳款）　　　　XXX
   　　貸記：進貨退回與讓價　　　　　　XXX

4. 進貨折扣：需另外獨立設科目，不與「進貨」科目混合，正常餘額在貸方，是「進貨」科目之減項。

   借記：應付帳款　　　　　　　　XXX
   　　貸記：現金　　　　　　　　　　　XXX
   　　　　　進貨折扣　　　　　　　　　XXX

5. 銷貨時：只記錄收益實現之部分「銷貨收入」，因未設每種商品明細帳，無法計算每種出售商品的「銷貨成本」，等到期末進行實地盤點得出所有商品的期末存貨，再算出所有已售出商品的銷貨成本。

   借記：應收帳款（現金）　　　XXX
   　　貸記：銷貨收入　　　　　　　　XXX

6. 期末調整：在定期盤存制下，因平時於帳上分別以進貨、進貨運費、進貨退回與折讓入帳，於商品出售時，並沒有將已售商品之成本轉入銷貨成本，故「存貨」帳戶一直是期初餘額，不因產品之買入或賣出而變動，直至期末調整分錄後存貨帳戶才變為期末餘額。故「進貨」為虛實混合帳戶，期末必需加以調整。

   借記：銷貨成本　　　　XXX
   　　存貨（期末）　　　　XXX
   　　貸記：進貨　　　　　　　　XXX
   　　　　存貨（期初）　　　　　　XXX

三、永續盤存制與定期盤存制最的主要差別：

1. 永續盤存制是「先實後虛」的概念，購入直接以「存貨」科目入帳，出售時將具實帳戶性質的「存貨」轉入虛帳戶性質的「銷貨成本」。由於帳上逐筆記載，若有偷竊、舞弊將形成帳上與實際盤點不符，而形成存貨盤盈或盤虧。
2. 定期盤存制是「先虛後實」的概念，購入直接以「進貨」的虛帳戶入帳，每次出售商品時並未將「進貨」轉入虛帳，而是至期末盤點完分出未出售的實帳及已出售的虛帳再作調整分錄。採用此法，帳上並未逐筆記載，若有偷竊、舞弊將隱藏於「銷貨成本」科目，內部控制不佳。

四、定期盤存制下之存貨成本的評價方法

定期盤存制下之存貨成本的評價方法與永續盤存制一樣有個別認定法、先進先出法及平均法。定期盤存制如採個別認定法、先進先出法所算出的存貨金額會與永續盤存制相同。

但定期盤存制如採平均法，則在年報表為年加權平均，在月報表為月加權平均，與永續盤存制的移動加權平均法不同，**請參考綜合練習題第三題。**

釋例 4-18

甲公司採月結制，1 月份交易相關資料如下：

1/1　甲公司收到股東投資現金 $20,000

1/1　賒購甲商品起運點交貨的存貨 1,100 件，每件成本 $10，付款條件為 2/10、1/20、n/30

1/2　支付進貨運費 $1,100

1/10　進貨退出 100 件商品存貨

1/20　支付所有進貨商品帳款，並取得折扣

1/25　出售商品存貨 600 件，每件售價 $20

1/30　銷貨退回 100 件

1/31　盤點存貨剩 400 件，作應有的調整分錄

試分別按 (1) 永續盤存制 (2) 定期盤存制製作應有的分錄（省略 T 字帳、試算表）、及報表：

解

日期	永續盤存制			定期盤存制		
1/1	現金	20,000		現金	20,000	
	股本		20,000	股本		20,000
1/1	存貨	11,000		進貨	11,000	
	應付帳款		11,000	應付帳款		11,000
1/2	存貨	1,100		進貨運費	1,100	
	現金		1,100	現金		1,100
1/10	應付帳款	1,000		應付帳款	1,000	
	存貨		1,000	進貨退回		1,000
1/20	應付帳款	10,000		應付帳款	10,000	
	現金		9,900	現金		9,900
	存貨		100	進貨折扣		100
1/25	應收帳款	12,000		應收帳款	12,000	
	銷貨收入		12,000	銷貨收入		12,000
	銷貨成本	6,600				
	存貨		6,600			
1/30	銷貨退回	2,000		銷貨退回	2,000	
	應收帳款		2,000	應收帳款		2,000
	存貨	1,100				
	銷貨成本		1,100			

1/31 調整分錄	銷貨成本（存貨盤虧）1,100 　　存貨　　1,100	銷貨成本　6,600 存貨（期末）4,400 進貨退回　1,000 進貨折扣　100 　　進貨　11,000 　　進貨運費　1,100 　　存貨（期初）　0

甲公司1月份部分損益表…永續盤存制

銷貨收入	$12,000
銷貨退回	2,000
銷貨淨額	$10,000
減：銷貨成本	6,600
銷貨毛利（本期淨利）	$3,400

甲公司1月份部分損益表…定期盤存制

銷貨收入		$12,000
銷貨退回		2,000
銷貨淨額		$10,000
期初存貨	$　0	
加：本期進貨	11,000	
進貨運費	1,000	
減：進貨退回	(1,000)	
進貨折扣	(100)	
期末存貨	(4,400)	
減：銷貨成本		6,600
銷貨毛利（本期淨利）		$3,400

甲公司1月底部分資產負債表…永續盤存制

現金	9,000	股本	$20,000
應收帳款	10,000	本期淨利	3400
存貨	4,400		
合計	$23,400	合計	$23,400

甲公司1月底部分資產負債表…定期盤存制

現金	9,000	股本	$20,000
應收帳款	10,000	本期淨利	3400
存貨	4,400		
合計	$23,400	合計	$23,400

立即挑戰

(　　) 1. 下列有關存貨之敘述，何者正確？　(A) 採永續盤存制，須於期末盤點存貨時方知庫存盈虧　(B) 採定期盤存制，銷貨時必須作兩個分錄　(C) 採永續盤存制不需設立存貨明細帳　(D) 採定期盤存制可以隨時計算銷貨成本。

(　　) 2. 對於存貨之定期盤存制與永續盤存制兩者間之差異，下列敘述何者正確？(A)資產負債表上之期末存貨金額，定期盤存制以「實際盤點庫存金額」為準；而永續盤存制以「帳載金額」為準　(B)進貨時，定期盤存制需借記「存貨」；而永續盤存制需借記「進貨」　(C)定期盤存制的「存貨」科目餘額可隨時反映庫存商品的數量；而永續盤存制的「存貨」科目餘額無法反映庫存商品的數量　(D)銷貨時，定期盤存制不需借記「銷貨成本」；而永續盤存制需借記「銷貨成本」。

(　　) 3. 關於定期盤存制與永續盤存制，下列敘述何者有誤？　(A)永續盤存制之優點在於帳務處理相對較簡單，適合單價較低且進出頻繁的商品　(B)定期盤存制之缺點為平日並無庫存存貨的資料，無法有效控制及管理存貨數量　(C)永續盤存制常設有各種商品存貨之明細帳，對於購入、出售及結存餘額均作詳細而連續之記載　(D)永續盤存制有助於存貨之管理控制，方便期中報表之編製。

(　　) 4. 下列有關存貨之敘述，何者為誤？　(A)定期盤存制須於期末盤點存貨方知當期之銷貨額　(B)永續盤存制須於期末盤點存貨方知存貨庫存盈虧　(C)定期盤存制於進貨時借記「進貨」科目　(D)永續盤存制於銷貨時借記「銷貨成本」科目。

(　　) 5. 下列那一個關於定期盤存制之描述最為適切？　(A)可以在每筆銷貨發生後，立即算出銷貨成本　(B)通常適用於低單價的商品　(C)需要保存詳細的存貨記錄　(D)需要保存銷貨成本帳簿以供隨時記載。

(　　) 6. 在定期盤存制下，下列何項會計項目僅在期末盤點後調整分錄時使用？　(A)商品存貨　(B)進貨　(C)銷貨收入　(D)進貨運費。

(　　) 7. 公司每年至少應該於何時盤點存貨一次？　(A)於公司存貨水準最高時　(B)於公司正在出貨或收貨時　(C)於公司會計年度結束時　(D)隨時皆可盤點。

解答▷▷　1.(A)　2.(D)　3.(A)　4.(A)　5.(B)　6.(A)　7.(C)

■ 專有名詞中英文對照表

銷貨收入	Sales Revenue
銷貨毛利	Gross Profit or Gross Margin
營業費用	Operating Expenses
起運點交貨	FOB shipping point
商品存貨	merchandise inventory
在製品存貨	Work-In -Process Inventory
在途存貨	Goods in transit
寄銷	Consignment-Out
定期盤存制度	Periodic Inventory System
永續盤存制度	Perpetual Inventory System
單站式	single step
銷貨退回及折讓	Sales return & allowance
借項通知單	Debit memorandum
商業折扣	Trade Discount
進貨折扣	Purchase Discount
現金折扣	Cash Discount
個別認定法	Specific Identification Method
先進先出法	First-In，First-Out Method；FiFo
移動加權平均法	Moving Average Method
成本與淨變現價值孰低	Lower of Cost or Net Realizable Value
個別比較法	Individual Item Approach
毛利法	Gross Profit Method
可銷售商品成本	Cost of Goods Available for Sale
進貨	Purchase
進貨運費	Freight-In
進貨折扣與讓價	Purchase Discounts & Allowances
自動抵銷之錯誤	Counter Balance Error
穩健原則	Conservatism Principle
銷貨成本	Cost of Goods Sold

營業費用	Operating Expenses
目的地交貨	FOB Destination
存貨	Raw Material Inventory
製成品存貨	Finished Goods Inventory
進貨成本	Cost of Goods Purchased
承銷	Consignment-In
實地盤點制	PhysicalInventorySystem
帳面盤存制	BookInventorySystem
多站式	multiple step
抵銷科目	Contra account
貸項通知單	Credit memorandum
數量折扣	Quantity Discount
銷貨折扣	Sales Discount
成本流程假設	Cost Flow Assumption
加權平均法	Weighted Average Method
分類比較法	Major Categories Approach
零售價法	Retail Method
進貨退回	Purchase Returns
審慎性	Prudence

     Questions

一、下列五種情況各自獨立，請在下列註明 (1) 至 (15) 之空格中填入適當數字。

	情況 1	情況 2	情況 3	情況 4	情況 5
銷貨淨額	$100,000	$(4)	$170,000	$(10)	$120,000
期初存貨	20,000	30,000	(7)	50,000	(13)
購貨淨額	70,000	(5)	120,000	80,000	100,000
商品總額	(1)	150,000	180,000	(11)	140,000
期末存貨	26,000	(6)	40,000	(12)	(14)
銷貨成本	(2)	120,000	(8)	120,000	110,000
銷貨毛利	(3)	30,000	(9)	20,000	(15)

二、台北公司採永續盤存制先進先出法，試作 2015 年 12 月份下列交易之分錄，並編製 12 月份綜合損益表。

12 月 2 日　現購商品 50,000 單位，每單位 10 元。
4 日　賒售商品 20,000 單位，每單位售價 15 元，收款條件 2/10、N/30。
7 日　賒購商品 30,000 單位，每單位 12 元，付款條件 1/10、N/30。
9 日　現銷商品 40,000 單位，每單位售價 16 元。
11 日　現付水電費 60,000 元。
14 日　客戶於折扣期間內償還前欠貨款。
17 日　於折扣期間內償還前欠貨款。
21 日　現付銷貨運費 80,000 元。
25 日　現售商品 10,000 單位，每單位售價 18 元。
31 日　現付員工薪金 120,000 元。

三、怡寧公司 2015 年 12 月份之商品進出資料如下：

1 月 1 日	期初餘額	200 單位	@ $10
1 月 4 日	購入	600 單位	@ $12
1 月 10 日	購入	400 單位	@ $13
1 月 11 日	售出	800 單位	售價@ $15
1 月 12 日	購入	400 單位	@ $14
1 月 20 日	售出	400 單位	售價@ $17
1 月 28 日	購入	600 單位	@ $14.5

在下列各情況下，分別計算銷貨成本、期末存貨成本、銷貨毛利。

1. 先進先出法：(a) 永續盤存制 (b) 實地盤存制。

2. 平均法：　(c) 永續盤存制移動平均法 (d) 實地盤存制加權平均法。

四、依下列條件分別以永續盤存制及定期盤存制製作應有之分錄

2015 年	12 月 4 日	賒購商品 80,000 元
	12 月 6 日	購貨退出 10,000 元
	12 月 10 日	賒銷商品 50,000 元成本 30,000 元
	12 月 20 日	銷貨退回 10,000 元成本 6,000 元
	12 月 31 日	期末盤點存貨尚餘 54,100 元（期初存貨 8,000 元）

五、下列為六項獨立的存貨資料，試依「成本與淨變現價值孰低法」，分別計算各種情況之期末存貨價值？

存貨	成本	售價	銷管費用	淨變現價	存貨評價
A	$50	$50	$10		
B	100	110	10		
C	240	280	8		
D	230	250	10		
E	250	270	15		
F	500	540	50		

※ 選成本與淨變現價值中低者，作為存貨價值。

六、信義公司以前三年的部分綜合損益表如下：

	2013 年	2014 年	2015 年	合計
銷貨收入	$200,000	$260,000	$240,000	$700,000
銷貨成本	170,000	200,000	190,000	560,000
銷貨毛利	$ 30,000	$ 60,000	$ 50,000	$ 140,000

信義公司於 2016 年 1 月 31 日發生火災，所有商品全部燒燬，僅知 2016 年期初存貨為 $30,000，當年度進貨為 $150,000，當年度銷貨收入 $200,000，，試以前三年的加權平均毛利率估計期末存貨損失？

七、鴻齊公司採平均成本零售價法估計期末存貨成本，今年有關存貨之會計記錄顯示如下，試估計該公司今年期末存貨成本是多少？

	成　本	零售價
期初存貨	$　1,100	$　1,600
進貨	34,900	48,400
淨加價		800
淨減價		2,800
銷貨收入		45,000

八、試根據下列獨立狀況分析對財務報表的影響，請用「高估、低估、無影響」表示？

錯誤項目	2014 年底存貨資產	2014 年底權益	2014 年淨利	2015 年底存貨資產	2015 年底權益	2015 年淨利
2014 年期初存貨低估						
2014 年期初存貨高估						
2014 年期末存貨低估						
2014 年期末存貨高估						

九、達力公司 2014 年及 2015 年之淨利分別為 $27,000、 $32,000。日前經查核發現：

(1) 2014 年底存貨高估 $15,000

(2) 2015 年底存貨低估 $20,000

若不考慮所得稅因素，則 2014 年、2015 年正確之淨利應為？

十、請查詢全家超商（公司代碼 5903）及三商行（公司代碼 2905）之下列資料：

1. 相關存貨盤存制度
2. 存貨成本流程
3. 成本與淨變現價值孰低

認識財務報表

投資大師巴菲特曾說過：是否投資一家企業，主要看的是其財務報表。這是從投資者的角度來闡明財務報表的重要性，而政府可透過財務報表來檢查、監督企業是否遵守法規。又企業管理者可從財務報表來檢討經營績效、財務狀況。故財務報表是企業經營狀況的成績單、財務體質的檢核表。

企業的主要財務報表有四：「綜合損益表」表達企業的獲利、「權益變動表」顯示資本的變動與盈餘的分配、「財務狀況表」展現企業的經營財力、「現金流量表」呈現企業資金的流動性。在前四章為求入門，所提的僅是簡易的財務報表，本章將對各報表作更詳盡的介紹。

本章大綱

5-1 財務報表概述

為了方便對各企業間的財務報表作相互比較，公認會計準則對財務報表編製的格式、內容和期間都有規範。欲了解財務報表之前，必須先認識財務會計準則、法規對財務報表的相關規定。

■ 5-1-1 財務報表種類與名稱

一般財務報表總共包括四份主要財務報表及補充說明的附註。

我國公認會計原則與國際會計準則（簡稱 IFRS）在財務報表之名稱上稍有不同，而我國規定自 2013 年起上市、上櫃公司必須按照 IFRS 編製財務報表，茲將兩者比較如下：

表 5-1 財務報表名稱比較

	國際會計準則財務報表名稱	我國公認會計原則財務報表名稱
一	財務狀況表	資產負債表
二	綜合損益表	損益表
三	權益變動表	業主（股東）權益變動表
四	現金流量表	現金流量表
五	附註：包括重要會計政策的彙總與其它解釋性資訊	附註：包括重要會計政策的彙總與其它解釋性資訊

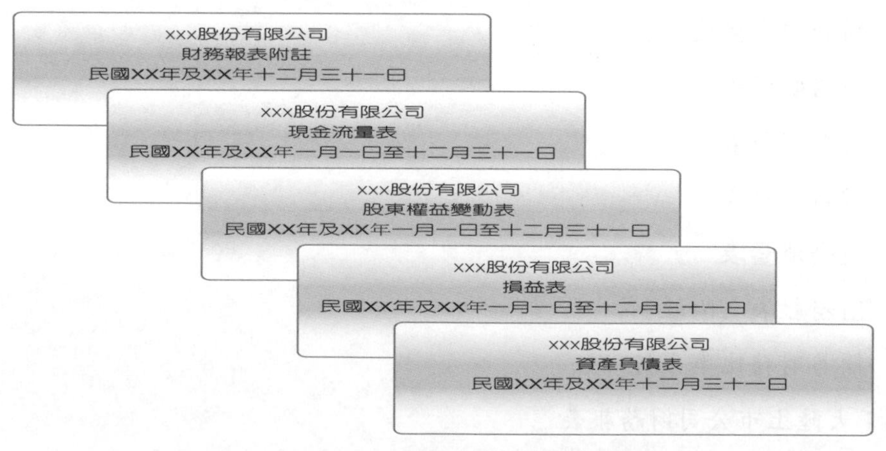

圖 5-1 財務報表的基本格式

財務報表是由四種不同格式的報表與報表之附註所組成。此四種報表分別強調的資訊內容不同，故其用途也不一樣。不過每種報表之間有著密切的關連性，任一項會計項目的金額變動後，均會影響其他報表的數字。

「財務狀況表」：IFRS 並未強制企業使用此名稱，企業仍可以繼續稱之為「資產負債表」。「綜合損益表」：則是在名稱及概念上都與我國「損益表」不同。惟企業可以選擇將全部綜合損益項目以單張「綜合損益表」來表達，或選擇以兩張報表（損益表、綜合損益表）來表達。「權益變動表」：IFRS 與我國會計準則規定最大不同之處在於 IFRS 已改採綜合損益的概念，將其他綜合損益項目表達在其內，再帶入權益變動表；而我國目前仍直接將其列入股東權益變動表內。另外，所有遵循 IFRS 編製之財務報表皆必須有現金流量表，沒有任何豁免。現金流量表：IFRS 與我國相關規定大致類似。

綜合上述：資產負債表與現金流量表在我國公認會計原則與 IFRS 之規定較為接近，而損益表與權益變動表則差異較大。

※ 有關財務報表種類與名稱之相關法規
我國證券發行人財務報告編製準則第 4 條：財務報告指財務報表、重要會計項目明細表及其他有助於使用人決策之揭露事項及說明。 財務報表應包括資產負債表、綜合損益表、權益變動表、現金流量表及其附註或附表。 前項主要報表及其附註，除新成立之事業、第四項所列情況，或本會另有規定者外，應採兩期對照方式編製。主要報表並應由發行人之董事長、經理人及會計主管逐頁簽名或蓋章。
大陸企業會計準則第 30 號（財務報表列報）第 2 條：財務報表是對企業財務狀況、經營成果和現金流量的結構性表述。財務報表至少應當包括下列組成部分：(一) 資產負債表 (二) 利潤表 (三) 所有者權益（或股東權益，下同）變動表 (四) 現金流量表 (五) 附註。

5-1-2 財務報表的品質特性

國際財務報導準則「財務報表編製及表達之架構」第 24 段規定：品質特性係指財務報表所提供之資訊對使用者有用的屬性。四個主要品質：(1) 可瞭解性；(2) 攸關性；(3) 可靠性；(4) 比較性。分述如下：

一、**可瞭解性**：會計人員應盡可能的使會計資訊能清楚容易的被認知。故財務報表必須簡潔清晰，儘可能不用艱深的術語。例如：流動資產與流動負債，顧名思義為短期性的資產與負債；不動產廠房設備與非流動負債為長期性的資產與負債等。惟可瞭解性有一前題為：「報表使用者對企業與經濟活動及會計具有合理認知，並願意用心研讀」。

二、**攸關性**：指資訊應與決策相關且具有形成決策的影響力。它由兩個因素構成：

1. **預測價值**：需具有預測未來事項可能性的價值。可是會計資訊雖應具有預測價值，但資訊本身不必然以預測的形式來表達，若以適當的方式表達過去的交易情形，亦能提供相當的預測價值，即所謂「溫故知新」的概念。

例如：在損益表中將營業外損益項目單獨表達而不與營業損益項目混合，則可增進企業預測價值。因為正常損益每年持續發生而營業外損益屬非經常性，分開表示有助於預測未來。又如股利及薪資支付、股價變動及企業履行承諾之能力等財務狀況，與經營績效之歷史資訊經常作為預測未來之用，故在財務報表上都應單獨表示。

2. **重大性**：所謂重要性係指當交易事項之經濟後果重要時，需按照嚴格之會計原則處理，而對於無損公正表達之事項，得為權宜之處理。因資料的收集與處理都有成本，若處理的效益不能抵其成本時，則可以從權採用經濟、簡便的方法處理。

   例如：主要營業收入在損益表應單獨表示，而金額小的多項其他收入可以彙總金額表示。或支出之影響及於以後各期者本應列為資產，但金額太小的便可直接以費用入帳。

   一般在認定某件事項資料之重要與否，可就品質及數量二方面加以評估。就品質方面：若某件事或某種狀態係屬不尋常、不適當，或於未來有改變的預兆，則視為重要。就數量方面：若其金額與預期金額比較，或與同類項目之金額比較，其比例大者則為重要。例如一百萬元的損失在小公司可能非常重要，但在大公司則不重要。故重要性與否的劃分原則以「是否影響資訊使用者的判斷」為主。

※ 有關重要性之相關法規
我國商業會計法 48 條：支出之效益及於以後各期者，列為資產。其效益僅及於當期或無效益者，列為費用或損失。（**嚴格的會計規定**）
我國營利事業所得稅查核準則 77-1 條：營利事業修繕或購置固定資產，其耐用年限不及二年，或其耐用年限超過二年，而支出金額不超過新臺幣八萬元者，得以其成本列為當年度費用。（**權宜的會計處理**） ※ 國際財務報導準則「財務報表編製及表達之架構」第 25 至 30 段為可了解性、攸關性及重大性之相關規定，由於條文過長，不逐條列舉，請參考上列說明。
大陸企業會計準則（基本準則）第 17 條：企業提供的會計信息應當反映與企業財務狀況、經營成果和現金流量等有關的所有重要交易或者事項。 **大陸企業會計準則**第 30 號—財務報表列報第 6 條：性質或功能不同的項目，應當在財務報表中單獨列報，不具有重要性的項目除外。 性質或功能類似的項目，其所屬類別具有重要性的，應當按其類別在財務報表中單獨列報。 重要性，是指財務報表某項目的省略或錯報會影響使用者據此做出經濟決策的，該項目具有重要性。重要性應當根據企業所處環境，從項目的性質和金額大小兩方面加以判斷。

立即挑戰

( ) 1. 依據我國的財務會計準則公報，下列何者為財務報表之主要品質特性？ (A) 可瞭解性、攸關性、可靠性與比較性 (B) 穩健性、時效性、權責基礎與繼續經營假設 (C) 攸關性、可靠性、穩健性與時效性 (D) 可瞭解性、比較性、權責基礎與繼續經營假設。

( ) 2. 會計報告儘可能不用艱深的術語，財務報表必須簡潔清析，為何種品質特性？ (A) 比較性 (B) 可瞭解性 (C) 攸關性 (D) 可靠性。

( ) 3. 若公司所提供之會計資訊具有預測價值，則該資訊具下列何種品質特性？ (A) 比較性 (B) 可瞭解性 (C) 攸關性 (D) 可靠性。

( ) 4. 下列那一項敘述最能說明重要性觀念？ (A) 金額大的一定是重要，金額小的一定不重要 (B) 其金額足以影響資訊使用者的判斷 (C) 不論金額大、小都必須按照嚴格的一般公認會計原則處理 (D) 企業所有相關部門資料均應詳細提供。

( ) 5. 會計資訊認定及報導的門檻乃指 (A) 時效性 (B) 中立性 (C) 比較性 (D) 重要性。

( ) 6. 主要營業收入單獨表示，多項金額小的收入可以彙總成其他收入，是指 (A) 時效性 (B) 中立性 (C) 重要性 (D) 比較性。

( ) 7. 甲公司購買檯燈 1 只，成本 $800，根據產品說明書，該品牌檯燈之平均耐用年限約為 5 年。甲公司之會計人員在購買日將 $800 全數認列為費用，期末亦未做相關調整分錄。試問下列敘述何者正確？ (A) 甲公司會計人員此種做法違反了一般公認會計原則 (B) 甲公司會計人員此種做法係反映審慎性，未違反一般公認會計原則 (C) 甲公司會計人員此種做法係反映重要性，未違反一般公認會計原則 (D) 甲公司會計人員此種做法會降低財務報表之攸關性。

( ) 8. 企業公司其財務報表，金額常表達到元位為止而省略角與分，此乃應用下列何項會計原則？ (A) 一致性原則 (B) 重要性原則 (C) 公允表達原則 (D) 配合原則。

( ) 9. 會計上追求的準確只是合理的正確而非絕對的準確，大原則必須抓緊不放，無關緊要之細節不必過於苛求，這就是 (A) 充分揭露原則 (B) 穩健原則 (C) 一致性原則 (D) 重要性原則。

解答 1.(A) 2.(B) 3.(C) 4.(B) 5.(D) 6.(C) 7.(C) 8.(B) 9.(D)

三、可靠性：係指資訊需免於重大錯誤及偏差，並能忠實表達其現象或狀況。換言之，資訊的表達應是可供信賴的。然而可靠性代表的意義非絕對精確或確定，在報導期間及收入費損配合原則下，只要合理估計就符合可靠性。一項資訊是否可靠，可就下面五個因素加以衡量：

1. **忠實表達**：財務報表的忠實表達，乃會計報導準則的最高指導原則。忠實表達係指財務報導與交易事項一致或吻合。具有下列二種意義：
   (1) 對會計而言，忠實表達係指會計衡量與經濟事項完全一致。例如：永續盤存制期末存貨帳上存貨與實際存貨數量不符，為忠實表達財務狀況，應以盤點之實際數量來填報，並於期末作存貨盤盈或盤損的調整分錄，以使財務狀況表上的存貨金額能與現況相符，以提高其可信度。
   (2) 要忠實表達，必須選擇正確的衡量方法或衡量制度。例如：在高度通貨膨脹時期，採用公平價值法較歷史成本法更能忠實表達經濟狀況，則自然應使用公平價值法。
2. **實質重於形式**：當事項的經濟實質與其法律形式不一致時，會計上應依其經濟實質處理。例如，營利事業查核準則 67 條規定：費用及損失，未經取得原始憑證，不予認定。但會計學上，銷售商品附有售後服務保證，根據收入費損配合原則，必需於銷售年度預計未來可能產生的售後服務費用且於銷貨年度入帳，此為會計上經濟實質重於法律形式的一例。

   又如：以分期付款銷售之貨品在顧客未付清貨款前，在法律上貨品的所有權仍屬於賣方，但在會計學上由於商品已供買方使用，經濟效益已移轉予買方，故商品應認列為買方之存貨。還有母、子公司在會計上實質為一經濟個體，必須編製合併報表；但在法律上母、子公司為獨立個體，應個別申報所得稅。
3. **中立性**：意指對資訊的衡量與報導沒有預設立場，能夠公正客觀。換句話說，在資訊的選擇上不能偏坦一方、扭曲資訊或選用不當的會計原則。
4. **審慎性**：係指在不確定因素下作估計時，需維持一定程度的審慎，以免資產、收益高估或負債、費損低估。例如應收帳款的呆帳提列，廠房設備使用年限的估計，產品售後的維修費用的估計等。對這些不確定性，在財務報表內應合理審慎評估認列，或揭露其性質和程度。第四章所提的存貨成本與淨變現價值孰低法也是審慎品質特性的一例。

   會計資訊表達之所以採取審慎的態度乃基於「資訊不對稱」之故。因企業為獲取外界資金投入，常「報喜不報憂」來美化財務報表。但公認會計原則站在保護外界債權人與投資人立場，寧採「報憂不報喜」的態度。然而審慎性的運用亦不允許故意壓低資產、收益，或蓄意抬高負債、費損，致使報表失真。故如何審慎卻不失穩健為會計專業判斷的問題。

※ 重要性與審慎性之區別為：重要性涉及交易事項金額的大小，而審慎性是就會計人員對交易判斷態度之規範。

5. **完整性**：係指在重要性和成本的考量下，為達到公正表達企業經濟事項所必要的資訊應完整提供，不可遺漏對使用者有幫助的資訊。完整性的意義與過去所謂的「充分揭露原則」類似。財務報告中的各項明細、查核說明、補充報表、附註揭露皆為此特性的體現。惟要注意的是，附註揭露應為補充說明財務報表的不足，而不能用來更正財務報表的錯誤。

立即挑戰

( ) 1. 若帳上存貨餘額與實際盤點數不符，以實際盤點數為主，是基於：(A) 完整性 (B) 忠實表達 (C) 重要性 (D) 審慎性。

( ) 2. 母、子公司編製合併報表，是會計上那一個品質特性的應用？ (A) 完整性 (B) 忠實表達 (C) 經濟實質重於法律形式 (D) 審慎性。

( ) 3. 售後服務維修費用尚未發生並取得原始憑證，而於於銷貨年度預估入帳，是基於： (A) 完整性 (B) 忠實表達 (C) 經濟實質重於法律形式 (D) 審慎性。

( ) 4. 企業管理當局為了避免顯示出獲利不佳，決定改變存貨評價方法，改變之後，公司的財務報表顯示獲利逐年增加，試問上述事項違反何種品質特性的要求？ (A) 攸關性 (B) 可瞭解性 (C) 中立性 (D) 忠實表達 。

( ) 5. 總經理為了盈餘平穩化，指示會計人員，在淨利較高的年度以年數合計法提列折舊，以提高折舊費用；在淨利較低的年度以直線法提列折舊，以減少折舊費用。此一折舊方式違反會計品質特性或原則中的哪一項目？ (A) 時效性 (B) 完整性 (C) 審慎性 (D) 中立性。

( ) 6. 台中公司的折舊政策如下：每年所使用的折舊方法（如直線法、加速法等）須能維持 20% 的帳面投資報酬率。試問該公司之折舊政策違反何種財務報表品質特性？ (A) 重要性 (B) 時效性 (C) 中立性 (D) 審慎性。

( ) 7. 在國際財務會計準則公報中，將下列何者定義為「於不確定情況下之估計判斷必須注意之程度，以免資產、收益高估或負債、費用損失低估」？(A) 審慎性 (B) 完整性 (C) 中立性 (D) 風險規避性。

( ) 8. 期末存貨成本與淨變現價值孰低法是基於： (A) 完整性 (B) 忠實表達 (C) 經濟實質重於法律形式 (D) 審慎性。

( ) 9. 企業於主要財務報表外，另編若干補充報表，乃應用： (A) 完整性 (B) 忠實表達 (C) 經濟實質重於法律形式 (D) 審慎性。

( ) 10. 所有重要到足以影響使用者決策的資訊都應列示於財務報表中，乃應用： (A) 完整性 (B) 忠實表達 (C) 經濟實質重於法律形式 (D) 審慎性。

解答 1.(B) 2.(C) 3.(C) 4.(C) 5.(D) 6.(C) 7.(A) 8.(D) 9.(A) 10.(A)

四、比較性：意指能使資訊使用者，從兩組經濟情況中區別出異同點。其作法則以「一致性」的觀念為之，即相同的經濟事項應該採用一致的會計處理，除非環境變遷或有正當之理由證明新的會計方法比原先的方法更能合理表達財務資訊，否則不能任意變更。比較性有二種意義：

1. 在同一企業前後期之財務報表對相同會計事項應以一致之方法衡量與表達。
2. 在不同企業間各種財務報表對相同會計事項亦應以一致之方法來衡量與表達，以利使用者比較、評估。

立即挑戰

( ) 1. 關於財務報表之比較品質特性，下列敘述何者正確？ (A) 比較性意指不同企業對相同交易事項宜以一致之方法衡量，故同業中所有公司之存貨成本計價方法應統一，而不應任由公司自由選擇 (B) 一致性代表永遠不能改變其會計政策 (C) 企業對期末存貨的評價不同年度可以採用不同的評價方法 (D) 為使公司不同年度的財務報表可以互相比較，會計方法應一貫採用，只有當經濟環境改變時，慣用的會計實務才能改變。

( ) 2. 同一企業不同期間及不同公司同一期間作比較時必備的特性稱為 (A) 重要性 (B) 比較性 (C) 攸關性 (D) 可瞭解性。

( ) 3. 南方商店的房屋與機器設備分別採用不同的折舊提列方法？ (A) 違反一致性原則② (B) 違反配合原則 (C) 違反穩健原則 (D) 並不違反會計原則。

( ) 4. 下列何項敘述非描述會計資訊「比較性」的品質特性？ (A) 一致性代表當經濟環境改變時，仍可改變會計方法 (B) 前後期採用相同的會計政策及處理程式 (C) 根據交易之性質及相對金額大小，來判斷是否需要嚴格依照一般公認會計原則處理 (D) 兩家從事電腦買賣的企業均於商品交付時認列銷貨收入。

解答 1.(D) 2.(B) 3.(D) 4.(C)

五、品質間的均衡：攸關及可靠資訊之限制

實務上，各種品質有時候無法同時兼顧，必須在其間做取捨，以達成各種品質間的均衡，並完成財務報表的目的。例如：有些經濟活動需跨越數個會計期間始能完成（如重大工程）。若等經濟活動完成再加以報導，則可靠性提高，但因錯失時機，喪失攸關性。反之，在結果未確定前即加以報導，雖提高攸關性，但勢必要估計其結果，可靠性因此降低。又如：資產基於可靠性應以實際成本列帳，但在物價波動時期，卻應以淨變現價值評價才屬攸關。因此，如何在可靠性與攸關性間取其均衡，實屬專業判斷。

關於資訊品質間之均衡在國際財務報表編製及表達之架構中，以「攸關與可靠資訊的限制因素」稱之，自 43-45 段為三項：

1. **時效性**：意指在決策尚未決定，或在問題的關鍵時刻前提供資訊給決策者。任何資訊如果想要影響決策，必需在作成決策前提供。
2. **效益與成本的平衡**：會計資訊本身有其價值，而蒐集資訊必須花費成本，蒐集及報導會計資訊的成本，不可高於使用該資訊所產生之效益。否則，該會計資訊則不值得提供。
3. **品質特性間之平衡**：各種品質有時候無法同時兼顧，因此必須在其間以專業判斷做一取捨，達成各種品質間的均衡，並完成財務報表的目的。

※ 有關財務報表的品質特性之相關法規
國際財務報導準則「財務報表編制及表達之架構」自第 24 段至 45 段，由於條文過於冗長不逐條列舉，參考上列說明。
大陸企業會計準則（基本準則）第 12 條：企業應當以實際發生的交易或者事項為依據進行會計確認、計量和報告，如實反映符合確認和計量要求的各項會計要素及其他相關信息，保證會計信息真實可靠、內容完整。
可瞭解性
大陸會計法第 14 條：企業提供的會計信息應當清晰明瞭，便於財務會計報告使用者理解和使用。 **我國財務會計公報**第 1 號第 7 段為可瞭解性，請參考上列說明。

攸關性
大陸企業會計準則（基本準則）第 13 條：企業提供的會計信息應當與財務會計報告使用者的經濟決策需要相關，有助於財務會計報告使用者對企業過去、現在或者未來的情況作出評價或者預測。（預測價值） **國際財務報表編製及表達架構**之 26-28 段為攸關性，請自行參考上列之說明。 **大陸企業會計制度**第 11 條第 13 項：企業的會計核算應當遵循重要性原則的要求，在會計核算過程中對交易或事項應當區別其重要程度，採用不同的核算方式。對資產、負債、損益等有較大影響，併進而影響財務會計報告使用者據以作出合理判斷的重要會計事項，必須按照規定的會計方法和程式進行處理，併在財務會計報告中予以充分、準確地披露；對於次要的會計事項，在不影響會計信息真實性和不至於誤導財務會計報告使用者作出正確判斷的前提下，可適當簡化處理。（重要性） **國際財務報表編製及表達架構**之 29、30 段為重大性，請自行參考上列說明。
可靠性
大陸企業會計制度第 11 條第 2 項：企業提供的會計信息應當能夠反映企業的財務狀況、經營成果和現金流量，以滿足會計信息使用者的需要。（忠實表達） **國際財務報表編製及表達架構**之 33、34 段為忠實表達，請自行參考上列說明。 **大陸企業會計準則**（基本準則）第 16 條：企業應當按照交易或者事項的經濟實質進行會計確認、計量和報告，不應僅以交易或者事項的法律形式為依據。（經濟實質重於法律形式） **國際財務報表編製及表達架構**之第 35 段為經濟實質重於法律形式，請參考上列說明。 **大陸企業會計制度**第 11 條第 12 項：企業在進行會計核算時，應當遵循謹慎性原則的要求，不得多計資產或收益、少計負債或費用，但不得計提秘密準備。（審慎性） **國際財務報表編製及表達架構**之第 37 段為審慎性，請自行參考上列說明。 **大陸企業會計制度**第 11 條第 3 項：企業的會計核算方法前後各期應當保持一致，不得隨意變更。如有必要變更，應當將變更的內容和理由、變更的累積影響數，以及累積影響數不能合理確定的理由等，在會計報表附註中予以說明。（完整性） **國際財務報表編製及表達架構**之第 38 段為完整性，請自行參考上列說明。
比較性
大陸企業會計準則（基本準則）第 15 條：企業提供的會計信息應當具有可比性。 同一企業不同時期發生的相同或者相似的交易或者事項，應當採用一致的會計政策，不得隨意變更。確需變更的，應當在附註中說明。 不同企業發生的相同或者相似的交易或者事項，應當採用規定的會計政策，確保會計信息口徑一致、相互可比。（比較性） **國際財務報表編製及表達架構**之第 39-42 段為可比性，請自行參考上列說明。 **大陸企業財務會計報告條例**第 13 條：年度、半年度會計報表至少應當反映兩個年度或者相關兩個期間的比較數據。 **我國商業會計法**第 32 條：年度財務報表之格式，除新成立之商業外，應採二年度對照方式，以當年度及上年度之金額併列表達。

成本和效益
我國商業會計法第 5 條第 4 項：商業會計事務之處理，得委由會計師或依法取得代他人處理會計事務資格之人處理之；
大陸會計法第 36 條：各單位應當根據會計業務的需要，設置會計機構，或者在有關機構中設置會計人員並指定會計主管人員；不具備設置條件的，應當委托經批准設立從事會計代理記賬業務的中介機構代理記賬。

立即挑戰

( ) 1. 上市、櫃公司除了年報外，尚需公布各項期中報表，其目的是在提高會計資訊的 (A) 一致性 (B) 時效性 (C) 可驗證性 (D) 可比較性 。

( ) 2. 為提高會計資訊之有用性，有時必須在各項品質特性間作取捨，例如「歷史成本之運用」即涉及下列那兩種品質特性間的取捨？ (A) 可靠性與一致性 (B) 時效性與重要性 (C) 攸關性與可靠性 (D) 可靠性與時效性。

( ) 3. 下列那一項係提供會計資訊的限制因素？ (A) 成本與效益之均衡 (B) 重要性 (C) 審慎性 (D) 完整性。

解答 1.(B) 2.(C) 3.(A)

5-1-3 財務報表要素之定義、認列與衡量

一、財務報表之要素

財務報表之要素共有：資產、負債、權益、收益與費損等五項。

※ 有關會計要素之相關法規
我國商業會計法第 27 條：會計項目應按財務報表之要素適當分類，商業得視實際需要增減之。（另根據同法 28-1 及 28-2 會計要素共分資產、負債、業主權益、收益與費損五大要素。---）
大陸企業會計準則一基本準則第 10 條：企業應當按照交易或者事項的經濟特徵確定會計要素。會計要素包括資產、負債、所有者權益、收入、費用和利潤。

國際財務報表編製及表達架構中 47 段表示：直接與資產負債表中財務狀況衡量有關之要素為資產、負債及權益。直接與損益表中經營績效之衡量有關之要素為收益與費損。

二、財務報表要素的認列與衡量

「**認列**」係指財務報表要素中的項目，以文字、金額列入資產負債表與損益表的時機，亦即指**「何時」入帳**。「**衡量**」係指財務報表要素中的項目，其金額的決定過程。亦即指入帳的「金額」。

國際財務報導準則「財務報表編製及表達之架構」第 100 段規定，財務報表要素之衡量基礎，包括：

1. **歷史成本**：資產係以取得時為取得該資產所支付現金或約當現金之金額，或所給予對價之公允價值紀錄。負債係以交換義務所收取之金額，或在若干情況下 (如所得稅)，以正常營業中為清償負債而預期將支付現金或約當現金之金額紀錄。
2. **現時成本**：資產係以目前取得相同或約當資產所須支付之現金或約當現金之金額列帳。負債係以目前清償負債所須之現金或約當現金之未折現金額列帳。
3. **變現 (清償) 價值**：資產係以於正常處分下出售資產目前所能獲得之現金或約當現金之金額列帳。負債係以清償價值列帳；意即正常營業中為清償負債而預期支付現金或約當現金之未折現金額。
4. **現值**：資產係已於正常營業下，該項目預期產生之未來淨現金流入之目前折現值列帳。負債係已於正常營業下，預期清償負債所須之未來淨現金流出之目前折現值列帳。

在過去，由於物價穩定且市價資訊取得不易，為提高報表可靠性且避免企業虛飾報表，故主張財務報表要素之衡量以「歷史成本」為主；現今物價波動劇烈且資訊也透明，財務報表要素之衡量雖然仍以「歷史成本」為主，但常結合其他衡量基礎，例如商品存貨通常以成本與淨變現價值孰低來衡量即為一例。

※ 變現（清償）價值就資產而言，指正常情況下處分資產所能獲得現金之金額；而清算價值是指在急迫或非正常情況下的處分價值，兩者是有差別的。就如同房屋的正常售價與法拍屋價格的不同。在「繼續經營」的假設下，財務報表是不會以清算價值表示的。

※ 有關財務報表要素的認列與衡量之相關法規

大陸企業會計準則—基本準則第 41 條：企業在將符合確認條件的會計要素登記入帳並列報於會計報表及其附註（又稱財務報表，下同）時，應當按照規定的會計計量屬性進行計量，確定其金額。

大陸企業會計準則—基本準則第 42 條規定，會計計量屬性主要包括：

1. **歷史成本**：在歷史成本計量下，資產按照購置時支付的現金或者現金等價物的金額，或者按照購置資產時所付出的對價的公允價值計量。負債按照因承擔現時義務而實際收到的款項或者資產的金額，或者承擔現時義務的合同金額，或者按照日常活動中為償還負債預期需要支付的現金或者現金等價物的金額計量。
2. **重置成本**：在重置成本計量下，資產按照現在購買相同或者相似資產所需支付的現金或者現金等價物的金額計量。負債按照現在償付該項債務所需支付的現金或者現金等價物的金額計量。
3. **可變現淨值**：在可變現淨值計量下，資產按照其正常對外銷售所能收到現金或者現金等價物的金額扣減該資產至完工時估計將要發生的成本、估計的銷售費用以及相關稅費後的金額計量。
4. **現值**：在現值計量下，資產按照預計從其持續使用和最終處置中所產生的未來淨現金流入量的折現金額計量。負債按照預計期限內需要償還的未來淨現金流出量的折現金額計量。
5. **公允價值**：在公允價值計量下，資產和負債按照在公平交易中，熟悉情況的交易雙方自願進行資產交換或者債務清償的金額計量。

大陸企業會計準則—基本準則第 43 條：企業在對會計要素進行計量時，一般應當採用歷史成本，採用重置成本、可變現淨值、現值、公允價值計量的，應當保證所確定的會計要素金額能夠取得併可靠計量。

立即挑戰

(　　) 1. 會計上在研判應於「接到訂單」或在「運交貨物」時記錄銷貨收入的問題，係屬於：　(A) 分類　(B) 認列　(C) 衡量　(D) 通訊　問題。

(　　) 2. 下列何者屬於會計要素認列準則？　(A) 成本原則　(B) 時效性　(C) 穩健原則　(D) 可衡量性　。

(　　) 3. 財務報表要素的衡量不包括：　(A) 歷史成本　(B) 淨變現價　(C) 清算價值　(D) 折現值　。

解答 ▷▷　1.(B)　2.(D)　3.(C)

5-2 財務狀況表

5-2-1 財務狀況表的定義

IFRS 稱為財務狀況表，但國內仍習慣稱資產負債表，故本章以下之說明會二者交互使用。資產負債表係記載公司某一時間點的資產、負債及權益等財務狀況；以顯現公司的經營體質。檢閱財務報表中的各項指標，可了解企業的健康程度。是一份紀錄公司在特定日期之資金來源與資金用途的報表。

資產負債表分成左、右兩邊：左邊記載資金的運用，表示於各種型態資產，如流動資產、不動產廠房設備、無形資產。右邊記載資金的來源，表示於兩個來源，一為債主提供的資金稱為負債，一為業主提供的資金稱為權益，在獨資、合夥組織稱為資本；在公司組織稱為股本。且左邊資金用途一定會等於右邊資金來源。其關係可以下圖表示：

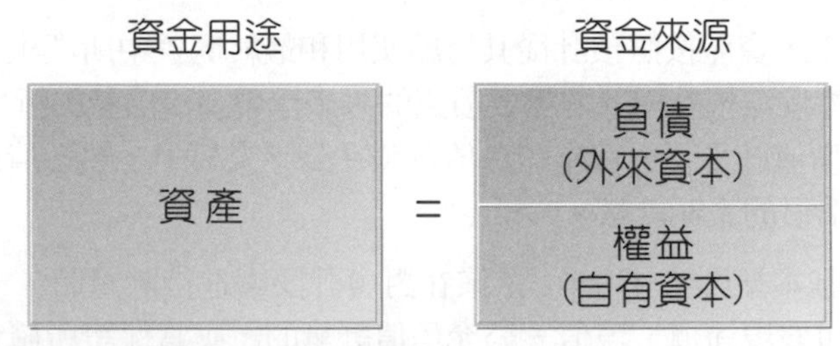

圖 5-2　資金用途與資金來源的報表

立即挑戰

(　　) 1. 企業資金的來源為：　(A) 資產、負債、權益　(B) 負債、權益　(C) 資產、負債　(D) 資產。

(　　) 2. 企業資金的用途為：　(A) 資產、負債、權益　(B) 負債、權益　(C) 資產、負債　(D) 資產。

(　　) 3. 報導企業特定日財務狀況之報表為：　(A) 資產負債表　(B) 現金流量表　(C) 權益變動表　(D) 綜合損益表。

(　　) 4. 報導有關資產、負債及權益相關資訊的財務報表為：　(A) 資產負債表　(B) 現金流量表　(C) 權益變動表　(D) 綜合損益表。

解答 1.(B)　2.(D)　3.(A)　4.(A)

5-2-2 財務狀況表的格式

財務狀況表之格式分為帳戶式及報告式兩種：

1. **帳戶式**：根據「資產＝負債＋權益」之會計方程式原理編製，將資產列在左方，負債及權益列在右方，左右兩方金額總計相等，所以又稱為（平衡表），一般常用此格式。
2. **報告式**：根據「資產＝負債＋權益」之會計方程式原理編製，將資產列在上方，負債及權益列在資產下方。若報表以兩期比較之方式表示時，左右的帳戶式常礙於篇幅不易呈現，而以上下的報告的表達方式取代之。

5-2-3 財務報表要素之層級

會計的作業以交易為主，而交易的發生會影響到的某些「標的物」便稱為會計要素。會計要素可分為資產、負債、權益、收益及費損五大類，一般應用上會依實際需要再劃分為五級，說明如下：

1. 第一級稱為「類別」：在會計上是把會計要素分為資產、負債、權益、收益及費損五類；或分為資產、負債、權益、收益、費損等五類。
2. 第二級稱為「性質別」：把類別中性質相同的要素歸為一類，以便於財務報表的表達，如將能快速轉換成現金的資產集合成一組稱為流動資產，其餘為非流動資產。
3. 第三級稱為「項目別」：就是把性質別的要素再細分。例如將流動資產分為現金及約當現金、應收票據、應收帳款、存貨等。這一級分類的名稱叫作「會計項目」，會計項目是編製財務報表的基礎。
4. 第四級稱為「科目別」：是按照需要把項目再行細分。譬如公司存在銀行的款項稱為「銀行存款」，是一會計項目。如果公司在多家銀行有存款，就必須將銀行存款按照存款銀行的不同再作更詳細的記錄，如：銀行存款 -- 華銀、銀行存款一彰銀等。科目別常用作為補助分類帳之名稱。
5. 第五級稱為「細目別」：企業在會計項目之下，可按照需要再劃分為更詳細的項目，稱為細目。如再按各家銀行內不同存款別加以劃分，如：銀行存款 -- 華銀活期存款、銀行存款 -- 華銀支票存款等。

※ 國際會計準則的財務報表以會計項目別為基礎，會計項目別及會計細目別為財務報表附註的主要內容，為財務報表的補充說明。

※ 有關資產負債表性質別之相關法規
國際會計準則第 1 號「財務報表之表達」 第 60 段：除按流動性表達能提供可靠而更攸關之資訊者外，企業應依 66 至 76 段之規定，於財務狀況表中按流動與非流動資產及流動與非流動負債之分類分別表達。當採用前述例外情況時，企業應按流動性之順序表達所有資產及負債。 第 63 段：對某些企業，例如金融機構，因並非於明確可辨認之營業週期內提供商品或勞務，其資產及負債按遞增或遞減之流動性順序表達，比按流動與非流動分類表達，能提供可靠而更攸關之資訊。
大陸企業會計制度第 13 條：企業的資產應按流動性分為流動資產、長期投資、固定資產、無形資產和其他資產。 **大陸企業會計制度**第 67 條：企業的負債應按其流動性，分為流動負債和長期負債。 **大陸企業會計制度**第 79 條：所有者權益，是指所有者在企業資產中享有的經濟利益，其金額為資產減去負債後的餘額。所有者權益包括實收資本（或者股本）、資本公積、盈餘公積和未分配利潤等。

表 5-2　財務報表要素之層級

第一級	第二級	第三級	第四級
類別	性質別	項目別	科目別
資產	流動資產	現金及約當現金	現金、銀行存款、約當現金
		透過損益按公允價值衡量之金融資產—流動	
		應收票據	應收票據、應收票據—關係人
		應收帳款	應收帳款、應收帳款—關係人
		其他應收款	應收收益、應收退稅款
		存貨	存貨、原料、在製品、製成品
		預付款項	預付貨款、其他預付款項
		其他流動資產	暫付款、代付款

第一級	第二級	第三級	第四級
類別	性質別	項目別	科目別
資產	非流動資產	公允價值變動列入損益之金融資產—非流動 採權益法之長期股權投資	
		不動產、廠房及設備	土地、房屋及建築物、機器設備、運輸設備、辦公設備、累計折舊
		投資性不動產	
		無形資產	商標、專利權、特許權、著作權
		生物資產	
		礦產資產	
		其他非流動資產	
負債	流動負債	短期借款	銀行透支、銀行借款
		應付短期票券	應付商業本票、銀行承兌匯票
		各項金融負債—流動	
		應付票據	應付票據、應付票據—關係人
		應付帳款	應付賬款、應付帳款—關係人
		其他應付款	應付薪資、應付稅捐、應付股息紅利
		預收款項	預收貨款、預收收入、其他預收款
		負債準備—流動	
		其他流動負債	
	非流動負債	應付公司債	
		長期借款	
		應計退休金負債	
		負債準備—非流動	
		其他非流動負債	
權益	股本	資本或股本	普通股股本、特別股股本
	資本公積	股本溢價	普通股溢價、特別股溢價
	保留盈餘	法定盈餘公積	意外損失準備、償債準備
		特別盈餘公積	意外損失準備、償債準備
		未分配盈餘	累積盈虧、前期損益調整、本期損益

5-2-4 財務狀況表內容之排列順序

國際會計準則並未強制規定資產負債項目揭露的順序或格式，僅要求企業分開表達流動、非流動資產，以及流動、非流動負債。然而，只有在「**繼續經營假設**」的前提下，將資產、負債區別為流動及非流動才有意義。

目前如香港及新加坡等採歐系概念者其財務狀況表（資產負債表）的表達方式，多先將非流動（固定）資產列為第一項，再表達流動項目。而如我國採美系概念之表達方式，先表達流動性項目，再表達非流動性項目，也沒有違反 IFRS 的規定。

表 5-3 對資產負債表表達順序之規定

國際會計準則	我國一般公認會計原則
無強制規定企業表達的順序及格式	1. 資產按流動性高低排列 2. 負債依到期日之先後排列 3. 業主權益按永久性排列

資產負債表按繁簡程度分簡明及長式兩種方式表示：

一、我國上市公司資產負債表表示方式如下：

表 5-4

XXX公司
資產負債表
XX年XX月XX日

資產	負債
流動資產	流動負債
現金及約當現金	短期借款
	金融負債
應收票據	應付票據
應收帳款	應付帳款
存貨	預收款項
預付款項	負債準備—流動
非流動資產	非流動負債
公允價值衡量金融資產—非流動	長期借款
採權益法之長期股權投資	應付公司債
不動產、廠房設備	應計退休負債
投資性不動產	負債準備—非流動
無形資產	權益
生物資產	股本
礦產資產	資本公積
其他非流動資產	保留盈餘

立即挑戰

( ) 1. 在下列哪一個會計觀念之下，將資產區別為流動及非流動才有意義？ (A) 穩健原則 (B) 行業特性 (C) 繼續經營 (D) 配合原則。

( ) 2. 分類資產負債表主要目的是提供使用者何種資訊？ (A) 將資產及負債區分流動和非流動，以了解公司的流動性、財務彈性 (B) 從權益中將負債區分出來，可以了解公司的償付能力 (C) 顯示總資產等於總負債加權益 (D) 以上皆非。

解答 1.(C) 2.(A)

二、財務狀況表實例：

下表為 2014 年底統一超商股份有限公司（股票代號 2912）根據 IFRS 編定的資產負債表（不含附註說明）：資料來源：公開資訊觀測站，統一超商股份有限公司財務報告書

表 5-5 統一超商股份有限公司
資產負債表
2014 年 12 月 31 日　　單位：新台幣仟元

資　產	金　額	%	負債及權益	金　額	%
流動資產			流動負債		
現金及約當現金	$22,369,629	25	短期借款	1,675,957	2
透過損益按公允價值衡量的金融資產	6,772,463	8	應付短期票券	400,000	-
應收帳款淨額	4,306,192	5	應付票據	1,212,475	1
其他應收款	1,664,105	2	應付帳款	17,677,050	20
存　貨	11,018,102	13	應付帳款－關係人	2,193,543	3
預付款項	1,338,402	1	其他應付款	20,764,656	24
其他流動資產	1,257,374	1	當期所得稅負債	1,322,699	2
流動資產合計	$48,726,267	55	其他流動負債	3,916,060	4
非流動資產			流動負債合計	49,162,440	56
備供出售金融資產 - 非流動	998,108	1	非流動負債		
以成本衡量之金融資產 - 非流動	35,776	-	長期借款	930,041	1
採權益法之投資	7,757,089	9	遞延所得稅負債	42,043	-
不動產、廠房設備	22,934,321	26	其他非流動負債	7,396,940	8
投資性不動產	1,202,969	2	非流動負債合計	8,369,024	9
無形資產	1,198,381	2	負債總計	57,531,464	65
遞延所得稅資產	1,159,647	1	權益		
其他非流動資產	3,816,815	4	普通股股本	10,396,223	12
非流動資產合計	39,103,106	45	資本公積	7,031	-

續下表

承上表

資　產	金　額	%	負債及權益	金　額	%
			保留盈餘		
			法定盈餘公積	6,493,041	7
			未分配盈餘	8,911,239	10
			其他權益	708,434	1
			非控制權益	3,781,941	5
			權益總計	30,297,909	35
資產總計	$87,829,373	100	負債及權益總計	$87,829,373	100

5-2-5 財務狀況表之內容與解讀

財務狀況表中相關會計項目內容、定義如下：

一、資產

係指企業之經濟資源，能以貨幣衡量，並對企業未來能提供經濟效益者（可增加未來收入或減少未來支出）。資產具有下列二項特性：

1. 具未來經濟效益——若不具未來效益或已耗用的權利或服務，均不列為資產。
2. 未來經濟效益能流入為企業所能享受或支配。

資產之科目分類及其內涵與應加註明事項：

(一) 流動資產

流動資產包括現金及約當現金，以及主要為交易目的而持有之資產或預期於資產負債表日後一年內變現者。根據 IAS 1 之 66 段規定：

資產符合下列條件之一者，列為流動資產：

1. 因營業所產生之資產，預期將於正常營業週期中變現、消耗或意圖出售者。
2. 主要為交易目的而持有者。
3. 預期於資產負債表日後十二個月內變現者。
4. 現金或約當現金，但於資產負債表日後逾十二個月用以交換、清償負債或受有其他限制者除外。
5. 企業應將所有其他資產分類為非流動

   IAS 1 之 68 段：企業之營業週期係指自取得待處理之資產至其實現為現金及約當現金之時間。當企業正常營業週期無法明確辨認時，假定其為十二個月，流動資產包括作為正常營業週期之一部分而出售、消耗或實現之資產（例如存貨及應收帳款），即使不預期於十二個月內實現亦然。

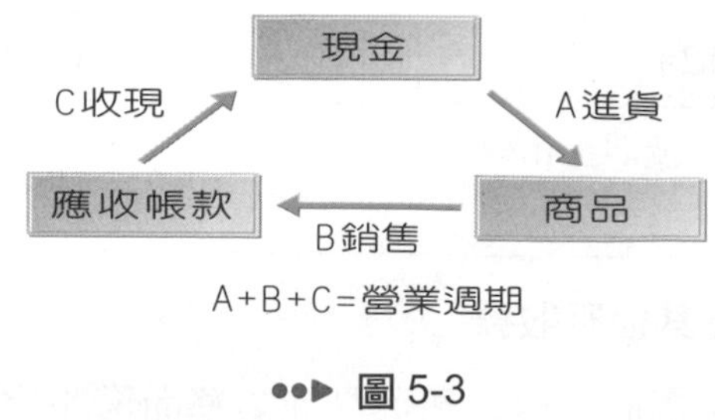

圖 5-3

流動資產包括：現金及約當現金、透過損益按公允價值衡量的金融資產、應收帳款及其他應收款、應收票據、存貨、預付費用、其他流動資產。

1. **現金及約當現金**

   現金：指庫存現金、銀行存款及週轉金、零用金等。**不包括已指定用途或依法律或契約受有限制者。**

   約當現金：. 短期且具高度流動性之短期投資，因變現容易且交易成本低，因此可視為現金。具有隨時可轉換為定額現金、即將到期利息變動對其價值影響少等特性。常見的有投資日起三個月到期或清償之國庫券、商業本票、貨幣市場基金、可轉讓定期存單、商業本票及銀行承兌匯票等。

統一超商（2912）	遠東百貨（2903）
現金：門市週轉金支票存款 、活期存款 約當現金：定期存款、短期票券	庫存現金及週轉金、活期及支票存款 定期存款

   資料來源：公開資訊觀測站，上市公司財務報告書**附註**（以下皆同）

2. **透過損益按公允價值衡量之金融資產：**

   當企業取得金融資產的目的是打算近期內就要將它處分，或以短期獲利的操作模式持有金融資產時，應將此金融資產歸此類。最常見的為專業投資公司（如證券商、基金公司等）於短期內可隨時在公開市場上買賣的金融資產，係以賺取價差為主要目的。期末應以公平價值來衡量，價格變動的部分直接認列為損益。過去稱「交易目的的金融資產投資」。

3. **透過綜合損益按公允價值衡量之金融資產－流動：**

   此類金融資產，以賺取價差為主要目的，不屬於經常交易或持有至到期日者，則認定為此類。該資產若擬於一年內出售或到期者，列為流動資產；若擬於一年以後出售者，則為非流動資產。過去稱「備供出售金融資產投資」。

統一超商（2912）	遠東百貨（2903）
開放型基金、上市櫃公司股票及非上市櫃公司股票	國內上市櫃公司股票

4. **應收帳款、應收票據及其他應收款**

應收帳款、應收票據：指商業因出售商品或勞務而發生之債權。因營業而發生之應收票據，應與非因營業而發生之應收票據分別列示。決算時應評估應收帳款無法收現之金額，提列適當之備抵呆帳，列為應收帳款之減項。

其他應收款：係不屬於應收票據及帳款之其他應收款項。

統一超商（2912）	遠東百貨（2903）
主要以現金及信用卡貨為主，應收帳款主要是應收銀行及百貨公司之信用卡款及營業金。	應收帳款主要是應收銀行信用卡款及應收禮券商款。主要以現銷為主，非經授權，嚴禁賒帳。

5. **存貨**

係商品生產或勞務提供過程中所消耗之材料或物料，且將於完成後供正常營業出售者。存貨之會計處理，應依國際會計準則公報第 2 號規定辦理。存貨購入以實際成本入帳，期末評價存貨若有瑕疵、損壞或陳廢等，致其淨變現價值低於成本時，應將成本沖減至淨變現價值。

※　存貨之會計處理見第四章

統一超商（2912）	遠東百貨（2903）
進貨以實際成本入帳，成本計算方法採零售價法估算。期末存貨採成本淨變現價孰低，逐項比較。	以各零售部門為基礎，採加權平均成本淨變現價孰低零售價法估算。

6. **預付款項**

列入流動資產之預付費用乃指為了在一年或一營業週期內，為獲得利益而預先支付者。故預付費用以未過期或未耗用之成本列為流動資產，若預付費用已過期或已耗用則應轉為費用，不可列為資產。

商業會計法 53 條：預付費用應為有益於未來，確應由以後期間負擔之費用，其評價應以其有效期間未經過之部分為準。

※　預付款項之會計處理見第三章

7. **其他流動資產**

不能歸屬於以上各類之流動資產。根據商業會計處理準則第 15 條第 9 項規定：指不能歸屬以上各類流動資產之各類資產，商業應分類為非流動資產。其他非流動資產全額一般都不大，依重要性考量可不必詳細分類，以總數表達即可。

立即挑戰

( ) 1. 在分類式資產負債表中，流動資產的排列順序習慣上是依照： (A) 資產的筆畫多寡 (B) 金額大小 (C) 流動性大小 (D) 取得的先後順序。

( ) 2. 資產負債表中流動性最高之資產項目為： (A) 存貨 (B) 現金 (C) 應收帳款 (D) 固定資產。

( ) 3. 流動資產排列順序為： (A) 現金、存貨、債權及預付 (B) 現金、債權、預付及存貨 (C) 現金、預付、債權及存貨 (D) 現金、債權、存貨及預付。

( ) 4. 存貨在資產負債表中之列示位置： (A) 緊接現金之後 (B) 緊接短期投資之後 (C) 緊接遞延借項之後 (D) 緊接應收帳款之後。

( ) 5. 預付費用在資產負債表當中，係屬於下列那一大項之項目？ (A) 長期負債 (B) 流動負債 (C) 流動資產 (D) 費用。

( ) 6. 收到即期支票應列為： (A) 應收票據 (B) 現金 (C) 應付票據 (D) 其他應收票據。

( ) 7. 收到遠期票據應列為： (A) 應收票據 (B) 現金 (C) 應付票據 (D) 其他應收票據。

解答 1.(C) 2.(B) 3.(D) 4.(D) 5.(C) 6.(B) 7.(A)

(二) 非流動性資產：流動資產以外之資產屬之

1. **透過綜合損益按公允價值衡量之金融資產—非流動：**

   此類投資目的非為短期內出售，而擬持有期間超過一年以上以賺取利潤為目的，或是投資於無活絡市場公開報價，無經常交易，過去稱為備供出售的金融資產，其公允價值變動不列入損益，而是列入其他綜合損益，屬於權益科目。

2. **採用權益法之投資**：企業為了控制目的（營業上之利益）而持有之長期投資。公司持有的金融資產屬於有表決權的普通股，希望藉此與被投資公司建立業務關係或控制其公司。因此這種投資其持股比率較高、持有期間較長且不輕易出售，所以稱這種投資為長期股權投資（權益法）。

統一超商（2912）	遠東百貨（2903）
「備供出售金融資產—非流動」、「以成本衡量之金融資產—非流動」、採用權益法之投資	「備供出售金融資產—非流動」、「以成本衡量之金融資產—非流動」、採用權益法之投資

立即挑戰

(　　) 1. 下列對於償債基金之描述，何者正確？　(A) 屬於負債類　(B) 屬於費用類　(C) 屬於資產類　(D) 屬於業主權益類。

(　　) 2. 下列那一個項目不是流動資產？　(A) 現金　(B) 銀行存款　(C) 存貨　(D) 償債基金。

(　　) 3. 償債基金在資產負債表中應列為　(A) 流動資產　(B) 非流動資產　(C) 負債之減項　(D) 股東權益。

(　　) 4. 下列哪一個項目非屬長期投資？　(A) 備供出售金融資產－非流動　(B) 特許權　(C) 採用權益法之股票投資　(D) 償債基金。

解答 1.(C)　2.(D)　3.(B)　4.(B)

3. **不動產、廠房及設備**

過去稱「固定資產」，為因應國際會計準則才改稱「不動產、廠房及設備」。指為供營業上使用（非以出售為目的），且使用年限在一年以上之有形資產，其內容包括土地、土地以外的折舊性資產。其科目分類及其內涵與應加註明事項：

(1) **土地**

企業持有目前營業上使用，而不以出售為目的的土地，屬永久性資產，不必提列折舊。我國購買土地即取得所有權，購買營業用土地屬「不動產、廠房及設備」，大陸土地只有「使用權」無「所有權」，而且一次付清長期使用權，故大陸土地是放在「無形資產」項目內。

※ 有關會計處理程序定義相關法規：
我國憲法 143 條：中華民國領土內之土地屬於國民全體。人民依法取得之土地所有權，應受法律之保障與限制。
大陸憲法第 10 條：城市的土地屬於國家所有。農村和城市郊區的土地除由法律規定屬於國家所有的以外屬於集體所有；住宅基地和自留地、自留山也屬於集體所有。

(2) **土地改良物**

在土地上作改良工程，例如：圍牆、戶外停車場、排水溝等。但若是建築物的地下停車場則屬於「房屋及建築」科目。「土地改良物」之所以獨立一個會計項目不併入「土地」科目，是因為土地不必提列折舊，而土地改良物需提列折舊。

(3) **房屋及建築**

企業持有供目前營業上使用，而不以出售為目的的房屋，如辦公室、倉庫、室內車庫。其評價包括房屋與建物之取得成本及取得後所有能延長資產耐用年限或服務潛能之資本化支出、重估增值。

(4) **機（器）具及設備**

指自有之直接或間接提供生產之機（器）具及其各項設備零配件；其評價包括機（器）具與設備之取得成本及取得後所有能延長耐用年限或服務潛能之資本化支出。

(5) **運輸設備**

包括企業運輸用的交通工具；其評價包括取得運輸設備之取得成本及取得後所有能延長耐用年限或服務潛能的資本化支出。

(6) **辦公設備**

企業持有供目前營業使用的辦公設備，台灣俗稱生財器具。

(7) **租賃資產**

指依資本租賃契約所承租之資產；其評價，應按帳面價值為之。

(8) **租賃改良物**

指在依營業租賃契約承租之租賃標的物上之改良、裝潢。得列於不動產廠房設備或無形資產項下，並應按其估計耐用年限與租賃期間之較短者，以合理而科學之方法提列折舊或分攤成本。

(9) **未完工程及預付購置設備款**

指正在建造或裝置而尚未完竣之工程及預付購置供營業使用之不動產廠房設備款項；其評價包括建造或裝置過程中所發生之成本。

(10) **累計折舊**

是不動產廠房設備累計的耗用成本，為不動產廠房設備的抵銷科目，此科目用來評價不動產廠房設備的帳面價值。

(11) **累計減損**

當環境變更或某事件發生而顯示公司所擁有的資產其可回收金額低於其帳面價值時，則認列減損損失。

不動產廠房設備之評價：除土地外，不動產廠房設備應於估計使用年限內，以合理而有系統之方法按期提列折舊，並依其性質轉作各期費用或間接製造成本，不得間斷或減列。不動產廠房設備之累計折舊、累計減損，應列為不動產廠房設備之減項。

統一超商（2912）		遠東百貨（2903）	
不動產廠房及設備	使用年限	不動產廠房及設備	使用年限
土地 房屋及建築 運輸設備 營業器具 租賃改良	永久、不提折舊 50年 5年 4年～7年 7年	土地 建築物 建物附屬設備 裝修設備 租賃資產 器具、運輸其他設備	永久、不提折舊 55年 8年～15年 6年 20年～50年 5年～8年

立即挑戰

(　　) 1. 下列營業用資產，何者不需提列折舊？ (A) 運輸設備 (B) 生財器具 (C) 廠房 (D) 土地。

(　　) 2. 下列何者屬於「土地改良物」？ (A) 政府贈與的廠房 (B) 企業自建的倉庫 (C) 閒置的土地 (D) 停車場。

(　　) 3. 中古汽車商行購入汽車待售，應列為： (A) 生財器具 (B) 運輸設備 (C) 存貨 (D) 辦公設備。

(　　) 4. 電腦處理中心的設備，是屬於： (A) 不動產、廠房及設備 (B) 無形資產 (C) 長期投資 (D) 遞耗資產。

(　　) 5. 下列何者應列於不動產、廠房及設備項下？ (A) 購入土地作為廠房用地 (B) 購入土地擬於價格較佳時轉手賺取價差 (C) 購入土地，擬整理後分區出售 (D) 以上皆是。

解答 1.(D)　2.(D)　3.(C)　4.(A)　5.(A)

4. **無形資產**

指無實體存在但具經濟價值之資產，根據國際會計準則第38號公報規定：無形資產須「具有可辨認性」、「可被企業控制」及「具有未來經濟效益」，並達到「資產之未來經濟效益可能流入企業」及「成本可靠衡量」才可入帳為無形資產。自行發展之無形資產，其屬不能明確辨認者，不得列記為資產，應入帳為費用。一般無形資產大致分為下列各項：

(1) **專利權**

指依法取得或購入之專利權；其評價按未攤銷成本為之。專利權係政府授予企業一定年限內有製造、銷售或處分其專利品之權利。

(2) **商標權**

指依法取得或購入之商標權；其評價按未攤銷成本為之。所謂商標權是用來表彰自己產品之標記圖樣或文字，依法經主管機關登記核定使用之權利或透過收購股權所取得之品牌經營權。例如：麥當勞的 M 標誌。

(3) **著作權**

指依法取得或購入文學、藝術、學術、音樂、電影、翻譯或其他著作之出版、銷售、表演權利；其評價按未攤銷成本為之。

(4) **特許權**

係指特許經營某種行業，使用某種方式、技術或名稱，或在某特定地區經營事業的權利，屬於無形資產的一種。例如：根據我國公司法的規定，外國公司欲在台灣經營必須經過政府的特許。

(5) **電腦軟體**

指對於購買或開發以供出售、出租或以其他方式行銷之電腦軟體；其評價按未攤銷之購入成本或自建立技術可行性至完成產品母版所發生之成本。但在建立技術可行性以前所發生之成本，應作為研究發展費用。

(6) **商譽**

企業由於經營成效卓著等理由，使獲利超過一般同業利潤，故推測將來會有獲取超額利潤的能力，稱為商譽。

全家便利商店（5903）	中華電信（2412）
1. 電腦軟體按 3-7 年攤銷 2. 專利權、技術權利金按 6-10 年攤銷	特許權按剩餘有效期限攤銷 電腦軟體按 2-10 年攤銷 商譽不攤銷

立即挑戰

(　　) 1. 下列何者並非是無形資產的定義？ (A) 具實體存在 (B) 具有可辨認性 (C) 具有未來經濟效益 (D) 被企業控制。

(　　) 2. 下列何者不屬於無形資產？ (A) 商譽 (B) 特許權 (C) 認股權 (D) 著作權。

(　　) 3. 經政府授予可以在高速公路休息站經營商店銷售商品的特殊權利，稱為：(A) 專利權 (B) 租賃權 (C) 特許權 (D) 商標權。

(　　) 4. 特許權在資產負債表上應列為： (B) 其他資產 (B) 投資性不動產 (C) 財產廠房與設備 (D) 無形資產。

( ) 5. 下列有關無形資產的敘述，何者為真？ (A) 應收帳款歸屬於無形資產 (B) 商標權是有形資產 (C) 麥當勞之特許權是無形資產 (D) 商譽不是無形資產。

解答 1.(A) 2.(C) 3.(C) 4.(D) 5.(C)

5. **投資性不動產**

國際會計準則 40 號（簡稱 IAS 40）：投資性不動產係指企業為賺取租金或資本增值或兩者兼具而持有之不動產，包括目前尚未決定用途的土地。換言之投資性不動產：(1) 並非用於商品或勞務之生產或提供，或供管理目的 (2) 並非於正常營業中出售者。此科目在未採國際會計準則之前，是放在「長期投資」或「固定資產」項目中。

6. **生物資產與農產品**

國際會計準則第 41 號農業會計公報（簡稱 IAS 41），規範農業活動相關之會計處理，用以認列、衡量生物資產及農產品。生物資產係指具生命之動物或植物；農產品係指企業生物資產之收成品。前者如畜牧業自所飼養的乳牛、綿羊、雞、豬等，後者如牛奶、羊毛、雞蛋等。農產品為生物資產的收成品，收成前尚未與生物資產分離，自為生物資產的一部分。收成後即可歸類為農產品，但收成後經加工之產品應列入工公司之存貨。而與農業無關之生物資產自不屬於 IAS 41 規範的範圍。例如：動物園及海洋館供觀賞的動物、白鯨，應適用「不動產、廠房及設備」，其性質類似觀光業的設備。

在國際會計準則下，具生命之動植物稱為生物資產，不再像以前稱為不動產、廠房及設備（如觀賞用之金魚）。我國自 2013 年起採用國際會計準則，故「味全食品工業股份有限公司」（公司代號 1201）自 2013 年起資產負債表才有「生物資產－非流動」一項，2013 年之前是放在「固定資產」。六福開發野生動物園各類觀賞動物，則非屬農業活動，以觀賞為主要目的，認列為「不動產、廠房及設備」類別下的科目，依照成本減累計折舊衡量。大成長城企業股份有限公司（公司代號 1210），自 2013 年起資產負債表有生物資產，其中有毛雞、毛豬；若將屠宰後之雞豬（農產品）進行肉品加工，則適用存貨的會計處理。

立即挑戰

( ) 1. 飯店業者購買土地，供未來出售圖利，此類土地在資產負債表上應列為： (A) 其他資產 (B) 投資性不動產 (C) 財產廠房與設備 (D) 無形資產。

( ) 2. 下列項目中，何者非屬投資性不動產？ (A) 以營業租賃出租之辦公大樓 (B) 尚未決定未來用途所持有之土地 (C) 為獲取長期資本增值而持有之土地 (D) 員工宿舍。

(　　) 3. 下列何者應歸類為生物資產？ (A) 動物園中供觀賞的老虎 (B) 屏東海生館的白鯨 (C) 用以生產牛奶之乳牛 (D) 毛雞進行肉品加工。

(　　) 4. 下列何者非屬國際會計準則第 41 號農業會計公報所規範之農產品？ (A) 牛奶 (B) 葡萄 (C) 葡萄酒 (D) 羊毛。

解答 1.(B)　2.(D)　3.(C)　4.(C)

7. **礦產資源**

包括地面上的林木以及地底下的石油、天然氣及各種礦藏的天然資源，會計上也把天然資源稱為遞耗資產或礦產資源。其價值將隨開採、砍伐或其他使用方法而耗竭。我國商業會計法規定遞耗資產在資產負債表中為一獨立項目，而舊公認會計原則將其列入固定資產，國際會計準則與我國 37 號公報均列入無形資產。（我國 37 號公報為無形資產之會計處理準則）

(1) 37 號公報第 8 項：礦產資源相關探勘資產之認列及衡量。

(2) 37 號公報第 9 項：礦產、石油、天然氣與非再生性資源之開發支出及開採支出。

台泥在 2008 年以前之資產負債表中固定資產下有「石灰石資源」之會計項目，2013 年資產負債表已遵循我國 37 號公報無形資產之會計處理準則，於無形資產附註內有「營運特許權」及「採購權」。

8. **其他資產**

係不能歸屬於以上各類之資產，且收回或變現期限在一年或一個營業週期以上者，如存出保證金、其他什項資產、遞延費用等。基於「完整性」考量，列於其他資產之項目應僅限於無法適當列入以上各項類別之特殊項目。其科目分類如下：

(1) **存出保證金**

付出作為保證用之保證金或押標金。如租用房屋之押金、裝置電話之押機費。作為存出保證金者，應依其流動性列為流動資產及非流動資產。

(2) **閒置資產**

指目前未供營業上使用之資產，或目前未使用留作備用之設備。

(3) **遞延費用**

具有未來經濟效益，能於未來產生收益或節省支出的長期預付款項。若為一年內的預付款是屬於流動資產。

(4) **代付款**

替其他機構代付或墊代性質款項。

(5) **暫付款**

在支出時尚未能確定會計項目或金額而付出之款項，待以後確定用途後再轉入適當科目，例如：暫付出差旅費待回國內確定交通、食宿或考察費用後再轉入適當科目。

立即挑戰

(　　) 1. 閒置土地在資產負債表上應列為： (A) 流動資產　(B) 固定資產　(C) 無形資產　(D) 其他資產。

(　　) 2. 下列何者屬於其他資產？ (A) 閒置的機器　(B) 準備一年後用來擴充廠房的土地　(C) 建築公司供出售的房屋　(D) 停車場與圍牆。

解答 1.(D)　2.(A)

二、負債

係指企業應負擔之經濟義務，能以貨幣衡量，並將於未來提供經濟資源以償付者，如應付帳款、應付票據等。負債應作適當之分類，流動負債與非流動負債應予以劃分，但特殊行業不宜按流動性質劃分者不在此限。負債預期於資產負債表日後十二個月內償付之總金額，及超過十二個月後償付之總金額，應分別在財務報表表達或附註揭露。

負債科目分類及其帳項內涵與應加註明事項如下：

(一) 流動負債

根據 IAS 1 之第 69 段：「有下列情況之一者，企業應將負債歸類為流動負債」：

(1) 企業預期於其正常營業週期中清償該負債；

(2) 企業主要為交易目的而持有該負債；

(3) 預期於資產負債表日後十二個月內清償者。

(4) 企業不能無條件將清償期限遞延至報導期間後至少十二個月之負債。

企業應將所有其他負債分類為非流動負債。

流動負債之會計項目：

1. **銀行透支**

企業為取得臨時性短期週轉資金與往來銀行簽定透支合約，在某一範圍內，得以隨時借用、隨時清償之融貸稱為銀行透支。銀行存款與銀行透支不可相抵，除非具法定抵銷權者（即存款與透支為同一銀行始可抵銷，抵銷後以淨額表示）。

2. **短期借款**

係向銀行短期借入之款項，其償還期限在一年以內者。短期借款除了按借款金額入帳外，還需於報表附註中揭露借款種類及性質、保證情形及利率區間，如有提供擔保品者，應註明擔保品名稱及帳面價值。向金融機構、股東、員工、關係人及其他個人或機構之借入款項，應分別註明。

統一超商（2912）	遠東百貨（2903）
2014 年擔保借款 1 億元，利率 1.23%~1.24% 信用借款 15 餘億元，利率 1%~6.3%	2014 年擔保借款 8.9 億元，利率 1.630 ～ 1.75% 短期借款 57 餘億元，利率 1.05 ～ 5.60%

3. **應付短期票券**

指為自貨幣市場獲取資金，而委託金融機構發行之短期票券。如統一超商的應付短期票券為應付商業本票。

4. **應付票據**

係應付之各種票據。包括營業發生與非因營業而發生之應付票據，兩者應分別列示。另外，金額重大之應付票據、應付關係人票據，應單獨列示。

5. **應付帳款**

因賒購原物料、商品或勞務所發生之債務。一般廠商進貨的貨款所訂的付款日多為 1~3 個月後，在付款期限內需付出的款項列入應付帳款科目。因營業與非因營業而發生之其他應付款項分別列示。金額重大之應付關係人款項，應單獨列示。

6. **應付費用**

本會計期間已發生之費用而尚未付之款項。如應付佣金、應付租金、應付利息等。應與支付供應商貨款的「應付帳款」科目分開表示。

7. **其他應付款**

除正常營業進貨或應付營業費用以外所發生之應付未付款項。如買入設備但尚未支付之款項、應付股息等。

8. **預收收益**

餐廳預收訂金、出售餐券，或飯店業者在旅展所出售的住宿券。此類預收收益根據一般公認會計原則中的權責基礎，在損益表中並不列入營業收入，應待顧客實際消費完成後才列入營業收入。

統一超商（2912）	中華電信（2412）
預收禮券款、預收 ICASH 卡加值款、預收商品卡款、預收加盟權利金	預收電信資費（所謂的預付卡）

9. **其他流動負債**

係不能歸屬於以上各類之流動負債。得併入其他流動負債內。

10. **長期負債**一年內到期的部分

長期負債一年內到期的部分應轉列流動負債。

綜上所述，將流動負債按負債對象及時間整理如下：

(1) **銀行透支、銀行借款**：負債對象為銀行

(2) **應付帳款、應付薪資、應付所得稅**：負債對象為供應商、員工、政府

(3) **預收款項**：負債對象為顧客

(4) **長期負債下年度到期部分**：以時間為劃分長、短期負債的標準。

立即挑戰

( ) 1. 健身中心的會員在加入時便須以現金繳交長年期會費，請問在權責基礎下，亞歷健身中心在收取會費時的會計處理，應將該會費列為：(A) 業務收入 (B) 投資收入 (C) 預收收入 (D) 雜費。

( ) 2. 預收收入的性質為：(A) 資產 (B) 負債 (C) 收入 (D) 費用。

( ) 3. 下列哪一項不是流動負債？ (A) 預收收入 (B) 應付公司債 (C) 應付帳款 (D) 長期負債一年內到期部分。

( ) 4. 三民書店售出圖書禮卷，並收到現金，此一交易對財務報表之影響 (A) 收入增加 (B) 收入減少 (C) 負債增加 (D) 負債減少。

解答 1.(C) 2.(B) 3.(B) 4.(C)

(二) 非流動負債

係到期日在資產負債表日後十二個月以上之負債，包括應付公司債、長期借款、長期應付票據及長期應付款等。非流動負債一般分為三類：

1. 特定融資所產生的債務，如：發行公司債、長期租賃負債、長期應付票據。
2. 企業在正常營運過程中所產生的債務，如：退休金義務、遞延所得稅負債。
3. 視未來事項之發生 / 不發生以確定其支付金額，支付對象及支付日期之債務，例如：產品服務之售後服務保證及其他或有負債。

長期借款應註明其性質、償還期限、利率及重要之限制條款。公司債之溢價或折價，應列為公司債之加項或減項，並按有效利率於債券流通期間內予以攤銷。

非流動負債之會計項目分述如下：

1. **長期借款**

係包括長期銀行借款及其他長期借款或分期償付之借款等。長期借款應註明其內容、到期日、利率、擔保品名稱、帳面價值及其他約定重要限制條款。長期借款以外幣或按外幣兌換率折算償還者，應註明外幣名稱及金額。向股東、員工及關係人借入之長期款項，應分別註明。

統一超商（2912）	遠東百貨（2903）
2014 年長期信用借款 7 餘億元，借款利率為 1.08% ～ 1.58%，而擔保借款為 2 餘億元，利率 2.345% ～ 2.525%	1. 2014 年長期信用借款 26 餘億元，借款利率 1.48% ～ 2.15% 2. 2014 年長期擔保借款 135 餘億元，借款利率為 1.08% ～ 1.801%

2. **長期銀行借款**

向銀行或其他機構借款，到期日在一年以上，並提供動產或不動產作為擔保之借款。

3. **應付公司債**

股份有限公司組織為籌措長期資金以購買廠房、機器設備等固定資產，雖可向銀行借款但由於銀行資金來自一般社會大眾存款，公司如能直接向社會大眾借款其利率將比企業向銀行借款為低，公司債因此產生。

應付公司債是公司為籌集長期資金，約定到期還本，按期付息公開舉債的一種債務。我國公司債發行期限約 3 年或 10 年等，每年按票面利率固定派發利息給投資者。台灣目前公司債發行面額為 $100,000。

我國證券交易法第 8 條規定：本法所稱發行，謂發行人於募集後製作並交付，或以帳簿劃撥方式交付有價證券之行為。

前項以帳簿劃撥方式交付有價證券之發行得不印製實體有價證券。

下圖為公司債樣張，目前台灣幾乎全採證券存摺，實體證券只有在某些特殊情況下才會出現。

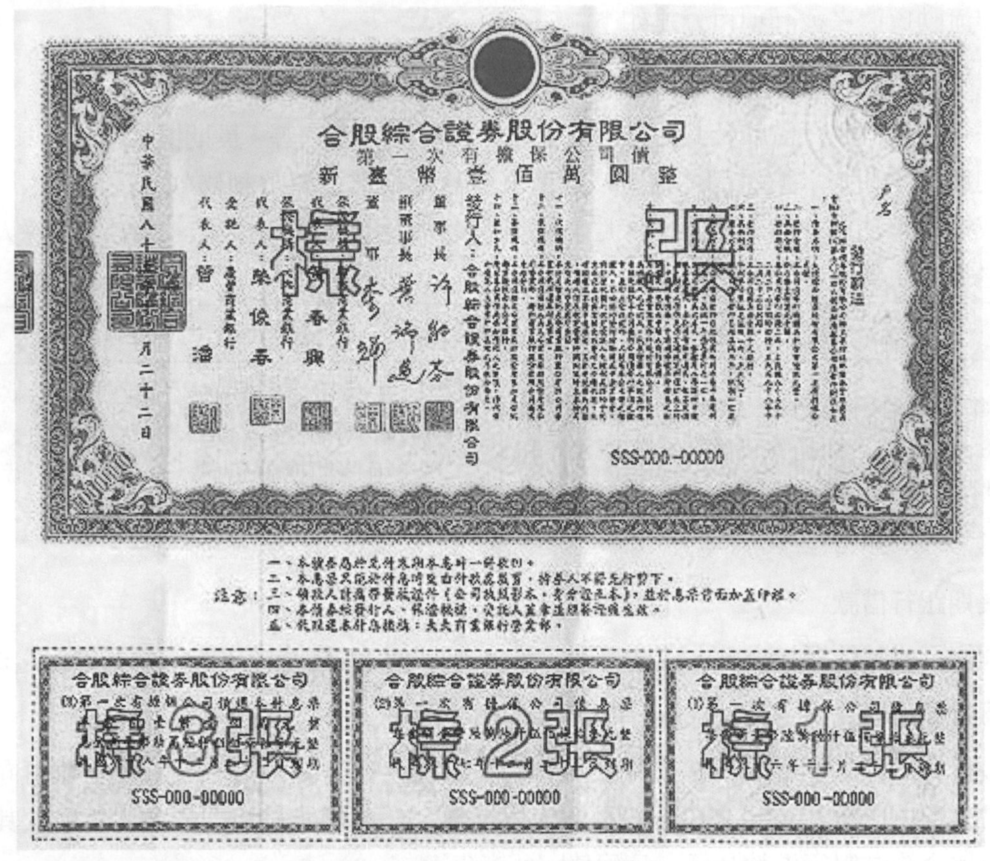

圖 5-4　公司債樣張

遠東百貨（2903）	台積電（2330）
2011 年初發行 3 年期可轉換公司債 25 億元，到期後可轉換為普通股，利率為 0%，所籌得資金將全數償還銀行借款	2013 年 9 月 25 日起依發行期限自 3 年利率 1.35% 以至 10 年期利率 2.10% 各批次共籌 150 億元，籌設晶圓十四廠

4. 遞延負債

   指在本期已收到款項，但在以後年度才會實現之收入，按各實現年度轉列為收入，如未實現利息收入。但有些企業直接將其併入其他負債。

5. 其他負債

   係不能歸屬於以上各類之負債，如存入保證金及其他雜項負債等。

   其他負債之會計項目：

   (1) 存入保證金：向客戶或員工收取作為保證用之保證金或押標金。

   (2) 代收款：替其他機構代收之款項，如代扣薪資所得稅 或代扣健保費。

立即挑戰

(　　) 1. 甲公司於 2014 年 1 月 1 日發行 5 年期面額 $50,000 之公司債，自 2014 年 12 月 31 日起每年年底平均分期償還 $10,000 本金，請問在 2015 年 12 月 31 日，該公司資產負債表應如何表達此公司債？ (A) 無流動負債，長期負債 $40,000 (B) 流動負債 $40,000，無長期負債 (C) 流動負債 $10,000，長期負債 $30,000 (D) 流動負債 $10,000，長期負債 $20,000。

(　　) 2. 汽車出租店為確保權益，向顧客收取的押金屬於： (A) 資產 (B) 負債 (C) 收益 (D) 費損。

解答 1.(D)　2.(B)

三、權益

係業主對企業資產之剩餘權益，又稱為淨資產或淨值。公司組織的權益包括：股本、資本公積、保留盈餘等項。

(一) 股本

又稱「法定資本」或「額定資本」，指依法辦理登記、實收並發行在外的資本。或指已發行股份之面值或設定價值、即按照面值計算的股本金額。股本依股東所享有的權利及義務的不同分為普通股股本、特別股股本兩種。

我國自民國 1981 年開始規定上市、上櫃公司普通股股票面額為 10 元，方便吸收小金額的遊資，但最小成交單為 1,000 股，在證券市場上俗稱「一張」。大陸境內普通股股票面額為人民幣 1 元，最小成交單為 100 股，在證券市場上俗稱「一手」。

但於 2013 年 12 月 23 日「公開發行公司股務處理準則 14 條」已取消面額一率為 10 元之規定，但票面仍然必須載有一定的面額。此舉有利於新創事業，也可符合國際潮流，但我國上市公司面額 10 元已行之有年，雖法規已修正，但一時之間仍沿用面額 10 元。而非公開發行公司股票面額，由公司自訂。

中鋼（2002）	台灣高鐵（2633）
截至 2014 年底約 3.8 餘億特別股，股息為面額的 14%	截至 2014 年底約 400 餘億特別股，甲種及乙種可轉換特別股股利率依面額的 5% 計算；丙種可轉換特別股前二年股利率依面額的 9.5%，後二年股利率依面額的 0%

股份有限公司資本的主體為普通股，特別股一般為企業在特別情況下需求資金時所發行。台灣上市櫃公司發行特別股的情形並不多，上表特舉中鋼、台灣高鐵為例。

目前台灣幾乎採證券存摺，實體證券只有在某些特殊情況下才會出現。

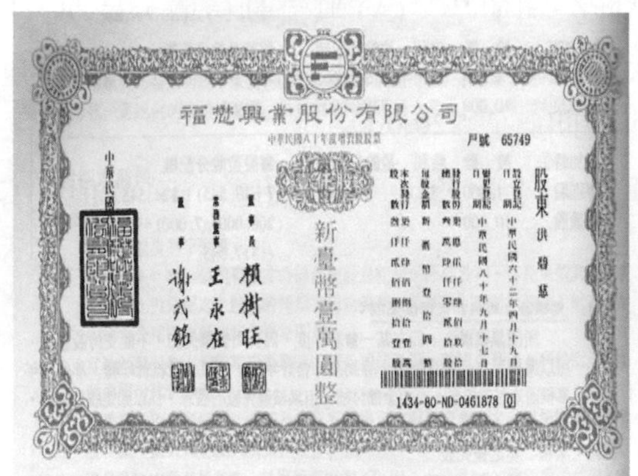

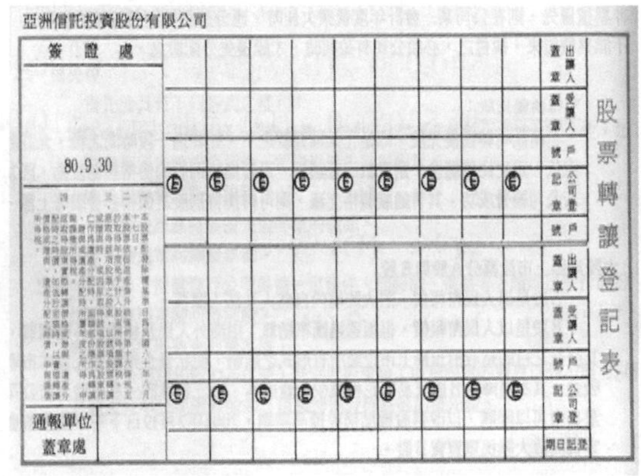

圖 5-5　股票樣張正背面

(二)資本公積

指公司因股本交易所產生之權益。例如：投入資本超出或低於面值之差額。若股票發行價格高於票面為溢價發行，低於票面為折價發行。

普通股溢價發行代表公司獲利能力佳；反之折價發行代表公司獲利能力不佳。

(三)保留盈餘

指由營業結果所產生之權益。為公司歷年來營業所獲得的盈餘，未以股利方式分配給股東而保留於公司者，故又稱「累積盈餘」。根據公司法規定必須提撥法定公積、或視公司需要另提特別盈餘公積後，才可發放股利。

表 5-6　常見獨資、合夥組織權益類會計項目

第一級（類別）	第二級（性質別）	第三級（項目別）
權益	資本	業主資本、業主往來——獨資 合夥人資本、合夥人往來——合夥

補充說明：

1. **業主資本、合夥人資本**：獨資或合夥企業業主於開業時所投入之資本，及開業後所增加的資本。我國商業會計處理準則第 27 條規定：「資本（或股本），業主對商業投入之資本額，並向主管機關登記者」，既是向主管機關登記為法定資本故不得任意更動。
2. **業主往來、合夥人往來**：獨資、合夥資本主與企業間臨時往來之事項。

立即挑戰

(　　) 1. 淨值乃指： (A) 收益減費用 (B) 資產總額減負債總額 (C) 銷貨總額減銷貨退回 (D) 進貨總額減進貨退出。

(　　) 2. 資產負債表上「股本」科目為 (A) 票面金額 (B) 股票發行所收的現金金額 (C) 帳上價值 (D) 股票折溢價金額。

(　　) 3. 股票發行價格高於票面時的溢價，其會計項目為 (A) 股本 (B) 資本公積 (C) 保留盈餘 (D) 股東權益其他項目。

解答 1.(B)　2.(A)　3.(B)

5-3 綜合損益表

5-3-1 綜合損益表之意義與重要性

綜合損益表是資產負債表權益類中保留盈餘項下本期損益的明細，為表達企業在某一會計期間內經營成果及獲利情形之動態報表。它猶如一家公司經營的成績單，企業主、投資人、債權人均仰賴此表來評估企業的經營績效。過去企業籌資以銀行為主要對象，銀行會以資產負債表中之相關資訊來確認客戶的償債能力，以作為放款決策之主要依據。而隨著資本市場的發達，公司轉以發行公司債及股票向社會大眾籌資，投資人除了重視公司的財務狀況外，更注重公司的獲利能力，尤其是每股盈餘與每股股利，以求獲取更高的投資報酬率。

5-3-2 多站式損益表

損益表格式一般分單站式及多站式兩種，但國際會計準則規範的為跨國的大型公開公司，自應以多站式損益表方式表示，故準則中自無單站式與多站式的分類之必要，單站式於第一章中以簡略說明，本節將針對多站式損益表作探討。

由於企業各種交易活動複雜，因此揭露財務績效之組成細節有助於報表閱讀者了解企業經營狀況。多站式損益表即是分階段的呈現幾個不同層次的績效，如：銷貨毛利、營業利益、本期淨利（稅前、稅後），此乃基於「完整性」的品質特性。另外，表中將持續發生的本業營業利益與非持續發生的營業外收支分開表示，可使閱表者更了解企業狀況，符合了「攸關性」的「預測價值」。目前上市、上櫃及多數的一般公司均採用多站式損益表。

表 5-7

多站式損益表之表現內容	
第一階段	營業收入淨額－營業成本＝營業毛利
	此階段在於求出商品利潤，是買賣業最主要的利潤項目，從銷貨毛利可看出企業商品的競爭力。但需注意銷貨收入必需扣除銷貨收入退回、折扣及折讓。
第二階段	營業毛利－營業費用＝營業淨利
	本階段可計算出本業的獲利狀況，表現出本業經營的能力。相對於業外收入，本業被認為是較穩定且較重要的利潤項目。
第三階段	營業淨利＋營業外收入－營業外支出＝稅前淨利
	這個部分同時包括業內及業外的淨利，其中業外的收支被認為是較不穩定的利潤，所以重要性相對於營業淨利較低。而業外收入好表示企業善於理財。
第四階段	稅前淨利－所得稅費用＝稅後淨利
	稅前淨利與稅後淨利差額為所得稅，可藉以了解各公司的租稅結構，由於每家公司的稅務策略不同，所產生的稅賦也不同。

5-3-3 簡明損益表及長式損益表

表 5-8　多站式損益表排列方式及會計項目分級：

第一級	第二級	第三級	第四級
類別	性質別	項目別	科目別
收益	營業收入	銷貨收入、勞務收入	銷貨收入、銷貨退回、銷貨折扣
	非營業收入	利息收入、租金收入	
費損	營業成本	銷貨成本	
	營業費用	研究發展費用、管理費用、推銷費用	薪資、廣告費、文具用品、保險費
	非營業費用	財務成本、其他利益損失	

根據商業會計處理準則 33-36 條：（會計項目之分類）
我國商業會計處理準則 33 條：營業收入，指本期內因銷售商品或提供勞務等所獲得之收入。 **我國商業會計處理準則** 34 條：營業成本，指本期內因銷售商品或提供勞務等而應負擔之成本。 **我國商業會計處理準則** 35 條：營業費用，指本期內因銷售商品或提供勞務應負擔之費用；營業成本及營業費用不能分別列示者，得合併為營業費用。 **我國商業會計處理準則** 36 條：營業外收益及費損，指本期內非因經常營業活動所發生之收益及費損，例如利息收入、租金收入、權利金收入、股利收入、利息費用、透過損益按公允價值衡量之金融資產（負債）淨損益、採用權益法認列之投資損益、兌換損益、處分投資損益、處分不動產、廠房及設備損益、減損損失及減損迴轉利益等。

一、我國上市公司綜合損益表表示方式如下

表 5-9

XX公司

綜合損益表

XX年度

營業收入		$ XXX
營業成本		XXX
營業毛利		$ XXX
營業費用		
研究發展費用	$ XXX	
管理費用	XXX	
行銷費用	XXX	XXX
營業淨利		$ XXX
營業外收入及支出		
利息收入	$ XXX	
財務成本	(XXX)	
其他利益及損失	(XXX)	XXX
稅前淨利		$ XXX
所得稅費用		(XXX)
本期淨利		$ XXX

二、上市公司綜合損益表實例：

表 5-10

統一超商股份有限公司

綜合損益表

2014 年度　　新台幣仟元，惟每股盈餘為元

	金　額	%
營業收入	$207,989,021	100
營業成本	(141,050,853)	(68)
營業毛利	$ 66,938,168	32
營業費用		
推銷費用	(46,404,462)	(22)
管理費用	(9,936,426)	(5)
營業費用合計	(56,340,888)	(27)
營業淨利	10,597,280	5
營業外收入及支出		
其他收入	1,520,972	1
其他利益及損失	444,925	—
財務成本	102,628	—
採權益法認列之子公司、關聯企業及合資損益之份額	149,227	—
營業外收入及支出合計	2,012,496	1
稅前淨利	$ 12,609,776	6
所得稅費用	(2,367,021)	(1)
本期淨利	$ 10,242,755	5
其他綜合損益		
國外營運機構財務報表換算之兌換差額	$ 189,485	—
備供出售金融資產未實現評價利益	66,394	—
確定福利計畫精算損失	237,724	—
採權益法認列之子公司、關聯企業及合資之其他綜合損益份額	14,639	— —
與其他綜合損益組成部分相關之所得稅	44,252	—
本期其他綜合損益之稅後淨額	$ 55,742	--
本期綜合利益總額	$10,187,013	6
每股盈餘		
基本每股盈餘	$ 8.74	
稀釋每股盈餘	$ 8.72	

5-3-4 損益表相關之會計項目與內容

一、營業收入

係本期內因經常營業活動如銷售商品或提供勞務等所獲得之收入，包括銷貨收入、勞務收入 -- 等。各項營業收入應分別註明。

1. **銷貨收入**：指因銷售商品之收入。銷貨退回及折讓應列為銷貨收入之減項。
2. **勞務收入**：指因提供勞務賺得之收入。
3. **業務收入**：指因居間及代理業務或受委託等報酬之收入。
4. **其他營業收益**：指不能歸屬於前 3 者之其他營業收入，例如：處分不動產廠房設備利益。

二、營業外收入（又稱非營業收入或其他收入）

指非因企業主要營業活動而獲得之收入。

1. **利息收入**：又稱財務收入，係送存銀行或將款項貸放於他人所孳生之利息收入；或購買公債、公司債作為投資，所取得之利息收入。
2. **租金收入**：出租房屋所取得之收入。
3. **佣金收入**：介紹他人買賣或代理他人買賣所取得之收入。
4. **投資收入**：指非以投資為業之企業，投資金融商品所產生之收益。例如：購買公債、公司債或股票作為投資，所取得之利息或股利收入。
5. **處分投資利益**：處分所投資的股票、公司債等金融資產所產生的處分利益。

三、營業成本

本期內因經常營業活動而銷售商品或勞務等所應負擔之成本。包括銷貨成本、勞務成本。

四、營業費用

係本期內因銷售商品或提供勞務所應負擔之費用。包括研究發展支出、推銷費用、管理及總務費用三類。但營業成本及營業費用不能分別列示者，得合併為營業費用。營業費用科目分類及其內涵列示如下：

1. **薪資費用**：凡銷售及管理部門人員薪資、加班費、獎金等屬之。
2. **廣告費**：凡利用各項報章雜誌、電視、傳單、贈品及展示廣告等支出屬之。

3. **文具用品**：指企業所使用之文具用品，例如：紙、筆、資料夾等。
4. **交際費**：招待顧客或贈送禮品等屬之。
5. **郵電費**：凡因營業所支付之郵費、電話費屬之。
6. **水電費**：凡營業所使用之水費及電費支出。
7. **保險費**：凡銷售及管理部門所投保之各項支出。
8. **租金費用**：凡企業租賃營業場所發生之支出。
9. **佣金費用**：凡經由他人介紹或代理買賣所支出之費用。
10. **差旅費**：凡員工出差至國內外各地之交通、膳食等支出。
11. **壞（呆）帳費用**：凡因營業行為所發生之應收款項，其無法收回的部分。
12. **折舊費用**：凡銷售及管理部門之有形資產其成本之分攤屬之。
13. **稅捐**：凡營利事業所得稅以外之土地稅、房屋稅、營業稅、印花稅等租稅。
14. **捐贈**：凡對政府或公益、慈善、文化、教育等機關團體之捐贈款項皆屬之。
15. **各項攤提**：凡專利權、特許權等無形資產成本之分攤屬之。
16. **職工福利**：企業員工之醫療費、撫卹費、婚喪補助費等。
17. **銷貨運費**：凡因產品銷售支付之海、、空運輸費用皆屬之。
18. **開辦費**：企業在設立時之必要支出，如發起人酬勞、律師及會計師公費等。
19. **其他營業費損**：凡不屬於以上各項之費用者屬之。例如：處分不動產廠房設備損失。

五、營業外費用

因非主要營業活動所發生之費用。

1. **財務成本**：為利息費用，向銀行或他人借款，所支付之利息費用；或發行公司債，每期應付之利息費用。
2. **處分投資損失**：處分所投資的股票、公司債等金融資產所產生的處分損失。
3. **其他營業外費損**：凡不屬於以上各項之營業外費損皆屬之。

※ 費用採功能別分類為銷貨成本、推銷費用、管理及總務費用或研發費用等。如工廠房屋折舊，歸屬於存貨成本出售後轉為銷貨成本；門市部房屋折舊，歸屬於推銷費用；辦公大樓房屋折舊，歸屬於管理費用。又如工廠作業員薪資，歸屬於存貨成本出售後轉為銷貨成本；門市部員工薪資，歸屬於推銷費用；管理階層人員薪資，歸屬於管理費用。

立即挑戰

( ) 1. 決定企業經營成果的二大重要因素是： (A) 資產和負債 (B) 資產和收益 (C) 收益與費損 (D) 費損與負債。

( ) 2. 為爭取收入而消耗之成本稱： (A) 資產 (B) 負債 (C) 收益 (D) 費損。

( ) 3. 銷貨收入 $800,000，銷貨成本 $400,000，營業費用 $200,000，所得稅費用 $100,000，則銷貨毛利為何？ (A)$400,000 (B)$200,000 (C)$100,000 (D)$50,000。

( ) 4. 東興公司當年度銷貨淨額 $100,000，毛利率 40%，銷售費用 $20,000，管理費用 $10,000，所得稅費用 $5,000，則其營業淨利為何？ (A)$40,000 (B)$20,000 (C)$10,000 (D)$5,000。

( ) 5. 銷貨收入為 $250,000，銷貨退回及折讓為 $50,000，銷貨成本為 $140,000 時，其毛利率為： (A)40% (B)30% (C)56% (D)44%。

( ) 6. 各行各業為提昇業績而促銷，所花費的廣告支出屬於： (A) 資產 (B) 負債 (C) 收益 (D) 費損。

( ) 7. 表示企業在某一特定期間的營業情形及經營成果為： (A) 綜合損益表 (B) 權益變動表 (C) 現金流量表 (D) 資產負債表。

( ) 8. 本年底綜合損益表上有銷貨毛利 5,000 萬元，營業費用 1,000 萬元，營業外收入 200 萬元，營業外費用 1,000 萬元，所得稅費用 500 萬元，其稅後淨利為： (A)2,700 萬元 (B)1,700 萬元 (C)1,300 萬元 (D)3,200 萬元。

解答 1.(C) 2.(D) 3.(A) 4.(C) 5.(B) 6.(D) 7.(A) 8.(A)

5-4 權益變動表

5-4-1 權益變動表的定義

權益為企業全部資產減去負債後剩餘的部份，稱為「權益」或「淨值」。在資產負債表中「權益」是當期期末餘額，是靜態觀念，而權益變動表表達的是權益自期初至期末的變化情況，是動態概念。它記錄一段期間（通常是一年）內股東與公司之間權益金額變化，也是股東瞭解自身投資權益的參考報表。通常只有規模較大的企業才需編製權益變動表，依會計師查核簽証財務報表規則之規定，權益變動較少的企業得以「保留盈餘表」取代「權益變動表」。

綜合損益表與權益變動表最大的差異在於，前者是公司與非股東之間營業交易行為獲利情況的報表；後者為公司與股東之間資本交易情況的報表，包括股東投入公司資本的增減變化及公司盈餘如何分配於股東。

公司組織的股東權益是由四個項目所組成，即「股本」、「資本公積」、「保留盈餘」與「權益其他項目」。

5-4-2 權益變動表的相關會計項目內容

一、股本

又稱「法定資本」或「額定資本」，係指依法辦理登記、實收並發行在外的資本。或指已發行股份之面值或設定價值、即按面值計算的股本金額。

二、資本公積

資本公積為公司非營業活動所造成股東權益的增加，是股東與公司間資本交易行為所產生，最常見的為股本溢價。發行股票取得現金者為現金發行，股票發行價格高於股票票面金額者為溢價發行，低於票面金額則為折價發行，依票面金額發行是為平價發行。由於公司獲利狀況不同，股票可能溢價、折價或平價發行。獲利能力強者常為溢價發行；獲利能力不佳者可能折價發行。而根據公司法規定除非在特殊情形下，股票不得折價發行。

※ 有關股票溢折價發行之相關法規：
我國公司法 140 條：股票之發行價格，不得低於票面金額。但公開發行股票之公司，證券管理機關另有規定者，不在此限。
大陸公司法第 128 條：股票發行價格可以按票面金額，也可以超過票面金額，但不得低於票面金額。

三、保留盈餘

又稱「累積盈餘」，係指公司歷年由營業行為所獲得的盈餘或虧損而未分配給股東，保留於公司者。公司每期營業結算出淨利或淨損，配發股利將造成保留盈餘金額的改變。然而公司是由眾人投資而成，故當企業有盈餘欲發放股利時，就不像個人般自由，相關法令多有限制。

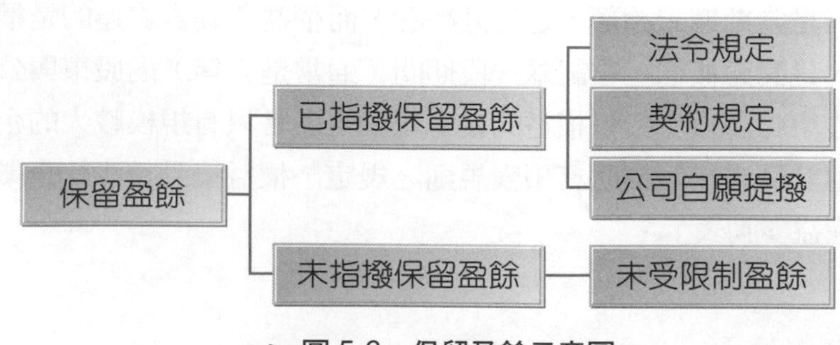

圖 5-6 保留盈餘示意圖

1. **法令規定**：根據公司法規定：稅後盈餘應提撥 10% 為「法定盈餘公積」。其目的是為了應付經營上突發狀況的風險。但法定盈餘公積已達資本總額時，就可以不必再提撥。
2. **契約規定**：若公司向銀行借貸或發行公司債，通常在借款契約或發行公司債合約中，債權人會限制一部分盈餘需保留於公司不得發放出去以作為還本付息之用。
3. **公司自願提撥**：若公司有特別需求時，可依相關法令、契約、章程之規定或股東會決議，自願由盈餘提撥為「特別盈餘公積」。例如：「擴充廠房準備」、「防意外損失準備」，若公司無特別需求時可不提撥。若特別目的已達成，自可將特別盈餘公積轉回未分配盈餘，其金額得列入可供分配盈餘中。
4. **未分配盈餘**：提撥法定公積或特別盈餘公積後，剩餘的盈餘才可用來分配股利，此部分盈餘可自由運用不受限制。

四、權益其他項目

指造成股東權益增加或減少之其他項目，通常包括未實現之重估增值、金融商品未實現之損益、未認列為退休金成本之淨損失、換算調整數、與待出售非流動資產直接相關之權益及庫藏股票等。（屬中會範圍）

※ 有關盈餘指撥之相關法規

我國公司法 237 條：公司於完納一切稅捐後，分派盈餘時，應先提出百分之十為法定盈餘公積。但法定盈餘公積，已達資本總額時，不在此限。
除前項法定盈餘公積外，公司得以章程訂定或股東會議決，另提特別盈餘公積。
公司負責人違反第一項規定，不提法定盈餘公積時，各科新臺幣六萬元以下罰金。

我國公司法 232 條：公司非彌補虧損及依本法規定提出法定盈餘公積後，不得分派股息及紅利。
公司無盈餘時，不得分派股息及紅利。
公司負責人違反第一項或前項規定分派股息及紅利時，各處一年以下有期徒刑、拘役或科或併科新臺幣六萬元以下罰金。

大陸企業會計制度第 83 條規定，盈餘公積按照企業性質，分別包括以下內容：
1. 法定盈餘公積，是指企業按照規定的比例從淨利潤中提取的盈餘公積；
2. 任意盈餘公積，是指企業經股東大會或類似機構批准按照規定的比例從淨利潤中提取的盈餘公積；
3. 法定公益金，是指企業按照規定的比例從淨利潤中提取的用於職工集體福利設施的公益金，法定公益金用於職工集體福利時，應當將其轉入任意盈餘公積。

企業的盈餘公積可以用於彌補虧損、轉增資本（或股本）。符合規定條件的企業，也可以用盈餘公積分派現金股利。
大陸公司法第 167 條：公司分配當年稅後利潤時，應當提取利潤的百分之十列入公司法定公積金。公司法定公積金累計額為公司註冊資本的百分之五十以上的，可以不再提取。
公司從稅後利潤中提取法定公積金後，經股東會或者股東大會決議，還可以從稅後利潤中提取任意公積金。

■ 5-4-3 權益變動表的格式：常見的權益變動表格式

如表 5-11 所示。

●●▶ 表 5-11

統一超商股份有限公司

權益變動表

2014 年度　　單位：新臺幣千元

項　　目	股本	資本公積	保留盈餘			股東權益其他項目	合計
			法定盈餘公積	特別盈餘公積	未分配盈餘		
民國 2014 年 1 月 1 日餘額	10,396,223	890,234	5,931,412	338,453	5,616,291	567,263	23,739,876
2013 年度盈餘指撥及分配							
提列法定盈餘公積			561,629		(561,629)		
特別盈餘公積迴轉				(338,453)	338,453		
現金股利		(883,679)			(5,354,055)		(6,237,734)
子公司權益變動數		476			(17,187)		(16,711)
2014 年度淨利					9,086,015		9,086,015
本期其他綜合損益					(196,649)	141,171	(55,478)
民國 2014 年 12 月 31 日餘額	10,396,223	7,031	6,493,041	—	8,911,239	708,434	26,515,968

就報表使用者言，應瞭解法令對所有權益的限制以評估其影響，而股東權益變動表能提供閱讀者關於公司獲利能力與股利政策，作為投資之取捨。

※ 有關權益變動表編制內容之相關法規

大陸企業會計準則第 30 號—財務報表列報第 29 條：所有者權益變動表應當反映構成所有者權益的各組成部分當期的增減變動情況。當期損益、直接計入所有者權益的利得和損失、以及與所有者（或股東，下同）的資本交易導致的所有者權益的變動，應當分別列示。

大陸企業會計準則第 30 號—財務報表列報第 30 條：所有者權益變動表至少應當單獨列示反映下列信息的項目：

1. 淨利潤；
2. 直接計入所有者權益的利得和損失項目及其總額；
3. 會計政策變更和差錯更正的累積影響金額；
4. 所有者投入資本和向所有者分配利潤等；
5. 按照規定提取的盈餘公積；
6. 實收資本（或股本）、資本公積、盈餘公積、未分配利潤的期初和期末余額及其調節情況。

立即挑戰

(　　) 1. 表示公司股東與公司之間資本交易變化的報表，稱為 (A) 資產負債表 (B) 綜合損益表 (C) 權益變動表 (D) 現金流量表。

(　　) 2. 表示公司與非股東之間營業交易變化的報表，稱為 (A) 資產負債表 (B) 綜合損益表 (C) 權益變動表 (D) 現金流量表。

(　　) 3. 股份有限公司稅後分配盈餘時，應先提多少 % 的法定盈餘公積？ (A)5% (B)10% (C)15% (D)20%。

(　　) 4. 擴充廠房準備是那一類會計項目？ (A) 資產類 (B) 負債類 (C) 權益類 (D) 損益類。

(　　) 5. 公司發放現金股利時所作的分錄，對財務報表有什麼影響？ (A) 增加費用 (B) 減少權益總額 (C) 增加權益總額 (D) 權益總額不變。

(　　) 6. 股票的發行價格不得低於 (A) 票面金額 (B) 票面金額的半數 (C) 市價 (D) 市價的半數。

(　　) 7. 法定盈餘公積之性質是屬於： (A) 股本 (B) 資本公積 (C) 保留盈餘 (D) 權益的其他項目。

解答 1.(C) 2.(B) 3.(B) 4.(C) 5.(B) 6.(A) 7.(C)

5-5 現金流量表

5-5-1 現金流量表的定義與用途

所謂的現金流量表是以表達「現金與約當現金」的流入與流出為主，並以「現金基礎」編製的報表。它用來說明一個公司在特定期間內現金之收支概況。它能表達公司未來產生淨現金流入的能力、償付債務及支付股利的能力、以及是否有籌資需要等訊息。

綜合損益表、資產負債表、權益變動表均以「權責基礎」來編製，例如：綜合損益表除了承認現銷、現付費用為收入、費用外；也承認賒銷、賒欠為收入、費用。在「權責基礎」下雖有淨利，但不一定有足夠的現金來支應企業的投資與相關活動。另一方面「權責基礎」下的資產負債表只表達資產、負債、權益的期末餘額，但無法表達企業一會計期間的投資與籌資情形，故在應計基礎下的財務報表不足以說明現金之實況，因此除了資產負債表、綜合損益表、權益變動表外，還必需編製現金流量表。

5-5-2 現金流量表的內容

現金流量表是以現金基礎將資產負債表、綜合損益表、權益變動表合併編成：將綜合損益表的收入、費用所造成的現金增減歸類為「營業活動」；將資產負債表左邊資產除了應收帳款、存貨、預付費用外所造成的現金增減歸類為「投資活動」；將資產負債表右邊負債除了應付帳款、預收貨款外所及權益造成的現金增減歸類為「籌資活動」。

圖 5-7　企業活動與現金

表 5-12　現金流量表的內容

	現金流入	現金流出
營業活動	1. 現銷商品及勞務 2. 營業收入發生的應收帳款收現 3. 營業收入發生的應收票據收現 4. 預收款項收現	1. 現購商品及原料 2. 應付帳款付現 3. 應付票據付現 4. 預付款項付現 4. 支付各項營業成本及費用 5. 支付稅捐、罰款及規費
投資活動	1. 收回貸款及處分約當現金以外債權憑證之價款 2. 處分權益證券之價款 3. 處分固定資產	1. 承做貸款及取得約當現金以外債權憑證之價款 2. 取得權益證券之價款 3. 取得固定資產之價款
籌資活動	1. 現金增資發行新股 2. 舉借債務	1. 支付現金股利、購買庫藏股及退回資本 2. 償還借入款 3. 償還延期價款之本金 （例如：分期付款購買固定資產）

一、綜合損益表與企業之營業活動

由於企業之營業是連續不斷的發生，其金額為企業最穩定、安全之現金來源。該現金若用以支付股利後，尚足夠用來擴充投資、償還負債，表示該企業有成長潛力，企業價值將會提高。故企業在營業活動上產生現金流量的能力特別受到重視。

綜合損益表中的本期淨利可以呈現企業當年度的經營成果，卻無法告知當年度所產生的現金流量。原因是綜合損益表中含有尚未產生現金流量的收益及費用項目（如應收收益、應付費用）；及部分會產生現金流量的收益及費用項目並未記錄在損益表中（如預收收益、預付費用）。故企業常將營業活動上的現金流量與本期淨利作比對來對盈餘品質進行判斷：若營業活動現金流量佔本期淨利比重小者，代表公司淨利數字雖多但少有實質的現金流入，盈餘品質差。反之，營業活動現金流量佔本期淨利比重大者，盈餘品質佳。

例如：統一超商主要以現金銷貨為主，應收帳款只有金額不大的銀行及百貨公司信用卡款。加上可預收禮券款及可延後支付各種應付款項，使得營業活動淨現金流量常大於稅後淨利。整體而言統一超商近四年盈餘品質為佳。

表 5-13　統一超商近四年營業活動淨現金流量占稅後淨利比

項　目	年度			
	2011 年	2012 年	2013 年	2014 年
來自營業之現金流量	$18,290,265	$16,987,168	$13,803,229	$16,154,211
綜合損益表稅後淨利	$7,158,919	$7,623,507	$9,242,293	$10,242,755
盈餘品質率＊	2.55	2.23	1.49	1.58

＊盈餘品質率＝營業活動淨現金流量 ÷ 稅後淨利

資料來源：公開資訊觀測站，上市公司財務報告書附註（以下同）

二、資產與企業之投資活動

投資活動之現金流量係指企業購置或處分非流動資產所產生的現金流入與流出。包含：**1. 為擴充本業規模而進行之相關投資。2. 為賺取非本業利潤而進行之投資**。若企業因本業擴充、購買設備之投資金額大代表企業成長中；反之，購買設備之投資金額小則代表企業步入成熟期或衰退期並縮小規模經營。

例如：統一超商投資活動主要為業務擴充之相關項目，其次才為金融資產投資。另從下表可知近四年投資活動淨現金流出逐年增加至 2013 年趨緩，但 2014 年又略增。

表 5-14　統一超商近四年投資活動概況

	2011 年	2012 年	2013 年	2014 年
購置不動產、廠房及設備	$(6,813,621)	$(7,037,863)	$(5,228,040)	$(6,481,842)
購買電腦軟體成本	(425,311)	(495,323)	(266,393)	(293,650)
長短期投資增加	(134,980)	(40,938)	—	(199,521)
處分各項金融資產投資價款	313,699	1,024,896	133,374	180,349
處分不動產、廠房及設備價款	247,357	231,716	811,313	1,454,885
其他	(172,016)	(136,390)	(809,020)	(738,478)
投資活動現金淨現金流出	$(6,984,872)	$(6,453,902)	(5,358,766)	(6,078,257)

三、負債及權益與企業籌資之活動

企業資金的籌措方式不是對外舉債就是募資。舉債包含向銀行舉借（或償還）長、短期債務；而募資為向股東現金增資（或減資）、或支付現金股利等，均會造成現金的流入或流出。由下表顯示，近四年統一超商籌資活動中舉借與償還長期借款二者金額接近，其餘最大的現金流出為發放現金股利。

表 5-15　統一超商近四年籌資活動概況

	2011 年	2012 年	2013 年	2014 年
舉債長短期借款	$17,400,539	$11,620,298	$5,719,314	$547,380
償還長短期借款	(17,825,202)	(12,862,642)	(7,037,429)	(1,896,557)
存入保證金增(減)	77,965	188,962	249,799	172,926
發放現金股利	(5,094,149)	(4,990,186)	(5,782,496)	(7,001,773)
非控制權益變動	(291,353)	(844,794)	(610,352)	(536,544)
籌資活動之現金流出	$(5,732,200)	$(6,888,362)	$(7,461,164)	$(8,714,568)

5-5-3 簡明現金流量表

下表為統一超商 2011 年至 2014 年之簡明現金流量表。由營業活動而來的現金均足以支付投資活動之現金支出及支付當年度現金股利，且各年期初現金餘額多，故相抵後期末現金餘額大，顯見統一超商「創造現金能力」強。

表 5-16

簡明現金流量表　　單位：新台幣仟元

	2011 年	2012 年	2013 年	2014 年
營業活動現金	$18,290,265	$16,987,168	$13,803,229	$16,154,211
投資活動現金	(6,984,872)	(6,453,902)	(5,358,766)	(6,078,257)
籌資活動現金	(5,732,200)	(6,888,362)	(7,461,164)	(8,714,568)
本期淨現金餘額增減	$5,573,193	$3,644,904	$983,299	$1,361,386
期初現金餘額	10,806,847	16,380,040	20,024,944	21,008,243
期末現金餘額	$16,380,040	$20,024,944	$21,008,243	$22,369,629

資料來源：公開資訊觀測站，上市公司財務報告書附註

※ 有關現金流量表之相關法規

國際會計準則第 7 號「現金流量表」(IAS 7)

第 1 段：企業應依本準則之規定編製現金流量表，且應於財務報表列報之每一期間，將現金流量表列為整體財務報表之一部分。

第 10 段：現金流量表應報導當期依營業、投資及籌資活動分類之現金流量

大陸企業財務會計報告條例第 11 條：現金流量表是反映企業一定會計期間現金和現金等價物（以下簡稱現金）流入和流出的報表。現金流量表應當按照經營活動、投資活動和籌資活動的現金流量分類分項列示。其中，經營活動、投資活動和籌資活動的定義及列示應當遵循下列規定：

1. 經營活動，是指企業投資活動和籌資活動以外的所有交易和事項。在現金流量表上，經營活動的現金流量應當按照其經營活動的現金流入和流出的性質分項列示；銀行、保險公司和非銀行金融機構的經營活動按照其經營活動特點分項列示。
2. 投資活動，是指企業長期資產的購建和不包括在現金等價物範圍內的投資 及其處置活動。在現金流量表上，投資活動的現金流量應當按照其投資活動的現金流入和流出的性質分項列示。
3. 籌資活動，是指導致企業資本及債務規模和構成發生變化的活動。在現金流量表上，籌資活動的現金流量應當按照其籌資活動的現金流入和流出的性質分項列示。

立即挑戰

(　　) 1. 現金流量表所指的「現金」係指：　(A) 約當現金　(B) 零用金　(C) 現金與約當現金　(D) 營運資金。

(　　) 2. 編製現金流量表所指的目的為：　(A) 揭露某一期間資產、負債、權益變動的情形　(B) 揭露某一期間企業經營成果　(C) 揭露某一期間企業投資資本主或股東資本額變動的情形　(D) 揭露某一期間企業有關營業、投資、籌資的活動。

( ) 3. 通常最被視為能衡量某企業繼續經營能力之現金流量表資訊為： (A) 來自營業之現金流量 (B) 來自投資活動之現金流量 (C) 來自籌資活動之現金流量 (D) 不影響現金之投資融資活動。

( ) 4. 下列何者屬於營業活動之現金流量？ (A) 購買土地 (B) 銷貨收入收現 (C) 現金增資 (D) 償還銀行借款。

( ) 5. 下列何者屬於投資活動？ (A) 購買土地 (B) 銷貨收入收現 (C) 現金增資 (D) 償還銀行借款。

( ) 6. 下列何者屬於籌資活動？ (A) 出售土地 (B) 現購土地 (C) 投資股票 (D) 償還銀行借款。

( ) 7. 甲公司發行股票 $100,000，由乙公司購入列為經常交易投資。在現金流量表中，此項交易之現金流量在兩公司應分別列為何種活動現金流量？ (A) 甲、乙公司皆為投資活動 (B) 甲公司：投資活動，乙公司：籌資活動 (C) 甲、乙公司皆為籌資活動 (D) 甲公司：籌資活動，乙公司：投資活動。

( ) 8. 屏東公司期初現金餘額 $20,000，期末餘額為 $30,000，本年度營業活動淨現金流入 $10,000，投資活動為淨現金流出 $40,000。則籌資活動的淨現金流量為？ (A) 淨現金流入 $10,000 (B) 淨現金流出 $20,000 (C) 淨現金流出 $30,000 (D) 淨現金流入 $40,000。

解答 1.(C) 2.(D) 3.(A) 4.(B) 5.(A) 6.(D) 7.(D) 8.(D)

5-6 財務報表之附註

財務報表附註是為了便於財務報表使用者理解財務報表的內容而對財務報表的編製基礎、編製依據、編製原則和方法及主要項目等所作的解釋。它是對財務報表的補充說明，是財務會計報告體系的重要組成部分。隨著經濟環境的複雜化以及人們對相關信息要求的提高，附註在整個報告體系中的地位日益重要。財務報表與附註之間存在一個主從關係：沒有主表的存在，附註就失去了意義；而沒有附註的補充，財務報表主表的功能就難以有效地實現。

※ 有關財務報表註釋之相關法規：
我國商業會計處理準則第 44 條：對於資產負債表日至財務報表通過日間所發生之下列期後事項，應揭露。 一、資本結構之變動。 二、鉅額長短期債款之舉借。 三、主要資產之添置、擴充、營建、租賃、廢棄、閒置、出售、質押、轉讓或長期出租。 四、生產能量之重大變動。 五、產銷政策之重大變動。 六、對其他事業之主要投資。 七、重大災害損失。 八、重要訴訟案件之進行或終結。 九、重要契約之簽訂、完成、撤銷或失效。 十、組織之重要調整及管理制度之重大改革。 十一、因政府法令變更而發生之重大影響。 十二、其他足以影響未來財務狀況、經營結果及現金流量之重要事項或措施。
大陸企業財務會計報告條例第 14 條：會計報表附註是為便於會計報表使用者理解會計報表的內容而對會計報表的編製基礎、編製依據、編製原則和方法及主要項目等所作的解釋。會計報表附註至少應當包括下列內容： 1. 不符合基本會計假設的說明； 2. 重要會計政策和會計估計及其變更情況、變更原因及其對財務狀況和經營成果的影響； 3. 或有事項和資產負債表日後事項的說明； 4. 關聯方關係及其交易的說明； 5. 重要資產轉讓及其出售情況； 6. 企業合併、分立； 7. 重大投資、融資活動； 8. 會計報表中重要項目的明細資料； 9. 有助於理解和分析會計報表需要說明的其他事項。

5-7 簡易財務比率分析

財務報表分析乃是運用各種分析工具與技術，對於財務報表及資料進行分析與解釋。繼而得出對於決策有意義的資訊，以支援決策或做為決策之參考。所謂財務比率分析：是將財務報表中兩個相關聯的項目結合並計算出其比率，而利用這些比率來解讀企業之償債能力、獲利能力及其他財務事項。比率分析是財務分析方法中最常用的一種，也是財務分析主要的工具，本節只簡單介紹幾項常用的財務比率：

5-7-1 流動比率

係表示每元流動負債有多少元流動資產（註一）可資抵償，是企業用來衡量短期流動性與短期償債能力的指標。流動比率越大，表示短期負債獲償的可能性愈大，但過大的流動比率意味著未善加利用流動資金。而理想的流動比率為何？流動比率會隨企業所屬產業別而有差異，例如：大賣場、超市的流動比率一般比中鋼、中船來得高。而依一般經驗認為大於 200% 以上可視為財務狀況健全；若低於 200% 則表示流動性風險漸增。

其計算方法如下：

流動比率＝流動資產 ÷ 流動負債

5-7-2 營運資金

表示流動資產償還流動負債後的餘額可用於日常營運的金額。餘額愈大表示公司可營運的資金愈多，反之，營運資金餘額愈小公司可運用資金愈少。（在實務上營運資金又可稱營運資本；流動資金又可稱流動資本；運用資金又可稱運用資本。）

其計算方法如下：

營運資金＝流動資產－流動負債

立即挑戰

(　　) 1. 流動資產與流動負債間的關係是： (A) 用以表現企業淨利金額的多寡 (B) 用以表現企業舉債金額的多寡 (C) 用以表現企業籌資金額的多寡 (D) 用以表現企業流動性或變現性。

【註 1】 流動資產包括：現金及約當現金、透過損益按公允價值衡量的金融資產、應收款項、存貨、預付費用等。

(　　) 2. 若公司之流動資產為 \$10,000,000，而流動負債為 \$8,000,000，則其流動比率為：(A)1.20：1　(B)1.25：1　(C)2：1　(D)15：1。

(　　) 3. 下列那一組流動比率最佳：(A)1 比 4　(B)2 比 1　(C)1 比 3　(D)18 比 1。

(　　) 4. 下列何種比率可以幫助分析企業之短期償債能力：(A) 流動比率　(B) 應收帳款週轉率　(C) 負債比率　(D) 每股盈餘。

(　　) 5. 下列何者對於流動比率之描述最為適當？ (A) 流動比率若低於 1.0 表示公司流動性異常　(B) 流動比率高於 2.0 就表示公司絕對有償債能力　(C) 流動比率應與同業比較才能判斷是否適當　(D) 流動比率在任何情形下都是愈高愈好。

(　　) 6. 存貨供應商最在意其客戶公司的：(A) 流動比率　(B) 應收帳款週轉　(C) 負債比率　(D) 每股盈餘。

(　　) 7. 營運資金等於　(A) 現金＋短期投資　(B) 現金＋應收帳款－應付帳款　(C) 流動資產－存貨－預付費用　(D) 流動資產－流動負債。

解答　1.(D)　2.(B)　3.(B)　4.(A)　5.(C)　6.(A)　7.(D)

■ 5-7-3　速動比率（速動資產 ÷ 流動負債）

係表現企業緊急清償短期負債之能力，是一種比流動比率更嚴格更保守的流動性測試工具（又稱酸性測驗）。速動資產是指現金及約當現金、透過損益按公允價值衡量的金融資產、應收款項等較易變現的資產，而排除不易立即變現的存貨及無法變現的預付費用。因為存貨是流動資產中流動性最低之項目；而預付費用雖為流動資產，但將來不可能產生現金，只是隨著時間經過攤銷為費用。

此比率是假定企業一旦面臨財務危機或辦理清算時，在存貨及預付費用全無價值之情況下，企業以速動資產反應負債之清償能力。目的是測驗緊急清償短期負債的應變力。速動比率一般認為在 100% 以上為良好，不過此標準不是絕對的，需與同業作比較。

立即挑戰

(　　) 1. 某公司本年底資產負債中流動資產包括有現金 \$100,000，銀行存款 \$650,000，透過損益按公允價值衡量的金融資產 \$140,000，應收款項 \$1,240,000，存貨 \$270,000，預付費用 \$80,000，而流動負債有 \$2,000,000，則速動比率為：(A)0.445　(B)1.065　(C)1.195　(D)1.235。

(　　) 2. 銀行有意貸放 30 天短期放款時，應觀察該企業之？ (A) 流動比率 (B) 淨利率 (C) 速動比率 (D) 負債比率。

(　　) 3. 銀行有意貸放一年期放款時，應觀察該企業之？ (A) 流動比率 (B) 淨利率 (C) 速動比率 (D) 負債比率。

解答 1.(B) 2.(C) 3.(A)

5-7-4 應收帳款週轉率及帳款收現天數

為避免企業賒銷金額過高或過低，應收帳款與賒銷收入應存在一個合理的比率。應收帳款週轉率可表現應收帳款的收現速度及信用部門授信政策的優劣。若週轉率高表示企業無積壓過多資金於應收帳款，亦表示呆帳發生的可能性低，但過高的應收帳款週轉率也可能表示企業授信政策過於嚴苛，可能會影響公司的銷貨；而週轉率低表示收帳不力或信用政策過於寬鬆，故應維持在一個合理的範圍。而合理的範圍則視各行業別而有差異。例如：內、外銷帳款收現天數差異便很大。其計算方法如下：

$$\text{應收帳款週轉率} = \frac{\text{賒銷淨額}}{\dfrac{\text{期初應收帳款} + \text{期末應收帳款}}{2}}$$

企業的銷售情況有時會受季節性影響，因此分母採用期初、期末的平均應收帳款；而現銷不會產生應收帳款，故分子以賒銷為主。

另外，以 365 天除以應收帳款週轉率就可得知應收帳款收現天數。收現天數短表示企業流動性高；收現天數長表示企業收帳不力，容易產生呆帳。其計算方法如下：

$$\text{應收帳款收現天數} = \frac{365\text{（或 }360\text{）}}{\text{應收帳款週轉率}}$$

立即挑戰

(　　) 1. 方正公司期初應收帳款 \$220,000；期末應收帳款 \$280,000；全年賒銷淨額 \$1,500,000。計算應收帳款週轉率及平均收帳期間？(假設一年以 360 天來計算) (A)3 次；120 天 (B)6 次；60 天 (C)6.8 次；53 天 (D)5.4 次；67 天。

(　　) 2. 應收帳款週轉率越高，表示企業： (A) 向顧客收取帳款的天數越長 (B) 存貨進出的速度愈快 (C) 向顧客收取帳款的速度越快 (D) 賒銷的比重越大。

(　　) 3. 若應收帳款週轉率過，有可能表示企業： (A) 公司給予客戶的信用條件較為嚴苛 (B) 應收帳款餘額高估 (C) 公司向客戶收現過程有困難 (D) 本年度淨銷貨金額低估。

(　　) 4. 應收帳款收帳期間過長表示公司如何？ (A) 信用政策過於寬鬆 (B) 信用政策過於嚴苛 (C) 公司可能喪失一些好客戶 (D) 收帳期間與公司之信用政策無關。

(　　) 5. 在公司營業呈穩定狀況下，應收帳款週轉天數減少表示？ (A) 信用政策趨於寬鬆 (B) 公司授信政策趨於嚴苛 (C) 公司實施降價措施 (D) 公司給予較長賒欠期限。

(　　) 6. 總經理想了解收款部門績效時，應觀察 (A) 流動比率 (B) 應收帳款週轉率 (C) 速動比率 (D 負債比率。

解答 1.(B) 2.(C) 3.(A) 4.(A) 5.(B) 6.(B)

5-7-5 存貨週轉率及存貨出售天數

為避免企業存貨過高或過低，存貨與銷貨收入間應存在一個合理的比率。公式如下：

存貨週轉率＝銷貨成本 ÷ 平均存貨[註2]

存貨週轉率可顯示企業存貨週轉的速度、銷售能力的高低及存貨量是否適當，存貨週轉率高表示企業存貨週轉速度快，較無堆滯過期商品，存貨品質高；反之存貨品質低。

企業的銷售因有時會受季節性影響，若要觀察其長期平均表現，分母部分應採平均數較為合理。

另外，以 365 天除以存貨週轉率就可得知存貨出售天數。存貨出售天數用來表達存貨自購入至出售平均所花費的時間，當然時間愈短表示存貨的銷售越佳，企業對存貨的管理越好。存貨出售天數隨行業別而不同，例如：買賣業與製造業便不同。其計算方法如下：

$$存貨出售天數=\frac{365（或 360）}{存貨週轉率}$$

【註2】 因存貨爲成本而銷貨收入含利潤，故以銷貨成本計算而不以銷貨收入計算。

立即挑戰

(　　) 1. 甲公司之淨賒銷為 $800,000，銷貨成本為 $600,000，期初存貨為 $100,000，期末存貨 $300,000，則存貨週轉率及存貨出售天數為：（假設一年以 360 天來計算） (A)4 次；90 天 (B)3 次；120 天 (C)2 次；180 天 (D)1 次；360 天。

(　　) 2. 若存貨週轉率高，表示企業： (A) 缺貨風險低 (B) 存貨餘額高估 (C) 積存過時商品的機率小 (D) 存貨囤積。

(　　) 3. 若存貨週轉率低，表示企業： (A) 原料短缺 (B) 產品價格下降 (C) 存貨不足 (D) 存貨積壓過多。

(　　) 4. 總經理想知道存貨有否過時或積壓時，應觀察？ (A) 流動比率 (B) 應收帳款週轉率 (C) 速動比率 (D) 存貨週轉率。

解答 1.(B) 2.(C) 3.(D) 4.(D)

5-7-6 營業循環天數

係指企業自付現購入存貨、銷貨（客戶賒欠帳款）至帳款收現止之整個循環天數。營業循環越長，表示企業之週轉能力愈低；營業循環愈短，表示企業之週轉能力愈高。一般買賣業由於購入存貨即為商品，不似製造業需要經過購買原料、加工製造方成商品，故買賣業營業循環天數只需考慮存貨週轉天數及應收帳款週轉天數即可。其計算公式如下：

營業循環天數＝存貨週轉天數＋應收帳款週轉天數

立即挑戰

(　　) 1. 俊生公司本年度銷貨成本為 $ 5,400,000，平均存貨為 $ 1,800,000，淨銷貨收入為 $ 7,200,000，平均應收帳款為為 $ 960,000，假設一年為 360 天，則本年度該公司平均營業週期為幾天？（假設一年以 360 天計算） (A)138 天 (B)154 天 (C)168 天 (D)184 天。

(　　) 2. 永大公司平均存貨週轉天數為 60 天，應收帳款週轉天數為 40 天，該公司擬向銀行申辦短期貸款來購買存貨，則銀行核貸天數至少為何，才屬合理？ (A)60 天以上；1 年以內 (B)40 天以上；1 年以內 (C)100 天以上；1 年以內 (D)1 年以上。

解答 1.(C) 2.(C)

5-7-7 負債比率與權益比率

負債比率可用來瞭解企業資產中由債權人資金提供的比率；而權益比率為企業資產中股東提供資金的比率。負債比率加權益比率剛好等於 1（負債比率高權益比率便低；負債比率低權益比率便高）。高負債又稱高財務槓桿，低負債又稱低財務槓桿。對債權人而言，較低的負債比率（較高的權益比率），可以提供較大的保障；但對股東而言，卻未必如此，因為在經濟景氣好時若企業能夠用借款來創造更高的稅後利益，對股東會更有利。至於負債比率應該為何屬適當亦視行業別而異，例如：製造業財產廠房設備投資多，負債比率會較高；而零售業負債比率通常較低，一般認為以低於 50% 為宜。負債比率及權益比率計算公式如下：

負債比率＝負債總額 ÷ 資產總額

權益比率＝權益 ÷ 資產總額

立即挑戰

( ) 1. 以下那二個比率相加等於 1： (A) 流動比率與速動比率 (B) 應收帳款週轉與存貨週轉率 (C) 負債比率與權益比率 (D) 每股盈餘與淨利率。

( ) 2. 下列那一項指標越大，表示公司的違約風險越高： (A) 流動比率 (B) 速動比率 (C) 每股盈餘 (D) 負債比率。

( ) 3. 下列何項財務比率可幫助評估一公司之長期償債能力？ (A) 流動比率 (B) 應收帳款週轉率 (C) 負債比、權益比 (D) 總資產週轉率。

( ) 4. 負債比率的最主要目的係評估： (A) 短期清算能力 (B) 債權人長期風險 (C) 獲利能力 (D) 投資報酬率。

解答 1.(C) 2.(D) 3.(C) 4.(B)

5-7-8 每股盈餘

係指企業在一年中每一普通股所能賺得的盈餘，常代表企業的獲利能力及投資人用來評估企業股票價值之指標。每股盈餘愈高表示企業獲利能力強，股價應較高。至於每股盈餘之高低與行業別有很大的關聯。若不考慮特別股，其計算方法如下：（若考慮特別股屬中會範圍）

每股盈餘＝稅後淨利 ÷ 普通股加權流通在外股數

立即挑戰

(　　) 1. 下列何者是最能反映公司股東的獲利的財務指標？ (A) 流動比率 (B) 應收帳款週轉率 (C) 負債比率 (D) 每股盈餘。

(　　) 2. 下列敘述何者為真？ (A) 站在長期債權人立場，負債比率越高越好 (B) 站在企業立場，應收帳款收現天數越長越好 (C) 站在投資人立場，每股盈餘越高越好 (D) 站在短期債權人立場，流動比率越低越好。

解答 1.(D)　2.(C)

綜合彙整表

比率名稱	比率公式	測驗對象	一般標準
流動比率	流動資產 ÷ 流動負債	短期償債能力	大於 200%
速動比率	速動資產 ÷ 流動負債	緊急短期償債能力	大於 100%
營運資金	流動資產 － 流動負債	短期償債能力	餘額愈大愈佳
存貨週轉率	銷貨成本 ÷ 平均存貨	存貨管理	愈大愈佳
存貨出售天數	360÷ 存貨週轉率	存貨銷售速度	天數愈短愈佳
應收帳款週轉率	賒銷金額 ÷ 平均應收帳款	應收帳款管理	愈大愈佳
帳款收回天數	360÷ 應收帳款週轉率	帳款回收速度	天數愈短愈佳
營業循環	帳款收帳天數＋存貨出售天數	對營運資金之需求	天數愈短愈佳
負債比率	負債總額 ÷ 資產總額	公司長期償債能力	小於 50%
權益比率	權益 ÷ 資產總額	公司長期償債能力	大於 50%
每股盈餘	稅後淨利 ÷ 流通在外股數	公司獲利能力	愈大愈佳

■ 附錄：大陸上市公司財務報表

廣東聯泰環保股份有限公司

資產負債表

2013 年 12 月 31 日　　　　單位：人民幣元

資　產	金　額	%	負債及股東權益	金　額	%
流動資產			流動負債		
貨幣資金	$9,393,913.38	1	短期借款	$59,500,000.00	7
應收帳款	9,127,490.00	1	應付帳款	1,242,763.19	--
預付款項	23,820.00	---	應交稅費	3,753,953.52	--
其他應收款	24,737,926.45	3	其他應付款	15,786,334.06	2
存　貨	1,969,277.56	---	一年內到期非流動負債	56,000,000.00	6
			流動負債合計	$136,283,050.77	15
流動資產合計	$45,252,427.39	5	非流動負債		
非流動資產			長期借款	239,000,000.00	27
長期股權投資	$296,035,089.45	35	預計負債	30,116,565.19	4
固定資產	2,235,015.13	--	非流動負債合計	$269,116,565.19	31
在建工程	116,000.00	--	負債總計	$405,399,615.96	46
無形資產	524,240,142.11	60	所有者權益		
遞延所得稅資產	2,837,635.52	---	實收資本（或股本）	$160,000,000.00	19
			資本公積	255,114,408.93	29
非流動資產合計	$825,463,882.21	95	盈餘公積	6,165,755.17	1
			未分配利潤	44,036,529.54	5
			所有者權益合計	$465,316,693.64	54
資產總計	$870,716,309.60	100	負債和所有者權總計	$870,716,309.60	100

資料來源：中國證券監督管理委員會，上市公司招股說明書

廣東聯泰環保股份有限公司

利潤表

2013 年　　單位：人民幣元

	金 額	%
一、營業收入	$101,999,613.74	100.00
減：營業成本	43,268,307.11	42.42
管理費用	7,334,656.37	7.19
財務費用	25,042,309.72	24.55
資產減損損失	2,571.60	---
二、營業利潤	26,351,768.94	25.84
加：營業外收入	130,844.00	0.12
減：營業外支出 其中非流動資產處分損失	1,736.93	----
三、利潤總額	26,480,876.01	25.96
減：所得稅費用	7,053,457.99	6.92
四、淨利潤	19,427,418.02	19.04
五、每股盈餘		
基本每股收益	$ 0.12	
稀釋每股收益	$ 0.12	
六、綜合收益總額	$19,427,418.02	

※ 大陸每股面額為人民幣 1 元，故每股收益＝ 19,427,418.02÷160,000,000 股＝ 0.12

大陸企業會計準則第 30 號一財務報表列報　第三章資產負債表

第 12 條：資產和負債應當分別流動資產和非流動資產、流動負債和非流動負債列示。金融企業的各項資產或負債，按照流動性列示能夠提供可靠且更相關信息的，可以按照其流動性順序列示。

第 13 條：資產滿足下列條件之一的，應當歸類為流動資產：

1. 預計在一個正常營業周期中變現、出售或耗用。
2. 主要為交易目的而持有。
3. 預計在資產負債表日起一年內（含一年，下同）變現。
4. 在資產負債表日起一年內，交換其他資產或清償負債的能力不受限制的現或現金等價物。

第 14 條：流動資產以外的資產應當歸類為非流動資產，並應按其性質分類列示。

第 15 條：負債滿足下列條件之一的，應歸類為流動負債：

1. 預計在一個正常營業周期中清償。
2. 主要為交易目的而持有。
3. 在資產負債表日起一年內到期應予以清償。
4. 企業無權自主地將清償推遲至資產負債表日后一年以上。

第 16 條：流動負債以外的負債應歸類為非流動負債，並應按其性質分類列示。

第 17 條：對於在資產負債表日起一年內到期的負債，企業預計能夠自主地將清償義務展期至資產負債表日起一年以上的，應歸類為非流動負債；不能自主地將清償義務展期的，即使在資產負債表日后、**財務報表**批準報出日前簽訂了重新安排清償計劃協議，該項負債仍應歸類為流動負債。

第 18 條：企業在資產負債表日或之前違反了長期借款協議，導致貸款人可隨時要求清償的負債，應歸類為流動負債。貸款人在資產負債表日或之前同意提供在資產負債表日起一年以上的寬限期，企業能夠在此期限內改正違約行為，且貸款人不能要求隨時清償，該項負債應歸類為非流動負債。其他長期負債存在類似情況的，比照前述兩款處理。

第 19 條：資產負債表中的資產類至少應單獨列示反映下列信息的項目：

1. 貨幣資金；2. 應收及預付款項；3. 交易性投資；4. 存貨；5. 持有至到期投資；6. 長期股權投資；7. 投資性房地產；8. 固定資產；9. 生物資產；10. 遞延所得稅資產；11. 無形資產。

第 20 條：資產負債表中的資產類至少應包括流動資產和非流動資產的合計項目。

第 21 條：資產負債表中的負債類至少應單獨列示反映下列信息的項目：

1. 短期借款；2. 應付及預收款項；3. 應交稅金；4. 應付職工薪酬；5. 預計負債；6. 長期借款；7. 長期應付款；8. 應付債券；9. 遞延所得稅負債。

第 22 條：資產負債表中的負債類至少應包括流動負債、非流動負債和負債的合計項目。

第 23 條：資產負債表中的所有者權益類至少應單獨列示反映下列信息的項目：

1. 實收資本 (或股本)；2. 資本公積；3. 盈餘公積；4. 未分配利潤。

在合并資產負債表中，企業應在所有者權益類中單獨列示少數股東權益。

第 24 條：資產負債表中的所有者權益類應包括所有者權益的合計項目。

第 25 條：資產負債表應列示資產總計項目，負債和所有者權益總計項目。

大陸企業會計準則第 30 號一財務報表列報　第四章利潤表

第 26 條：費用應當按照功能分類，劃分為從事經營業務發生的成本、管理費用、銷售費用和財務費用等。

第 27 條：利潤表至少應單獨列示反映下列信息的項目：

1. 營業收入；2. 營業成本；3. 營業稅金；4. 管理費用；5. 銷售費用；6. 財務費用；7. 投資收益；8. 公允價值變動損益；9. 資產減值損失；10. 非流動資產處置損益；11. 所得稅費用；12. 淨利潤。金融企業可以根據其特殊性列示利潤表項目。

第 28 條：在合併利潤表中，企業應在淨利潤項目之下單獨列示歸屬於母公司的損益和歸屬於少數股東的損益。第五章所有者權益變動表

第 29 條：所有者權益變動表應當反映構成所有者權益的各組成部分當期的增減變動情況。當期損益、直接計入所有者權益的利得和損失、以及與所有者（或股東，下同）的資本交易導致的所有者權益的變動，應分別列示。

第 30 條：所有者權益變動表至少應單獨列示反映下列信息的項目：

1.. 淨利潤；

2. 直接計入所有者權益的利得和損失項目及其總額；

3. 會計政策變更和差錯更正的累積影響金額；

4. 所有者投入資本和向所有者分配利潤等；

5. 按照規定提取的盈餘公積；

6. 實收資本（或股本）、資本公積、盈餘公積、未分配利潤的期初和期末餘額及其調節情況。

廣東聯泰環保股份有限公司

現金流量表

2013 年度　　**單位：人民幣元**

項目			
一、經營活動產生的現金流量			
銷售商品、提供勞務收到的現金	$101,165,864.00		
收到其他與經營活動有關的現金	22,486,623.87		
經營活動現金流入小計		$123,652,487.87	
購買商品、接受勞務支付的現金	$14,560,198.33		
支付給職工以及為職工支付的現金	6,165,385.40		
支付的各項稅費	6,751,857.78		
支付其他與經營活動有關的現金	19,394,881.10		
經營活動現金流出小計		46,872,322.61	
經營活動產生的現金流量淨額			$76,780,165.26

項目			
二、投資活動產生的現金流量			
處置固定資產、無形資產和其他長期資產收回的現金淨額	$80,844.00		
投資活動現金流入小計		$80,844.00	
購建固定資產、無形資產和其他長期資產支付的現金	$1,960,805.39		
投資支付的現金	10,000,000.00		
投資活動現金流出小計		11,960,805.39	
投資活動產生的現金流量淨額			－11,879,961.39
三、籌資活動產生的現金流量			
取得借款收到的現金	$99,500,000.00		
籌資活動現金流入小計		$99,500,000.00	
償還債務支付的現金	$145,000,000.00		
分配股利、利潤或償付利息支付的現金	23,151,320.31		
籌資活動現金流出小計		168,151,320.31	
籌資活動產生的現金流量淨額			－68,651,320.31
四、現金及現金等價物淨增加額			$－3,751,116.44
加：期初現金及現金等價物餘額			13,145,029.82
五、期末現金及現金等價物餘額			$9,393,913.38

■ 專有名詞中英文對照表

可瞭解性	Understandability
攸關性	Relevance
重要性	Materiality
經濟實質重於法律形式	Economic Substance Over Legal Form
中立性	Neutrality
完整性	Completeness
時效性	Timeliness
品質特性間的均衡	Balance Between Qualitative Characteristics
會計要素	Accounting Elements
流動資產	Current Assents
應收票據	Notes Receivable
固定資產	Fixed Assents
土地	Land
機器設備	Machinery Equipment
辦公設備	Office Equipment
天然資源	Natural Resources
油田	Oil Reserves
累計折耗	Accumulated Depletion
專利權	Patents
商標權	Trademark
其他資產	Other Assets
應付帳款	Accounts Payable
應付薪資	Salaries Payable
長期負債	Long-Term Liabilities
其他負債	Other Liabilities
普通股股本	Common Stock
資本公積	Capital Reserve
股利	Dividends
其他收入	Other Revenues

佣金收入	Commission Revenue
處分設備利得	Gain on Disposal of Equipment
水電費	Utilities Expense
廣告費用	Advertising Expense
保險費用	Insurance Expense
攤銷費用	Amortization Expense
利息費用	Interest Expense
處分設備損失	Loss on Disposal of Equipment
透過損益按公允價值衡量的金融資產	Financial Assets Fair Value Through Profit or Loss
流動比率	Current Ratio
應收帳款週轉	Receivable Turnover Ratio
存貨週轉率	Inventory Turnover Ratio
負債比率	Liability Ratio
每股盈餘	Earnings Per Share（簡稱 EPS）
主要品質	Primary Qualities
預測價值	Predictive Value
可靠性	Reliability
忠實表達	Faithful Representation
審慎性	Prudence
比較性	Comparability
成本和效益的均衡	Balance Between Cost and Benefit
充分揭露原則	Full Disclosure Principle
現金及約當現金	Cash & Cash Equivalents
應收帳款	Accounts Receivable
基金及長期投資	Long-Term Investment
不動產、廠房及設備	Property, Plant,and Equipment
建築物	Building
運輸設備	Delivery Equipment
遞耗資產	Deferred Assents

煤礦	Coal Mine
林地	Timberlands
無形資產	Intangible Assets
版權	Copyright
商譽	Goodwill
流動負債	Current Liabilities
應付票據	Notes Payable
應付利息	Interest Payable
應付公司債	Bonds Payable
股東權益	Stockholders Equity
特別股股本	Preferred Stock
保留盈餘	Retained Earnings
服務收入	Service Revenue
利息收入	Interest Revenue
薪資費用	Salaries Expense
廣告費	Advertising Expense
銷貨運費	Delivery Expense, Freight-Out
租金費用	Rent Expense
稅捐	Taxes and Fees
其他費用	Other Expenses
佣金費用	Commission Expense
速動比率	Quick Ratio
平均收帳期間	Average Collection Period
存貨出售天數	Days to Sell Inventory
權益比率	Equity Ratio

Questions

一、下列為資產負債表中之分類項目：

試將下列事項按資產負債表之性質別或項目別，填入適當的代號。

(A) 流動資產　(B) 不動產、廠房及設備　(C) 無形資產
(D) 其他非流動資產　(E) 流動負債　(F) 非流動負債
(G) 其他非流動負債　(H) 股本　(I) 資本公積
(J) 保留盈餘　(K) 營業收入　(L) 營業外收入
(M) 營業成本　(N) 營業費用　(O) 營業外費損

	會計事項	性質別		會計事項	性質別
(1)	銀行存款		(14)	製造業供出租的辦公大樓	
(2)	應收帳款		(15)	租賃業供出租的汽車	
(3)	預付保險費		(16)	預收禮券收入	
(4)	存入保證金		(17)	存出保證金	
(5)	應付公司債		(18)	償債基金準備	
(6)	普通股股本		(19)	特別股股本	
(7)	長期借款		(20)	長期負債一年內到期部分	
(8)	著作權		(21)	商譽	
(9)	機器設備		(22)	閒置機器設備	
(10)	應付帳款		(23)	存貨	
(11)	銷貨收入		(24)	利息收入	
(12)	銷貨成本		(25)	利息費用	
(13)	呆帳費用		(26)	投資損失	

二、暫不考慮其他會計假定與原則，請說明 1. ～ 11. 各狀況，分別符合何種品質特性？

(A) 可瞭解性　(B) 預測價值　(C) 重要性　(D) 忠實表達
(E) 實質重於形式　(F) 中立性　(G) 審慎性　(H) 完整性
(I) 比較性　(J) 時效性　(K) 成本與效益之均衡

狀況：

1. 會計報告請儘可能用淺顯易懂的術語。
2. 將經常性損益與非經常性損益分開表示。
3. 重要項目應於財務報表上單獨表達，非重要項目之金額則可彙總表達
4. 期末調整分錄是將會計資訊調整至實際狀況。

5. 在法律上子公司是一個單獨的個體，但在會計上母子公司的財務報表以合併報表表達。
6. 業在報稅時故意將呆帳高估，使淨利小得以少納稅；在申請銀行貸款時又故意將呆帳低估，使淨利大以順利得到銀行貸款。
7. 存貨成本高於淨變現價時，將存貨成本降低承認跌價損失；但存貨成本低於淨變現價時，不能承認漲價利益。
8. 向銀行舉借長期借款雖已入帳，但其借款期限、借款利率、借款條件、償還方式等均應在財務報表附註中完整提供。
9. 企業前後期的存貨成本均採先進先出法計價。
10. 於會計年度結束後儘速公布財務報表。（證券交易法 36 條規定上市公司應於每會計年度終了後三個月內，公告並申報經會計師查核簽證、董事會通過及監察人承認之年度財務報告。）
11. 經營小吃業，如果每月營業額在規定金額以下之合夥或獨資，得不適用商業會計法之規定。

三、若企業因科技進步，存貨自定期盤存制改採永續盤存制，再從永續盤存制之其他計價方法改為「個別辨別法」，是否違反會計品質特性中比較性、一致性？

如：過去因人工記帳成本高，故只有大企業才採用永續盤存制記錄存貨。但因電腦相關技術進步，多數買賣業已改採永續盤存制；未來無線射頻識別系統 (RFID) 可加速盤點、隨時計算存貨盤虧、盤盈，也許能讓任何商品都採「個別辨別法」。

四、永大股份有限公司 2015 年底結帳後各實帳戶之餘額如下：

現金	$200,000	以成本衡量金融資產 -- 非流動	$60,000
應收帳款	120,000	存入保證金	65,000
存貨	180,000	短期借款	220,000
投資性不動產	80,000	不動產、廠房設備	500,000
預付保險費	30,000	備供出售金融資產 -- 非流動	110,000
預收款項	35,000	長期借款	150,000
存出保證金	10,000	應付公司債	250,000
應付票據	20,000	採用權益法投資	50,000
應付帳款	90,000	應收關係人款項	70,000
無形資產	40,000	普通股股本	340,000
保留盈餘	120,000	透過損益按公允價值衡量之	
資本公積	100,000	金融資產 -- 流動	100,000
應付關係人款項	25,000	應計退休金負債	135,000

試編製該公司第 2015 年底資產負債表？

五、萬大公司 2015 年底結帳前各虛帳戶之餘額如下：

推銷費用	$110,000	銷貨折讓	$10,000	利息收入	$30,000
投資收入	40,000	銷貨退回	20,000	財務成本	35,000
銷貨收入	1,030,000	管理費用	90,000	兌換盈益	7,000
研發費用	100,000	其他損失	25,000	出租資產收入	2,000
所得稅費用	20,000	其他收入	1,000	銷貨成本	600,000

試編製萬大公司 2015 年附百分比的多站式綜合損益表？

六、如何得知我國目前根據國際會計準則有否通用的會計項目及代碼？從何處可以尋得此項資訊？又大陸有否類似通用的會計項目及代碼？從何處可以尋得此項資訊？

七、大合公司有關財務資料如下：

項　　目	2014 年 12 月 31 日	2015 年 12 月 31 日
現金及約當現金	$10,000	$11,000
交易目的金融資產投資	15,000	15,000
應收帳款	140,000	120,000
存　　貨	90,000	80,000
預付費用	60,000	50,000
不動產廠房設備	3,715,000	3,800,000
資產總計	$4,030,000	$4,076,000
應付帳款	100,000	90,000
應付商業本票	30,000	36,000
長期借款	900,000	950,000
股　　本	3,000,000	3,000,000
負債及權益總計	$4,030,000	$4,076,000
	2014 年度	2015 年度
賒　　銷	$3,200,000	$3,500,000
現　　銷	500,000	400,000
銷貨成本	2,590,000	2,800,000

試計算大合公司 2015 年度下列財務比率：（一年以 365 天計算，百分比及週轉率計算至小數點第一位，天數計算至整數以下四捨五入）

1. 流動比率　　2. 酸性測驗比率　　3. 應收帳款週轉率及應收帳款收帳期間
4. 存貨週轉率及存貨週轉天數　　5. 營業週期
6. 負債比率　　7. 權益比率

筆記頁

會計專業倫理與職業道德

近來國內外知名企業相繼爆發假帳醜聞，如美國安隆、世界通訊，台灣博達、力霸等，引發上市公司治理信譽危機。這些弊案除了反映企業經營者缺乏倫理觀念外，也引發社會投資大衆質疑會計從業人員與會計查核人員之職業道德及財務報表的可信度。本章提供攸關之記帳士及會計師職業道德規範公報，引導學生建立正確職業道德之基本觀念並明瞭其重要性，並介紹應負的法律責任，以期日後進入職場能擔負應有之社會責任與具備面臨專業倫理困境時之處理能力。

本章大綱

- 6-1　會計專業倫理與職業道德
- 6-2　會計專業人員
- 6-3　企業會計人員專業倫理與職業道德及其應負之法律責任
- 6-4　記帳士專業倫理與職業道德及其應負之法律責任
- 6-5　會計師專業倫理與職業道德及其應負之法律責任

6-1 會計專業倫理與職業道德

社會經濟發展迅速，不少企業主及會計從業人員在物質財富中迷失了方向，貪汙、人謀不臧、企業掏空及財報不實之事件時有所聞。因此，各行各業之職業道德與工作倫理再度被強調，甚至各種證照考試中大部分將職業道德與工作倫理列入考試範圍，會計界也不例外。

會計專業是屬於高道德標準的行業，社會大眾依賴會計人員來確認企業財務報表的可靠性，作為決策之依據。會計專業人員雖由公司聘雇，但其真正服務的對象卻是報表使用者，故會計道德規範中具體指明會計人員應分別對報表使用者、雇主及同業人員負起道德責任。會計倫理是指會計人員從事會計事務時，所應遵守的道德準則和行為規範。當會計從業人員經不起誘惑而發生不道德行為時，常造成經濟活動參與者重大之損失。

6-2 會計專業人員

企業之會計人員的責任是提供合理的財務報表，而會計師的職責是驗證企業會計人員所編製的財務報表是否允當表達。一般會計人員可分中小企業之會計人員及公開發行公司之會計人員二種。

■ 6-2-1 中小企業之會計人員

企業可自設會計人員，但基於成本考量常委由他人代理，可代他人處理會計事務之人員包括：會計師、記帳士、記帳及報稅代理業務人。一般中小企業的財務報表除少數**例外情況**（如：融資簽證或稅務簽證）外，是不需要會計師查核簽證的（**請參考本書第 1-4 節**）。

※ 有關商業會計事務之處理之人員相關法規
我國商業會計法**第 5 條第 1 項**：商業會計事務之處理，應置會計人員辦理之。 我國商業會計法**第 5 條第 5 項**：商業會計事務之處理，得委由會計師或依法取得代他人處理會計事務資格之人員處理。 我國記帳士法**第 2 條**：中華民國國民經記帳士考試及格，並依本法領有記帳士證書者，得充任記帳士。 我國記帳士法**第 13 條**：依本法第三十五條規定領有記帳及報稅代理業務人登錄執業證明書者，得換領記帳士證書，並充任記帳士。

大陸會計法**第 38 條**：從事會計工作的人員，必須取得會計從業資格證書。 大陸會計基礎工作規範**第 10 條**：各單位應當根據會計業務需要配備持有會計證的會計人員。未取得會計證的人員，不得從事會計工作。 大陸會計基礎工作規範**第 8 條**：沒有設置會計機構和配備會計人員的單位，應當根據《代理記帳管理暫行辦法》委託會計師事務所或者持有代理記帳許可證書的其他代理記帳機構進行代理記帳。

6-2-2　公開發行公司之會計人員

公開上市公司根據我國證券交易法之規定，必須設置會計主管，其資格及持續專業進修均有規定，且財務報表必需經過會計師查核簽證。

※ 有關上市公司會計主管相關法規
我國證券交易法**第 14 條第 4 項**：會計主管應具備一定之資格條件，並於任職期間內持續專業進修；其資格條件、持續專業進修之最低進修時數及辦理進修機構應具備條件等事項之法，由主管機關定之。
大陸會計基礎工作規範**第 9 條**：大、中型企業、事業單位、業務主管部門應當根據法律和國家有關規定設置總會計師。總會計師由具有會計師以上專業技術資格的人員擔任。總會計師行使《總會計師條例》規定的職責、許可權。總會計師的任命（聘任）、免職（解聘）依照《總會計師條例》和有關法律的規定辦理。

6-3　企業會計人員專業倫理與職業道德及其應負之法律責任

會計人員職業道德規範為會計人員必須自覺遵守的行為準則和自律標準，但若違背時也必需瞭解所需負擔的法律責任。我國未有攸關企業會計專業人員職業道德規範，但可從**商業會計法第 71 — 73 條**中對於會計人員禁止的行為及相關罰則，窺知會計專業人員在從事會計事項處理時，何者可為？何者不可為？另外，還可參考我國記帳士職業道德規範及大陸會計基礎工作規範第二節 17 — -24 條（**條文如後**）。

6-3-1　我國商業會計法之規定

1. **第 71 條**：商業負責人、主辦及經辦會計人員或依法受託代他人處理會計事務之人員有下列情事之一者，處五年以下有期徒刑、拘役或科或併科新臺幣六十萬元以下罰金：

(1) 以明知為不實之事項，而填製會計憑證或記入帳冊。
(2) 故意使應保存之會計憑證、會計帳簿報表滅失毀損。
(3) 偽造或變造會計憑證、會計帳簿報表內容或毀損其頁數。
(4) 故意遺漏會計事項不為記錄，致使財務報表發生不實之結果。
(5) 其他利用不正當方法，致使會計事項或財務報表發生不實之結果。

2. 第 72 條：使用電子方式處理會計資料之商業，其前條所列人員或以電子方式處理會計資料之有關人員有下列情事之一者，處五年以下有期徒刑、拘役或科或併科新臺幣六十萬元以下罰金：
(1) 故意登錄或輸入不實資料。
(2) 故意毀損、滅失、塗改貯存體之會計資料，致使財務報表發生不實之結果。
(3) 故意遺漏會計事項不為登錄，致使財務報表發生不實之結果。
(4) 其他利用不正當方法，致使會計事項或財務報表發生不實之結果。

3. 第 73 條：主辦、經辦會計人員或以電子方式處理會計資料之有關人員，犯前二條之罪，於事前曾表示拒絕或提出更正意見有確實證據者，得減輕或免除其刑。

立即挑戰

( ) 1. 下列何者為會計人員可從事之行為？ (A) 以明知為不實之事項，而填製會計憑證或記入帳冊 (B) 故意使應保存之會計憑證、會計帳簿報表滅失毀損 (C) 偽造或變造會計憑證、會計帳簿報表內容或毀損其頁數 (D) 依會計事項之經過，造具記帳憑證。

( ) 2. 下列何者為會計人員可從事之行為？ (A) 不取得原始憑證或給予他人憑證 (B) 不按時記帳 (C) 依規定裝訂或保管會計憑證 (D) 不編製報表。

( ) 3. 依商業會計法第 73 條得減輕或免除其刑之規定，下列何種情形得適用之？(A) 銷售人員於銷售商品時未依規定開立統一發票交付買方 (B) 出納人員明知經理人涉挪用公款，為保住工作，仍依指示付款 (C) 應收帳款登帳員發現一筆未實際銷貨的帳款，經蒐證並向經理人員反映後，仍依指示入帳 (D) 受託代理公司處理帳務之記帳士蒐證發現委託公司有虛列費用情事，經向公司負責人反映未果，為保住受託記帳之機會，仍予入帳。

解答 1.(D) 2.(C) 3.(C)

釋例 6-1

請判斷下列企業會計人員的行為是否符合專業倫理與職業道德及其應負之法律責任？

1. 李小天為大東公司的會計主計員。該公司正向銀行申請一筆借款，董事長交待李小天將一些閒置不用的零件存貨入帳以提高資產價值，並少列壞帳費用以增加淨利，藉此美化財務狀況以獲取銀行貸款。李小天擔心工作不保，決定遵從上司的指示，作帳冊上的操縱。請問李小天的行為符合職業道德嗎？應負法律責任嗎？
2. 張小惠為中強公司的會計主計員。因公司面臨財務困難，欲向銀行取得融資。在本會計年度期末時，公司的董事長指示張小惠，期末有數筆應付帳款，延後至取得銀行融資後再行入帳，張小惠曾以口頭及書面向董事長與其他高階管理人員表達多次反對意見無效後，最終仍依董事長的指示辦理。請問張小惠的行為符合職業道德嗎？應負法律責任嗎？
3. 王大豪為方燦電器公司會計主計長，有一家新設立的公司想以賒帳方式向方燦公司購買為數可觀的商品，但有違公司對新公司擴大信用的規定。當王大豪向總經理提及此事時，總經理為了達成本季的績效以獲得獎金，囑咐王大豪同意此案，最終王大豪依總經理的指示辦理。請問王大豪的行為符合職業道德嗎？
4. 吳克強擔任宏亮公司會計主計長多年，公司以少納稅額的 20% 作為回饋獎金，故吳克強經常要親友將消費的發票打上宏亮公司的統一編號，以浮報費用來降低公司淨利，達到少納營利事業所得稅並獲得回饋獎金。經人檢舉後，吳克強擔心國稅局前來查帳，連夜將部分帳簿、憑證銷毀。請問吳克強的行為符合職業道德嗎？應負法律責任嗎？
5. 小紅是公司的主辦會計，與行銷部的小美，一起出差至臺北接受為期四天三夜的教育訓練課程，主辦單位於第三天臨時告知第四天課程因故取銷。小美回至飯店告訴飯店人員還是開三天住宿金額，且願意負擔多開一天住宿費所多出的稅金，並告知小紅延後一天回公司上班可多放一天假，又可多拿一天住宿金。小紅正考慮是否接受此提議，請你提供小紅一些建議。

解答

我國無具體的會計人員職業道德規範規定，可引用記帳士職業道德規範，另以商業會計法之禁令來探討：

1. 李小天之行爲引用記帳士職業道德規範第 6 條規定：記帳士應保持職業尊嚴，不得有玷辱職業信譽之行爲，且根據商業會計法第 71 條規定：經辦會計人員利用不正當方法，致使會計事項或財務報表發生不實之結果。處五年以下有期徒刑、拘役或科或併科新臺幣六十萬元以下罰金。

2. 商業會計法第 71 條規定：經辦會計人員其他利用不正當方法，致使會計事項或財務報表發生不實之結果。處五年以下有期徒刑、拘役或科或併科新臺幣六十萬元以下罰金。但本例張小惠曾向董事長與其他高階管理人員表達多次反對意見，根據商業會計法第 73 條：主辦、經辦會計人員或以電子方式處理會計資料之有關人員，犯前二條之罪，於事前曾表示拒絕或提出更正意見有確實證據者，得減輕或免除其刑。張小惠在職業道德上已盡告知之義務。
3. 王大豪之行爲已明顯違反公司對新公司擴大信用的規定，不符專業倫理與職業道德。且引用記帳士職業道德規範第 6 條規定：記帳士應保持職業尊嚴，不得有玷辱職業信譽之任何行爲。
4. 吳克強之行爲已明顯違反專業倫理與職業道德，有玷辱職業信譽之行爲，且根據商業會計法第 71 條規定：故意使應保存之會計憑證、會計帳簿報表滅失毀損。處五年以下有期徒刑、拘役或科或併科新臺幣六十萬元以下罰金。
5. 商業會計法第 71 條規定：以明知爲不實之事項，而填製會計憑證或記入帳冊。處五年以下有期徒刑、拘役或科或併科新臺幣六十萬元以下罰金。小紅應該慎重拒絕，因爲此舉不但違反專業倫理與職業道且違法。

6-3-2 大陸會計人員職業道德之相關法規

※ 有關大陸會計人員職業道德相關法規

大陸會計法**第 39 條**：會計人員應當遵守職業道德，提高業務素質。對會計人員的教育和培訓工作應當加強。

大陸會計基礎工作規範：第二節 17-24 條全部為會計人員職業道德。

第 17 條：會計人員在會計工作中應當遵守職業道德，樹立良好的職業品質、嚴謹的工作作風，嚴守工作紀律，努力提高工作效率和工作質量。

第 18 條：會計人員應當熱愛本職工作，努力鑽研業務，使自己的知識和技能適應所從事工作的要求。

第 19 條：會計人員應當熟悉財經法律、法規、規章和國家統一會計制度，並結合會計工作進行廣泛宣傳。

第 20 條：會計人員應當按照會計法律、法規和國家統一會計制度規定的程式和要求進行會計工作，保證所提供的會計資訊合法、真實、準確、及時、完整。

第 21 條：會計人員辦理會計事務應當實事求是、客觀公正。

第 22 條：會計人員應當熟悉本單位的生產經營和業務管理情況，運用掌握的會計資訊和會計方法，為改善單位內部管理、提高經濟效益服務。**第 23 條**：會計人員應當保守本單位的商業秘密。除法律規定和單位領導人同意外，不能私自向外界提供或者洩露單位元的會計資訊。

第 24 條：財政部門、業務主管部門和各單位應當定期檢查會計人員遵守職業道德的情況，並作為會計人員晉升、晉級、聘任專業職務、表彰獎勵的重要考核依據。

會計人員違反職業道德的，由所在單位進行處罰；情節嚴重的，由會計證發證機關吊銷其會計證。

6-4 記帳士專業倫理與職業道德及其應負之法律責任

6-4-1 中華民國記帳士職業道德規範法規

記帳士法規定記帳士可從事的業務、禁止之行為及記帳士職業道德規範。

一、可從事的業務及禁止之行為

1. **第 13 條**：依本法第 35 條規定領有記帳及報稅代理業務人登錄執業證明書者，得換領記帳士證書，並充任記帳士。

   記帳士得在登錄區域內，執行下列業務：

   (1) 受委任辦理營業、變更、註銷、停業、復業及其他登記事項。

   (2) 受委任辦理各項稅捐稽徵案件之申報及申請事項。

   (3) 受理稅務諮詢事項。

   (4) 受委任辦理商業會計事務。

   (5) 其他經主管機關核可辦理與記帳及報稅事務有關之事項。

   前項業務不包括受委任辦理各項稅捐之查核簽證申報及訴願、行政訴訟事項。

2. **第 17 條**：記帳士不得為下列各款行為：

   (1) 未經委任人之許可，洩漏業務上之秘密。

   (2) 對於業務事件主管機關通知提示有關檔或答覆有關查詢事項，無正當理由予以拒絕或遲延。

   (3) 以不正當方法招攬業務。

   (4) 將執業證書出租或出借。

   (5) 幫助或教唆他人逃漏稅捐。

   (6) 六、對於受委任事件，有其他不正當行為或違反或廢弛其業務上應盡之義務。

3. **第 18 條**：記帳士因懈怠或疏忽，致委任人或其利害關係人受有損害時，應負賠償責任。

4. **第 27 條**：記帳士懲戒處分如下：

(1) 警告。

(2) 申誡。

(3) 停止執行業務二月以上，二年以下。

(4) 除名。

記帳士受申誡處分三次以上者，應另受停止執行業務之處分；受停止執行業務處分累計滿五年者，應予除名。

立即挑戰

( ) 1. 依記帳士法規定，下列那一項目，非為記帳士法規定之記帳士懲戒處分方式？ (A) 警告 (B) 申誡 (C) 除名 (D) 停止執行業務二月以上，三年以下。

( ) 2. 依記帳士法規定，記帳士受申誡處分 3 次以上者，應另受那一項處分？ (A) 罰鍰 (B) 警告 (C) 除名 (D) 停止執行業務。

( ) 3. 記帳士懲戒處分，其最重處分為： (A) 警告 (B) 申誡 (C) 除名 (D) 停止執行業務二月以上，二年以下。

( ) 4. 記帳士受停止執行業務處分累計滿幾年，應予除名？ (A) 二年 (B) 三年 (C) 四年 (D) 五年。

( ) 5. 依記帳士法規定，記帳士受申誡處分多少次以上，應另受停止執行業務處分；受停止執行業務處分累計滿幾年，應予除名？ (A)2 次；3 年 （B）2 次；5 年 （C）3 次；3 年 （D）3 次；5 年。

解答 1.(D) 2.(D) 3.(C) 4.(D) 5.(D)

※ 有關中華民國記帳士職業道德規範的相關法規

前言

記帳士執業之基本要則，應本其務實之精神、專門學識、技能，與公正、嚴謹立場，提供專業服務。自 93 年 6 月 2 日記帳士法公佈施行後，全國政府、中小企業、社會大眾已漸漸信賴與倚重記帳士，因此身為記帳士除了提供會計專業服務之外，更應本著良知良能，確保其職業榮譽。惟職業道德，非法令規章可規範周全，貴乎自律，為提升尊嚴與榮譽，制定中華民國記帳士職業道德規範，期能共同遵守及推行、建立本業信譽，端正社會風氣，以維持記帳士之社會形象。

壹、總則

第 1 條：記帳士為發揚崇高品德，增進專業技能，特訂定本規範。

第 2 條：記帳士應秉持公正客觀務實之精神，服務社會，以促進公共利益、維護經濟活動之正常發展。

第 3 條：記帳士同業間應共同維護職業榮譽，不得為不正當之競爭。

第 4 條：記帳士應持續進修，砥礪新知，以增進其專業之服務。

第 5 條：記帳士應共同信守本規範，並加以發揚。

貳、職業守則

第 6 條：記帳士應保持職業尊嚴，不得有玷辱職業信譽之任何行為。

第 7 條：記帳士應本誠實信用原則執行業務。

第 8 條：記帳士對於委辦事項，應予保密，非經委託人之同意或依法令規定者外，不得洩露。

第 9 條：記帳士不得藉其業務上獲知之秘密，基於對委託人或第三者不良之企圖，而有任何不法行為。

參、技術守則

第 10 條：記帳士對於不能勝任之委辦事項，不宜接受。

肆、業務延攬

第 11 條：記帳士之廣告宣傳不得有違法情事。

第 12 條：記帳士不得以詆毀同業或其他不正當方法延攬業務。

第 13 條：記帳士不得直接或間接暗示相關利害關係或以利誘方式招攬業務。

第 14 條：記帳士不得以不正當之抑價方式，延攬業務。

伍、業務執行

第 15 條：記帳士不得允諾他人假藉自己名義執行業務，或假藉其他記帳士名義執行業務。

第 16 條：記帳士事務所名稱不得與已登錄之事務所名稱相同。

第 17 條：記帳士有關業務之對外文件，必要時應由記帳士簽名或蓋章。

第 18 條：記帳士設立分事務所，應由記帳士親自主持，不得委由助理員或其他人變相主持。

第 19 條：記帳士如聘雇他記帳士之現職人員，得徵詢他記帳士之意見。

第 20 條：記帳士對其聘用人員，應予適當之指導及監督。

第 21 條：記帳士執行業務，必須恪遵記帳士法及有關法令與記帳士公會訂定之各項規章。

陸、附則

第 22 條：本規範謹說明記帳士職業道德標準之綱要，其補充解釋另訂定之。

第 23 條：凡違背本規範者，由所屬地方公會處理之。

第 24 條：本規範經理事會通過後公佈實施，修正時亦同。

立即挑戰

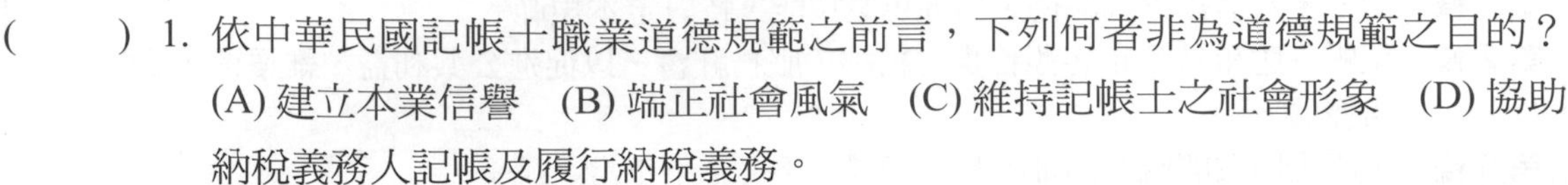

(　　) 1. 依中華民國記帳士職業道德規範之前言，下列何者非為道德規範之目的？(A) 建立本業信譽　(B) 端正社會風氣　(C) 維持記帳士之社會形象　(D) 協助納稅義務人記帳及履行納稅義務。

(　　) 2. 記帳士應本下列何項原則執行業務？（參閱 7 條）　(A) 信賴原則　(B) 誠實信用原則　(C) 公正原則　(D) 獨立原則。

(　　) 3. 依記帳士職業道德規範，記帳士對於委辦事項，應予保密，但下列何者除外？(A) 報經財政部核准者　(B) 依記帳士專業判斷為不須保密者　(C) 經委託人同意或依法令規定者　(D) 報經記帳士公會核准者。（參閱第 8 條）

(　　) 4. 依中華民國記帳士職業道德規範，下列敘述何者錯誤？（參閱 17、18、19 條）(A) 如聘雇他記帳士之現職人員，得徵詢他記帳士之意見　(B) 記帳士設立之分事務所，不得委由助理員主持記帳士　(C) 記帳士所有業務之對外檔，必要時應親自簽名或蓋章　(D) 記帳士所有業務之對外檔，一律由記帳士簽名或蓋章。

(　　) 5. 依記帳士職業道德規範，關於記帳士業務延攬，下列敘述何者錯誤？（參閱 11-14 條）　(A) 不得利誘　(B) 不得刊登廣告宣傳　(C) 不得不正當抑價　(D) 不得詆毀同業。

(　　) 6. 依記帳士法與職業道德規範及相關管理辦法，下列何者為記帳士或記帳及報稅代理業務人應拒絕接受委任之情事？　(A) 委任人提供必要之帳簿文據憑證或關係文件　(B) 委任人正派經營事業　(C) 委任人無隱瞞或欺騙而可為公正詳實之記帳報稅代理　(D) 委任人意圖為不實不當之記帳、報帳。

(　　) 7. 依記帳士法規定記帳得為下列那些行為？　(A) 以不正當之抑價方式，延攬業務　(B) 幫助或教唆他人逃漏稅捐　(C) 將執業證書出租或出借　(D) 對於不能勝任之委辦事項，不宜接受。

(　　) 8. 依中華民國記帳士職業道德規範，下列敘述何者錯誤？（參閱 9、10、11、16 條）　(A) 不得藉其業務上獲知之秘密，而有任何不法行為　(B) 對於不能勝任之委辦事項，可以先接受，再複委託其他合格記帳士代為處理　(C) 廣告宣傳不得有違法情事　(D) 記帳士事務所名稱不得與已登錄之事務所名稱相同。

解答▷▷　1.(D)　2.(B)　3.(C)　4.(D)　5.(B)　6.(D)　7.(D)　8.(B)

釋例 6-2

請判斷下列記帳士之行為是否違反職業道德規範？

1. 王記帳士在廣告宣傳中明示或暗示與政府機關有良好關係？
2. 李記帳士受理親屬委任辦理商業會計事項？
3. 張記帳士受委任辦理各項稅捐之查核簽證申報及訴願、行政訴訟事項。
4. 吳記帳士受理一非營利事業組織委託記帳，但此記帳士因過去從未執行過非營利事業組織記帳業務，對此業務並不熟悉。
5. 林記帳士為增加收入，允諾未具代理記帳資格人士以自己名義處理會計事務並收取酬金。
6. 黃記帳士發現客戶和平公司以與業務無關的不實發票要其入帳，以便虛列費用降低淨利達到少繳所得稅目的，王記帳士於是向國稅局報告此訊息。

解答

1. 違反記帳士職業道德規範第 13 條：記帳士不得直接或間接暗示相關利害關係或以利誘方式招攬業務。
2. 不違反。記帳士主要工作是協助納稅義務人記帳及履行納稅義務，只要未有違法逃漏租稅行爲，自可爲親屬委任辦理商業會計事項；但會計師若從事查核工作所提供之服務，需要投資社會大眾的信賴，故會計師在提供簽證服務皆應保持超然獨立，但在提供會計、稅務、或管理諮詢服務等非簽證服務時則就無超然獨立的問題。（參閱 6-5）。
3. 違反記帳士法第 13 條：記帳士主要工作是協助納稅義務人記帳及履行納稅義務，不得受委任辦理各項稅捐之查核簽證申報及訴願、行政訴訟事項。因爲查核簽證是會計師專屬業務。且根據記帳士職業道德規範第 10 條規定：記帳士對於不能勝任之委辦事項，不宜接受。
4. 不應接受此項委託業務，否則將違反記帳士職業道德規範第 10 條：記帳士對於不能勝任之委辦事項，不宜接受。
5. 違反記帳士職業道德規範第 15 條：記帳士不得允諾他人假藉自己名義執行業務，或假藉其他記帳士名義執行業務。
6. 違反記帳士職業道德規範第 8 條：記帳士對於委辦事項，應予保密，非經委託人之同意或依法令規定者外，不得洩露。故王記帳士應拒絕委託契約，而不是向國稅局報告此訊息。

6-5 會計師專業倫理與職業道德及其應負之法律責任

根據會計師法第 39 條規定業務甚多，其中會計師若從事代客記帳時，其應遵守之專業倫理與職業道德與記帳士相同。但當執行主要的查核簽證業務時則應遵守之職業道德規範內容如下述。

6-5-1 會計師職業道德規範第 1 號

會計師之收費（公費）來源雖為受查公司，但享受成果的卻是與受查公司有對峙立場的查核報告閱讀者。因此會計師在查核簽證時對職業道德規範的拿捏尤為微妙，一方面要符合業主的期待，另方面又不能違背法令，才能得到社會大眾的信賴。會計師之立場與醫師、律師以使用者付費原則截然不同。會計師職業道德規範共有 10 號，第 1 號為總則，其他為第 1 號的詳細補充。（以下的說明及釋例均以會計師主要業務—查核簽證為主）

職業道德規範公報第 2 號：誠實、公正及獨立性，2003/5 第 10 號公布實施後停止適用

職業道德規範公報第 3 號：廣告、宣傳及業務延攬

職業道德規範公報第 4 號：專業知識技能

職業道德規範公報第 5 號：保密

職業道德規範公報第 6 號：接任他會計師查核案件 (屬審計學，本章不探討)

職業道德規範公報第 7 號：酬金與佣金

職業道德規範公報第 8 號：應客戶要求保管錢財

職業道德規範公報第 9 號：在委託人商品或服務之廣告宣傳中公開認證 (屬審計學)

職業道德規範公報第 10 號：正直、公正客觀及獨立性

※ 有關中華民國會計師職業道德規範第 1 號之說明如下。

壹、總則

第 1 條：會計師為發揚崇高品德，增進專業技能，配合經濟發展，以加強會計師信譽及功能起見，特訂定本職業道德規範（以下簡稱本規範）以供遵循。
會計師所屬之會計師事務所亦有相當之義務及責任，遵循本規範。

第 2 條：會計師應以正直、公正客觀之立場，保持超然獨立精神，服務社會，以促進公共利益與維護經濟活動之正常秩序。會計師提供專業服務時應遵循本規範，其基本原則如下：
1. 正直。
2. 公正客觀。
3. 專業能力及專業上應有之注意。
4. 保密。
5. 專業態度。

第 3 條：會計師同業間應敦睦關係，共同維護職業榮譽，不得為不正當之競爭。

第 4 條：會計師應持續進修，砥礪新知，以增進其專業之服務。

第 5 條：會計師應稟於職業之尊嚴及任務之重要，對於社會及國家之經濟發展有深遠影響，應一致信守本規範，並加以發揚。當會計師或其會計師事務所察覺可能有牴觸本規範之疑慮，若採取因應措施仍無法有效消弭或將疑慮降低至可接受之程度時，會計師與會計師事務所應拒絕該案件之服務或受任。

貳、職業守則

第 6 條：會計師、會計師事務所及同事務所之其他共同執業會計師對於委辦之簽證業務事項有直接利害關係時，均應予迴避，不得承辦。

第 7 條：會計師應保持職業尊嚴，不得有玷辱職業信譽之任何行為。

第 8 條：會計師不得違反與委託人間應有之信守。

第 9 條：會計師對於委辦事項，應予保密，非經委託人之同意、依專業準則或依法令規定者外，不得洩露。

第 10 條：會計師不得藉其業務上獲知之秘密，對委託人或第三者有任何不良之企圖。

參、技術守則

第 11 條：會計師對於不能勝任之委辦事項，不宜接受。會計師或會計師事務所於案件承接或續任時，應評估有無牴觸本規範。

第 12 條：財務報表或其他會計資訊，非經必要之查核、核閱、複核或審查程式，不得為之簽證、表示意見，或作成任何證明檔。

肆、業務延攬

第 13 條：會計師之宣傳性廣告，應依會計師法規定及中華民國會計師公會全國聯合會所規範之事項辦理之。

第 14 條：會計師不得以不實或誇張之宣傳、詆毀同業或其他不正當方法延攬業務。

第 15 條：會計師不得直接或間接暗示某種關係或以利誘方式招攬業務。

第 16 條：會計師收取酬金，應參考會計師公會所訂之酬金規範，並不得以不正當之抑價方式，延攬業務。

第 17 條：會計師相互間介紹業務或由業外人介紹業務，不得收受或支付傭金、手續費或其他報酬。

伍、業務執行

第 18 條：會計師不得使他人假用本人名義執行業務，或假用其他會計師名義執行業務，或受未具會計師執業資格之人僱用執行會計師業務，亦不得與非會計師共同組織聯合會計師事務所。

第 19 條：會計師事務所名稱不得與已登錄之事務所名稱相同。

第 20 條：會計師承辦專業服務業務，應維持必要之獨立性立場，公正表示其意見。

第 21 條：會計師有關業務之任何對外文件，皆應由會計師簽名或蓋章。

第 22 條：會計師設立分事務所，應由會計師親自主持，不得委任助理員或其他人變相主持。

第 23 條：會計師不得妨害或侵犯其他會計師之業務，但由其他會計師之複委託及經委託人之委託或加聘者不在此限。

第 24 條：會計師接受其他會計師複委託業務時，非經複委託人同意，不得擴展其複委託範圍以外之業務。

第 25 條：會計師如聘僱他會計師之現職人員，應徵詢他會計師之意見。

第 26 條：會計師對其聘用人員，應予適當之指導及監督。

第 27 條：會計師執行業務，必須恪遵會計師法及有關法令、會計師職業道德規範公報與會計師公會訂定之各項規章。

陸、附則

第 28 條：本規範謹說明會計師職業道德標準之綱要，其補充解釋另以公報行之。

第 29 條：凡違背本規範之約束者，由所屬公會處理之。

第 30 條：本規範經理事會通過後公佈實施，修正時亦同。

6-5-2 會計師職業道德規範第 2 — 10 號重點摘要

一、廣告與宣傳及業務延攬（職業道德規範第 3 號重點摘錄）

廣告以爭取業務為目的，宣傳以報導事實為目的。不得強調會計師或事務所之優越性，例如：強調曾任 xx 公會理事長或 xx 局長。會計師事務所之廣告係指以各種傳播方式，對大眾報導會計師個人或其事務所之名稱、服務項目或各會計師學經歷及能力，以爭取業務為目的者。宣傳係指以各種傳播方式，對大眾報導有關會計師個人或其事務所之各項事實者。

1. **第 4 條**：會計師不得以不實或誇張之宣傳，詆毀同業或其他不正當方法延攬業務。
2. **第 5 條**：會計師相互間介紹業務或由業外人介紹業務，不得收受或支付傭金、手續費或其他報酬。

3. **第 8 條**：各項廣告或宣傳，均應符合下列精神：
   (1) 不得有虛偽、欺騙或令人誤解之內容。
   (2) 不得強調會計師或會計師事務所之優越性。
   (3) 應維持專業尊嚴及高尚格調。
4. **第 9 條**：會計師不得直接或間接暗示某種關係或以利誘方式延攬業務。
5. **第 10 條**：會計師不得以不正當之抑價方式延攬業務。

釋例 6-3

請依下列各種情況，判斷是否符合會計師職業道德規範？
1. 在會計師事務所名片上加印會計師公會理事長的頭銜。
2. 查核人員在報紙上刊登下文：與同業競爭相比，其訴訟案件較少。
3. 查核人員在報紙上刊登下文：與同業競爭相比，本事務所查帳公費為業界最低。
4. 會計師事務所在報紙上刊登各合夥會計師的學歷及事務所所辦理的業務。

解答

1. 違反職業道德規範公報第 3 號第 8 條第 2 項：不得強調會計師之優越性。
2. 不違反。與同業競爭相比，其訴訟案件較少係一種事實的陳述。
3. 違反職業道德規範公報第 3 號第 9 條：會計師不得直接或間接暗示某種關係或以利誘方式延攬業務。及第 3 號第 10 條：會計師不得以不正當之抑價方式延攬業務。
4. 不違反職業道德規範公報第 3 號第 7 條規定，係一種事實的陳述。

二、專業知識及技能（職業道德規範第 4 號重點摘錄）

會計師應不斷增進其專業知識技能，對於不能勝任之委辦事項，不宜接受。會計師應持續進修，其助理人員並應接受專業訓練。會計師對委辦之事項為維持服務品質，如有部分工作非其專業知識技能所能處理者，得尋求其他專家之協助。**（職業道德規範公報第 4 號第 3、6、9 條）**

釋例 6-4

王會計師正在考慮是否接下一個以往未查核過且不熟悉的案子，請你提供意見幫助他作是否接下此簽證業務的決定？

解答

根據職業道德規範公報第 4 號第 3 條：會計師應不斷增進其專業知識技能，對於不能勝任之委辦事項，不宜接受。但第 9 條：如有部分工作非其專業知識技能所能處理者，得尋求其他專家之協助。故會計師完全不瞭解此案子，爲維持服務品質應拒絕委任；如果只是部分不熟悉，且能尋得其他專家協助者，仍可接受委任。

三、保密（職業道德規範第 5 號重點摘錄）

會計師不得違反與委託人間應有之信守。即使雙方的關係已告終止，保密的責任仍應繼續。對於委辦事項應予保密，非經委託人之同意或因法令規定者外，不得洩露，並應約束其聘用人員，共同遵守公報所規定之保密義務。亦不得藉其業務上獲知之秘密，對委託人或第三者有任何不良之企圖。**（職業道德規範 5 號公報第 3、4、5 條）**。

釋例 6-5

請依下列各種情況，判斷是否符合會計師職業道德規範？

1. 查核人員在查核過程中得知受查公司有一筆從事專利權的開發的龐大研究發展支出，查核人員將此訊息透露給受查公司的競爭同業以獲得高額之酬勞。
2. 陳會計師在查核過程中得知受查公司有詐欺等違法行為，便向政府機關檢舉。

解答

1. 根據**職業道德規範公報第 5 號第 5 條**：會計師不得藉其業務上獲知之秘密，對委託人或第三者有任何不良之企圖。查核人員已明顯違反職業道德規範。
2. 根據**職業道德規範公報第 5 號第 4 條**：會計師對於委辦事項，應予保密，非經委託人之同意或因法令規定者外，不得洩露，並應約束其聘用人員，共同遵守公報所規定之保密義務。故陳會計師不可洩密並向政府機關檢舉，只能基於維護品質而拒絕簽證委託。

四、酬金與傭金（職業道德規範第 7 號重點摘錄）

會計師收受酬金，應參考會計師公會所訂酬金規範，並不得採取不正當之抑價方式，延攬業務。會計師相互間介紹業務或由業外人介紹業務，不得收受或支付傭金、手續費或其他報酬。但會計師因其他會計師退休、停止執業或亡故，概括承受其全部或部分業務時，對其他會計師或其繼承人所為之給付，不視為違反本公報之規定。**（職業道德規範公報第 7 號第 3、4、10 條）**

釋例 6-6

請依下列各種情況，判斷是否符合會計師職業道德規範？

1. 劉會計師支付一筆傭金給律師以得到一個客戶。
2. 方會計師因意外事故亡故，其子女乃將其所查核案件，以概括承受方式移轉予乙會計師，何會計師將第一年簽證所得之 50%作為報償。

解答

1. **職業道德規範公報第 7 號第 4 條規定**：會計師相互間介紹業務或由業外人介紹業務，不得收受或支付傭金、手續費或其他報酬。故劉會計師違反職業道德規範。
2. **職業道德規範公報第 7 號第 10 條規定**：會計師因其他會計師退休、停止執業或亡故，概括承受其全部或部分業務時，對其他會計師或其繼承人所為之給付，不視為違反本公報之規定，故何會計師並未違反職業道德規範。

五、應客戶要求保管錢財（職業道德規範第 8 號重點摘錄）

1. 根據職業道德規範第 8 號第 3 條：會計師因執行業務之必要，在不違反有關法令規定時，得保管客戶錢財；但明知客戶錢財係取之或用之於不正當活動，則會計師不應代為保管。會計師如有代客戶保管錢財時，應拒絕其審計案件之委任。

釋例 6-7

受查客戶要求會計師代為保管來源不明之錢財。

解答

根據職業道德規範公報第 8 號第 3 條：會計師因執行業務之必要，在不違反有關法令規定時，得保管客户錢財；但明知客户錢財係取之或用之於不正當活動，則會計師不應代為保管。會計師如有代客户保管錢財時，應拒絕其審計案件之委任，否則將違反其超然獨立。

六、正直、公正客觀及獨立性（職業道德規範第 10 號重點摘錄）

（一）正直

會計師應以正直嚴謹之態度，執行專業之服務。會計師在專業及業務關係上，應真誠坦然及公正信實。（職業道德規範公報第 10 號第 5 條第 1 項的規定）

釋例 6-8

1. 小王、小張與小李是大學會計系的同學，畢業後三人同時進入一家會計師事務所，在不同部門工作。某日小王得知小張與小李被事務所開除，瞭解之下才知小張在求職履歷表上謊報在校成績，而小李則在一次出差中虛報旅費。請問事務所開除小張與小李的主要理由？
2. 會計師扣留委託人的帳簿、檔案資料來強迫委託人支付逾期的查帳公費。

解答

1. 小張與小李違反職業道德規範公報第 10 號第 5 條第 1 項的**正直原則**（應眞誠坦然及公正信實），故被事務所開除。
2. **職業道德規範公報第 1 號第 7 條**：會計師應保持職業尊嚴，不得有玷辱職業信譽之任何行爲。會計師顯然已違反職業尊嚴。

（二）獨立性

會計師執行財務報表之查核、核閱、複核或專案審查並作成意見書時，應於形式上及實質上維持獨立立場，公正表示其意見。實質上之獨立性係內在要求，執行業務時必須以正直及公正客觀之精神，並盡專業上應有之注意。此外，亦應維持形式上之獨立性，亦即在客觀第三者之觀感而言，是在合理且可接受之程度下，維持公正客觀之立場，會計師與律師、醫師等專業之最大差別在於會計師查核工作的特性需超然獨立，如此才可能為社會大眾的信賴。

1. **第 6 條**：獨立性與正直、公正客觀相關聯，如缺乏或喪失獨立性，將影響正直及公正客觀之立場。
2. **第 8 條**：獨立性受自我利益之影響，係指經由審計客戶獲取財務利益，或因其他利害關係而與審計客戶發生利益上之衝突。可能產生此類影響之情況，通常包括：
   (1) 與審計客戶間有直接或重大間接財務利益關係。
   (2) 事務所過度依賴單一客戶之酬金來源。
   (3) 與審計客戶間有重大密切之商業關係。
   (4) 考量重要客戶流失之可能性。
   (5) 與審計客戶間有潛在之僱傭關係。
   (6) 與查核案件有關之或有公費。
   (7) 發現事務所其他成員先前已提供之專業服務報告，存有重大錯誤情況。

有關職業道德規範公報第 2 — 10 號重點說明如下表。

表 6-1　職業道德規範公報第 2 — 10 號重點

職業道德規範公報第 2 號	誠實、公正及獨立性 2003/5 第 10 號公佈實施後停止適用。
職業道德規範公報第 3 號	廣告、宣傳及業務延攬。
職業道德規範公報第 4 號	專業知識技能。
職業道德規範公報第 5 號	保密。
職業道德規範公報第 6 號	接任他會計師查核案件（參見審計學，本章不探討）。
職業道德規範公報第 7 號	酬金與傭金。
職業道德規範公報第 8 號	應客戶要求保管錢財。
職業道德規範公報第 9 號	在委託人商品或服務之廣告宣傳中公開認證（參見審計學，本章不探討）。
職業道德規範公報第 10 號	正直、公正客觀及獨立性。

釋例 6-9

請判斷下列情況，會計師是否違反超然獨立，並說明其理由：

1. 王會計師擔任甲公司之財務長及查帳會計師，惟擔任財務長一職屬義務職，並不支領任何報酬。
2. 張會計師收到受查公司 1 張一年後到期的票據作為查帳公費，如果張會計師接受這張票據，是否影響其超然獨立性？
3. 查核人員大量購入受查公司股票。
4. 王會計師平時為受查公司辦理會計業務及編製財務報表，由於熟悉業務並於期末辦理財務報表查核簽證工作。
5. 受查者對會計師降低公費施壓，使其不當減少應執行之查核程式。
6. 受查者為金融機構，查核會計師在該金融機構開立支票存款帳戶。
7. 查核人員向受查者大量購買其生產的商品，並享特別優惠。
8. 查核公費取決於會計師之查核報告是否能讓委託人得到銀行融資。
9. 以低價競標爭奪客戶。

10.大大公司一直由謝甲會計師事務所擔任查核簽證。某日大大公司接獲李乙會計師事務所的來函，願代為設計可節省薪工成本的薪工系統，設計費以每年節省額的30%為計。以往大大公司與李乙會計師並無往來。謝甲得知此消息，便告知大大公司只要支付公費新台幣八十萬元即可提供相同服務，遠低於李乙的設計費。試問謝甲與李乙兩位會計師誰違反職業道德規範？

解答

1. 王會計師擔任甲公司之查帳會計師又兼財務長，無論支薪與否，因該職務對其審計案件有重大影響。違反職業道德規範公報第 10 號第 8 條第 5 項規定：與審計客戶間有潛在之僱傭關係。王會計師已違反超然獨立。
2. 不違反。這是正常商業行爲，不視爲與審計客戶間有直接或重大間接財務利益關係。
3. 查核人員大量購入受查公司股票，已違反職業道德規範公報第 10 號第 8 條第 1 項規定：與審計客戶間有直接或重大間接財務利益關係。
4. 根據**職業道德規範公報第 10 號**施行細則規定：對審計客戶提供非審計服務，可能影響事務所、事務所關係企業或審計服務小組成員之獨立性。因此，提供非審計服務時，更需要評估對獨立性之影響。
5. 根據**職業道德規範公報第 10 號第 12 條**「脅迫對獨立性之影響…」，此舉將違反其超然獨立。
6. 根據**職業道德規範公報第 10 號**施行細則規定：事務所、事務所關係企業及審計服務小組成員存放於其查核金融機構之存款，係於正常商業行爲下所爲之者，則此一存款應不構成對獨立性之影響，不違反超然獨立。
7. 根據**職業道德規範公報第 10 號**施行細則規定：「事務所或事務所關係企業與其審計客戶間，相互爲其產品或服務，擔任推廣或行銷之工作，而取得利益者」。此舉將違反其超然獨立。
8. **職業道德規範公報第 10 號第 8 條**：獨立性受自我利益之影響，係指經由審計客戶獲取財務利益，或因其他利害關係而與審計客戶發生利益上之衝突。第 6 項特別指出：「與查核案件有關之或有公費」。此舉將違反其超然獨立。
9. 根據**職業道德規範公報第 1 號第 15 條**：會計師不得直接或間接暗示某種關係或以利誘方式招攬業務。且**職業道德規範公報第 10 號第 8 條**：獨立性受自我利益之影響，將違反其超然獨立。
10. 李乙：並非大大公司承辦財務報表查核簽證業務之會計師，所以不受**職業道德規範公報第 10 號第 8 條第 6 項**或有公費約束，無超然獨立問題；謝甲：以不正當的抑價方式爭取業務，違反職業道德規範。

6-5-3 大陸註冊會計師職業道德基本準則

※ 大陸之註冊會計師職業道德基本準則

第一章 總則

第 1 條：為了規範註冊會計師職業道德行為，提高註冊會計師職業道德水準，維護註冊會計師職業形象，根據《中華人民共和國註冊會計師法》，制定本準則。

第 2 條：本準則所稱職業道德德，是指註冊會計師職業道德、職業紀律、專業勝任能力及職業責任等的總稱。

第 3 條：註冊會計師及其所在會計師事務所執行業務，除有特定要求者外應當遵照本準則。

第二章 一般原則

第 4 條：註冊會計師應當遵守獨立，客觀，公正的原則。

第 5 條：註冊會計師執行審計或其他鑑證業務，應當保持形式上和實質上的獨立。

第 6 條：會計師事務所如與客戶存在可能損害獨立性的利害關係，不得承接其委託的審計或其他鑑證業務。

第 7 條：執行審計或其他鑑證業務的註冊會計師如與客戶存在可能損害獨立性的利害關係，應當向所在會計師事務所聲明，並實行迴避。

第 8 條：註冊會計師不得兼營或兼任與其執行的審計或鑑證業務不相容的其他業務或職務。

第 9 條：註冊會計師執行業務時，應當實事求是，不為他人所左右，也不得因個人好誤影響分析、判斷的客觀性。

第 10 條：註冊會計師執行業務時，應當正直，誠實，不偏不倚地對待有關利益各方。

第三章 專業勝任能力與技術規範

第 11 條：註冊會計師應當保持和提高專業勝任能力，遵守獨立審計準則等職業規範，合理運用會計準則及國家其他相關技術規範。

第 12 條：會計師事務所和註冊會計師不得承辦不能勝任的業務。

第 13 條：註冊會計師執行業務時，應當保持應有的職業謹慎。

第 14 條：註冊會計師執行業務，應當妥善規劃，並對業務助理人員的工作進行指導、監督和檢查。

第 15 條：註冊會計師對有關業務形成結論或提出建議時，應當以充分、適當的證據為依據，不得以其職業身份對未審計或其他未鑑證事項發表意見。

第 16 條：註冊會計師不得對未來事項的可實現程度做出保證。

第 17 條：註冊會計師對審計過程中發現的違反會計準則及國家其他相關技術規範的事項，應當按照獨立審計準則的要求進行適當處理。

第四章 對客戶的責任

第 18 條：註冊會計師應當在維護社會公眾利益的前提下，竭誠為客戶服務。

第 19 條：註冊會計師應當按照業務約定履行對客戶的責任。

第 20 條：註冊會計師應當對執行業務過程中知悉的商業秘密保密，並不得利用其為自己或他人謀取利益。

第 21 條：除有關法規允許外，會計師事務所不得以或有收費形式為客戶提供鑑證服務。

第五章 對同行的責任

第 22 條：註冊會計師應當與同行保持良好的合作關係，配合同行工作。

第 23 條：註冊會計師不得詆毀同行，不得損害同行利益。

第 24 條：會計師事務所不得雇用正在其他會計師事務所執業的註冊會計師。註冊會計師不得以個人名義同時於兩家或兩家以上的會計師事務所執業。

第 25 條：會計師事務所不得以不正當手段與同行爭攬業務。

第六章 其他責任

第 26 條：註冊會計師應當維護職業形象，不得有可能損害職業形象的行為。

第 27 條：註冊會計師及其所在會計師事務所不得採用強迫、欺詐、利誘等方式招攬業務。

第 28 條：註冊會計師及其所在會計師事務所不得對其能力進行廣告宣傳以招攬業務。

第 29 條：註冊會計師及其所在會計師事務所不得以向他人支付傭金等不正當方式招攬業務，也不得向客戶或通過客戶獲取服務費之外的任何利益。

第 30 條：會計師事務所，註冊會計師不得允許他人以本所或本人的名義承辦業務。

第七章 附則

第 31 條：本準則由中國註冊會計師協會負責解釋。

第 32 條：本準則自 1997 年 1 月 1 日起施行。

6-5-4　會計師法律責任：

依據我國會計師法第 62 條，會計師懲戒處分如下：

1. 新臺幣十二萬元以上一百二十萬元以下罰鍰。
2. 警告。
3. 申誡。
4. 停止執行業務二個月以上二年以下。
5. 除名。

※ 博達案，勤業眾信會計師事務所四位會計師被懲處停止執行業務二年。

表 6-2　會計師歷年來受懲戒處分之類別件數統計表

年份	警告	申誡	停止執行業務									除名	不予處分	合計
			2個月	3個月	4個月	6個月	8個月	9個月	10個月	1年	2年			
2007	4	4									2			10
2008	6	1	3			5				2				17
2009	3	3	2			3				1				13
2010		4	4		1			1		1				13
2011	2	1	2			2				4				18
2012	2	2		2							2			14
2013					2					1	1			5
合計	17	15	11	2	3	10	0	1	0	9	5	0	0	80

資料來源：從金管會證期局網站自行整理而得

筆記頁

筆記頁

國家圖書館出版品預行編目資料

實用會計學概要 / 周容如 蘇淑惠編著. --
初版. -- 新北市：全華圖書， 2015.08
面 ； 公分
ISBN 978-957-21-9939-8(平裝)
1. 會計學
495.1 104009708

實用會計學概要

作者 / 周容如、蘇淑惠
發行人 / 陳本源
執行編輯 / 陳諮毓
封面設計 / 楊昭琅
出版者 / 全華圖書股份有限公司
郵政帳號 / 0100836-1 號
印刷者 / 宏懋打字印刷股份有限公司
圖書編號 / 0818601
二版一刷 / 2015 年 08 月
定價 / 新台幣 430 元
ISBN / 978-957-21-9939-8 (平裝)
全華圖書 / www.chwa.com.tw
全華網路書店 Open Tech / www.opentech.com.tw
若您對書籍內容、排版印刷有任何問題，歡迎來信指導 book@chwa.com.tw

臺北總公司(北區營業處)
地址：23671 新北市土城區忠義路 21 號
電話：(02) 2262-5666
傳真：(02) 6637-3695、6637-3696

南區營業處
地址：80769 高雄市三民區應安街 12 號
電話：(07) 381-1377
傳真：(07) 862-5562

中區營業處
地址：40256 臺中市南區樹義一巷 26 號
電話：(04) 2261-8485
傳真：(04) 3600-9806

（請由此線剪下）

讀者回函卡

填寫日期：　/　/

姓名：＿＿＿＿ 生日：西元＿＿年＿＿月＿＿日 性別：□男 □女

電話：（ ）＿＿＿＿ 傳真：（ ）＿＿＿＿ 手機：＿＿＿＿

e-mail：（必填）＿＿＿＿

註：數字零，請用 Φ 表示，數字 1 與英文 L 請另註明並書寫端正，謝謝。

通訊處：□□□□□

學歷：□博士 □碩士 □大學 □專科 □高中．職

職業：□工程師 □教師 □學生 □軍．公 □其他

學校 / 公司：＿＿＿＿ 科系 / 部門：＿＿＿＿

・需求書類：

□ A. 電子 □ B. 電機 □ C. 計算機工程 □ D. 資訊 □ E. 機械 □ F. 汽車 □ I. 工管 □ J. 土木

□ K. 化工 □ L. 設計 □ M. 商管 □ N. 日文 □ O. 美容 □ P. 休閒 □ Q. 餐飲 □ B. 其他

・本次購買圖書為：＿＿＿＿ 書號：＿＿＿＿

・您對本書的評價：

封面設計：□非常滿意 □滿意 □尚可 □需改善，請說明＿＿＿＿

內容表達：□非常滿意 □滿意 □尚可 □需改善，請說明＿＿＿＿

版面編排：□非常滿意 □滿意 □尚可 □需改善，請說明＿＿＿＿

印刷品質：□非常滿意 □滿意 □尚可 □需改善，請說明＿＿＿＿

書籍定價：□非常滿意 □滿意 □尚可 □需改善，請說明＿＿＿＿

整體評價：請說明＿＿＿＿

・您在何處購買本書？

□書局 □網路書店 □書展 □團購 □其他＿＿＿＿

・您購買本書的原因？（可複選）

□個人需要 □幫公司採購 □親友推薦 □老師指定之課本 □其他＿＿＿＿

・您希望全華以何種方式提供出版訊息及特惠活動？

□電子報 □ DM □廣告（媒體名稱＿＿＿＿）

・您是否上過全華網路書店？（www.opentech.com.tw）

□是 □否 您的建議＿＿＿＿

・您希望全華出版那方面書籍？＿＿＿＿

・您希望全華加強那些服務？＿＿＿＿

～感謝您提供寶貴意見，全華將秉持服務的熱忱，出版更多好書，以饗讀者。

全華網路書店 http://www.opentech.com.tw　　客服信箱 service@chwa.com.tw

2011.03 修訂

親愛的讀者：

感謝您對全華圖書的支持與愛護，雖然我們很慎重的處理每一本書，但恐仍有疏漏之處，若您發現本書有任何錯誤，請填寫於勘誤表內寄回，我們將於再版時修正，您的批評與指教是我們進步的原動力，謝謝！

全華圖書　敬上

勘　誤　表

書　號		書　名		作　者	
頁　數	行　數	錯誤或不當之詞句		建議修改之詞句	

我有話要說：（其它之批評與建議，如封面、編排、內容、印刷品質等・・・）